法芙娜
巧克力甜品精选

实用信息栏

难易程度	从 ★ 到 ★★★
食谱应用	
技巧复习	
甜品工具一览表	第 402 页
专业术语汇编	第 406 页
技巧索引	第 408 页

图书在版编目（CIP）数据

法芙娜巧克力甜品精选／（法）弗雷德里克·鲍著；（美）克莱·麦克拉克伦（Clay McLachlan）摄影；华釜泽译. —武汉：华中科技大学出版社，2020.4
ISBN 978-7-5680-5814-8

Ⅰ.①法… Ⅱ.①弗… ②克… ③华… Ⅲ.①巧克力糖－甜食－制作 Ⅳ.①TS972.134

中国版本图书馆CIP数据核字（2020）第017880号

© Flammarion SA, Paris, 2013
Originally published as *Encyclopédie du chocolat*
Text translated into Simplified Chinese 2019, Huazhong University of Science and Technology Press Co., Ltd.
This copy in simplified Chinese can be distributed and sold in PR China only, excluding Taiwan, Hong Kong and Macao

本作品简体中文版由Flammarion SA授权华中科技大学出版社有限责任公司在中华人民共和国境内（但不包括香港、澳门和台湾地区）出版、发行。
湖北省版权局著作权合同登记　图字：17-2019-163号

法芙娜巧克力甜品精选
Fafuna Qiaokeli Tianpin Jingxuan

［法］弗雷德里克·鲍（Frédéric Bau）著
［美］克莱·麦克拉克伦（Clay McLachlan）摄影
华釜泽 译

出版发行：华中科技大学出版社（中国·武汉）
　　　　　电话：(027) 81321913
　　　　　北京有书至美文化传媒有限公司
　　　　　电话：(010) 67326910-6023
出版人：阮海洪

责任编辑：莽　昱　谭晰月
责任监印：徐　露　郑红红　　封面设计：邱　宏
制　作：邱　宏
印　刷：北京汇瑞嘉合文化发展有限公司
开　本：980mm×1140mm　　1/16
印　张：26
字　数：147千字
册　数：3000册
版　次：2020年4月第1版第1次印刷
定　价：228.00元

法芙娜
巧克力甜品精选

[法] 弗雷德里克·鲍（Frédéric Bau）著

[美] 克莱·麦克拉克伦（Clay McLachlan）摄影　华釜泽 译

华中科技大学出版社
http://www.hustp.com

有书至美
BOOK & BEAUTY

中国·武汉

如何阅读本书？

各类甜品制作技巧 （13-135页）

专业人士将循序渐进地为您介绍巧克力甜品的基础制作工艺

难易程度

简明标记

正文中显示的步骤图

专业术语

主厨建议

食谱应用

各类甜品制作技巧

48

甜品装饰

巧克力装饰
Décors au chocolat

巧克力圆片 ★ ★ ★
Disques

这是一种经典的巧克力装饰，您可以使用一些简单模具把手中的巧克力变成您想要的形状。

配料
300克调温巧克力

所需工具
烘焙砧板
2张烘焙纸
各种饼干模具
甜品抹刀
厨房温度计

在砧板上涂抹食用油并铺上防油烘焙纸，注意砧板和纸张之间不要有气泡。

对巧克力进行调温（详见第20页），将其中1/3倒在砧板上，再铺上一层油纸并用擀面杖将巧克力碾平（图1）。

当注意到巧克力开始结晶，即表面开始变硬时，用模具用力按压出相应形状（图2），随后将压出的巧克力（圆片）放在17~18摄氏度的环境中静置30分钟。

小心取下巧克力表面的油纸，并将其保存于低温干燥的环境中。

● **主厨建议**
您可以自行决定冷藏巧克力的时间，但注意一定要保持环境的干燥。

▎**食谱应用**
牛奶菓子布丁配豆奶奶泡 >> 第382页

各式甜品食谱 （157-399页）

收录甜品大师自创并反复实验的百余道经典食谱

简明标记

难易程度

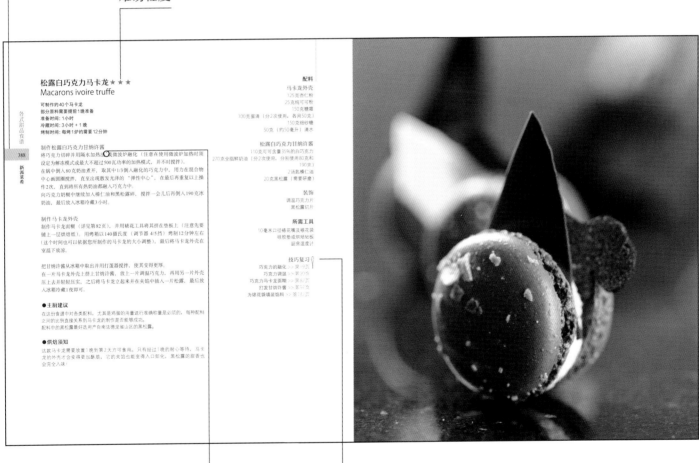

松露白巧克力马卡龙 ★ ★ ★
Macarons ivoire truffe

可制作约40个马卡龙
部分原料需要提前1晚准备
准备时间：1小时
冷藏时间：3小时＋1晚
烤制时间：每烤1炉约需要12分钟

制作松露白巧克力甘纳许酱
将巧克力切碎并用隔水加热法或微波炉融化（注意在使用微波炉加热时须设定为解冻模式或最大不超过500瓦功率的加热模式，并不时搅拌）。
在锅中倒入80克奶油煮开，取其中1/3倒入融化的巧克力中，用力在混合物中心画圆圈搅拌，直至出现散发光泽的"弹性中心"，在最后再重复以上操作2次，直到将所有热奶油都融入巧克力中。
向巧克力奶糊中继续加入榛仁油和黑松露碎，搅拌一会儿后再倒入190克冰奶油，最后放入冰箱冷藏3小时。

制作马卡龙外壳
制作马卡龙面糊（详见第82页），并用裱花工具将其挤在垫板上（注意先要铺上一层烘焙纸）。用烤箱以140摄氏度（调节器4/5挡）烤制12分钟左右（这个时间也可以依据您所制作的马卡龙的大小调整），最后将马卡龙外壳在室温下放凉。

把甘纳许酱从冰箱中取出并用打蛋器搅拌，使其变得更厚。
在一片马卡龙外壳上挤上甘纳许酱，放上一片调温巧克力，再用另一片外壳压上去并轻轻压实，之后将马卡龙立起来并在夹馅中插入一片松露，最后放入冰箱冷藏1夜即可。

● **主厨建议**
在这份食谱中对各类配料，尤其是鸡蛋的用量进行准确称量是必须的，每种配料之间的比例直接关系到马卡龙的制作是否能够成功。
配料中的黑松露最好选用产自南法德龙省山区的黑松露。

● **烘焙须知**
这款马卡龙需要放置1晚到第2天才可食用。只有经过1晚的耐心等待，马卡龙的外壳才会变得更加酥脆，它的夹馅也能变得入口化渣，黑松露的甜香也会完全入味。

配料

马卡龙外壳
125克杏仁粉
25克烘焙可可粉
150克糖霜
100克蛋清（分2次使用，各用50克）
150克细砂糖
50克（约50毫升）清水

松露白巧克力甘纳许酱
110克可可含量35%的白巧克力
270克全脂鲜奶油（分2次使用，分别使用80克和190克）
2汤匙榛仁油
20克黑松露（需要研磨）

装饰
调温巧克力片
黑松露切片

所需工具
10毫米口径裱花嘴及裱花袋
硅胶垫或烘焙垫板
厨房温度计

技巧复习
巧克力的融化 -> 第92页
巧克力的调温 -> 第20页
巧克力马卡龙面糊 -> 第82页
打发甘纳许酱 -> 第92页
为球花袋填装馅料 -> 第132页

技巧复习

专业术语

各式甜品食谱

388

新派菜肴

目录

前言

弗雷德里克·鲍
Frédéric Bau

行政主厨 / 法芙娜巧克力甜品学院创意总监

亲爱的"巧克力控"们：

在你们开始阅读这本书之前，我有些话想对你们说。二十多年前，我创立了法芙娜巧克力甜品学院，为的是让全世界的美食匠人都能来到这里学习知识，磨炼技能。后来我们还开设了针对初学者和自学人士的"美食家课程"，让这所学院真正成为分享知识和价值观念的自由空间。

Flammarion 集团在本书的出版过程中给予了了我们极大的信任，我们也坚信本书能够在众多甜品类书籍中脱颖而出，成为标杆之作。这是一份荣耀，更是一份挑战。

这部著作如百科大全一样，其内容均是从我们在法芙娜学院的日常教学中总结而来，具有极强的知识性。在本书的第一部分，我们将用通俗易懂的语言介绍法式甜品的基础制作工艺；在掌握了这些技巧后，读者们就可以开始尝试制作各类蜜饯、淋面、夹心糖、甘纳许、饼干等经典法式甜点食谱。

在本书的第二部分，我们将着重为读者们介绍法芙娜学院主厨和几位甜品大师们亲自创作的百余道经典食谱，而这些食谱的主角都是巧克力！

在这里我需要感谢我在法芙娜学院的同事们，没有他们的倾情付出，就不会有本书最后呈现出的完美效果。

我同时要着重感谢法芙娜学院培训部门的朱莉·欧布尔丹女士，她在本书的编纂工作中起到了至关重要的作用。正是通过她深入浅出的语言，我们才能够将一份份的专业食谱更好地介绍给读者。

希望每位读者朋友都能通过克莱·麦克拉克伦先生拍摄的精美照片和艾娃-玛丽·齐扎-拉吕女士撰写的介绍文字，切实体会到每一份甜品真实的口味和质感，同时与我们分享你们感受到的厨师背后那份对法式甜品的热情和精益求精的态度。

我谨代表本书所有创作人员向每位读者致以最美好的祝愿，同时郑重地邀请大家一起开启这次难忘的美食之旅！不过别忘记，引发我们情感共鸣的永远是"口味"与"技巧"的完美结合！

共享的激情

皮埃尔·艾尔梅
Pierre Hermé

来自巴黎的甜品大师

　　一代又一代的大师们都在用自己的方式书写着法式甜品辉煌的历史，从安托南·卡雷姆到加斯东·勒诺特，更不用说鼎鼎大名的吕西安·佩尔蒂埃、帕斯卡尔·尼奥、伊夫·蒂里谢……

　　人们长久以来都把法式甜品看成一门装饰艺术。法式甜品通过丰富多彩的形象给人们带来视觉的享受，直到今天这份独特的艺术性依旧表现在各类甜点的制作过程中。不过这只是法式甜品万千姿态中的一方面，现实生活中我们不会过多地关注那些好看的点缀，因为我们更需要的是实实在在的味觉享受！为了追求这份味蕾的欢娱，当今甜品主厨们需要关注色、香、味、质感甚至温度等要素。加斯东·勒诺特就是第一位把法式甜品的关注重心从外表转向内在的甜品大师。他特别强调原材料品质对最终成品的作用，吕西安·佩尔蒂埃和帕斯卡尔·尼奥也为这一伟大的转变做出了重要贡献，由他们所制定的新标准也成了现代视角下进行甜品制作和创新的核心标准。

　　成为一名专业的甜品主厨一般来说需要经历三个阶段：学徒期、熟练期及最终的转型期。然而要想从传统的教学体系中解放出来进行自由创作，熟练掌握所有甜品的传统制作工艺是先决条件。这也正是我常常强调的"温故而知新"。

　　在我身边的所有甜品大厨中，弗雷德里克·鲍毋庸置疑是最有才华和最有创造力的一位。他坚持大胆创新，用天马行空的想象力和巧夺天工的双手打造出了一个集味觉享受和感官冲击于一体的甜品宇宙，同时也让自己跻身甜品界佼佼者的行列。和所有的创意大师一样，他的一切灵感都与他精湛的手艺密不可分，正是这份匠心和对法式甜品独到的理解驱使着他不断推陈出新。弗雷德里克始终坚持口味优先，他主张去除夸张及不必要的甜品装饰，让甜品变得更加纯粹。

　　22年在法芙娜巧克力甜品学院的职业生涯难免让弗雷德里克对巧克力这一食材产生偏爱，然而巧克力甜品并不是他的唯一专长，他还擅长制作各类口味的菜肴，并曾游历各国找寻新食材，他尤为钟爱日本的食材。他对各种蔬果、香料作物的品性了如指掌，并一次次用他无尽的创意和具有魔力的双手给我们带来惊喜。

　　这部美食著作注定会成为所有巧克力爱好者的必读书目，弗雷德里克·鲍和他的同事们能让每位读者从入门到精通，循序渐进地掌握巧克力甜品制作的技巧。更重要的是，在那些由顶级甜品厨师们创作的食谱中，我们可以真正地感受到所有人对法式甜品共享的激情！

各类甜品
制作技巧

写在前面

在接下来的章节中我们将为您介绍一些巧克力制作的基础技巧，包括调温、浸渍技术、装饰制作等。它们也是制作所有甜品所需要掌握的基本功。

仔细检查所使用巧克力的可可含量

在制作甜品的过程中，依据所用巧克力可可含量的不同，用量也会不一样。比如可可在巧克力中起到了硬化剂的作用，因而用可可含量 50% 和 70% 的巧克力做出的甜品会有截然不同的质感。在本书中我们使用的均为法芙娜品牌的圭那亚纯黑巧克力[1]（可可含量为 70% 或 61%）、吉瓦娜牛奶巧克力[2] 和伊芙瓦白巧克力[3]，当然您也可以遵循一定的换算法则用其他品牌的巧克力来替代。

举例来说：

335 克的可可含量 70% 的黑巧克力可以替换为 370 克可可含量 60% 的黑巧克力，同时也可以替换为 500 克可可含量为 40% 的牛奶巧克力和 650 克可可含量为 35% 的白巧克力。

学会使用专业术语汇编

您可以在第 406 页的专业术语汇编中找到所有标注星号(*)的术语解释。

尝试做到精确

我们常说，一位优秀的甜品厨师出门前永远不会忘带电子秤和温度计。在甜品制作中对于计量不允许含糊，而其中的原料称重和温度控制更是至关重要。

所有原料都必须称量

对于液体配料（100 克水或奶油，体积约 100 毫升）和鸡蛋（1 个鸡蛋蛋黄约 20 克，蛋白约 30 克）等食材也必须进行准确计量。这项工作看似费时费力，但对一份甜品来说，计量上 1 克的差距就往往可以带来完全不同的结果。

准备好甜品工具 （详见第 402 页）

"工欲善其事，必先利其器。"在制作甜品前，请准备好厨用温度计、打蛋器、抹刀、甜品烤盘、裱花袋、擀面杖等工具，在进行塑形、制模等步骤时，您可能还会用到冷柜等大型家电。

---

1 译者注：圭那亚纯黑巧克力是法芙娜最知名的顶级产地的巧克力。
2 译者注：吉瓦娜牛奶巧克力是典型轻柔口味巧克力。
3 译者注：2003 年，法芙娜推出了稀有的可可豆品种 Porcelana。

巧克力

巧克力的融化
Fonte du chocolat

巧克力融化后得到的巧克力浆是制作各类甜品的基础配料，而只有遵循一定的技巧才能正确地将其融化。其中最重要的就是决不可为了"加速融化"而在装有巧克力的容器中倒水，也不能将巧克力用火直接加热。

隔水加热法 ★
Au bain-marie

首先将巧克力放在砧板上用面包刀切成巧克力碎，您也可以直接使用现成的小块或薄片的考维曲巧克力 [注] 或巧克力豆。

将巧克力碎放入小碗里，并在锅中加热水至锅身的一半，随后把装有巧克力的容器置于锅中，并确保其与锅底没有接触。

将巧克力容器连同平底锅一起文火加热，注意不可将水煮沸。

当巧克力开始融化时，使用刮刀规律性地搅拌，使其融化得更为均匀。

微波炉加热法 ★
Au four à micro-ondes

将待融化的巧克力块放在可以微波加热的容器中，用500瓦的功率加热1分钟后取出，用刮刀搅拌后再放入微波炉继续加热30秒，重复以上过程，直至巧克力完全融化。

●主厨建议

黑巧克力的最佳融化温度是55～58摄氏度，而牛奶巧克力、白巧克力或其他彩色巧克力的最佳融化温度则为45～50摄氏度。

注：考维曲巧克力(来自法语chocolat couverture的音译，又称"涂层巧克力")是指那些天然可可含量至少为31%的巧克力，它是专业甜品厨师制作手工巧克力及巧克力甜品的原料。

巧克力调温★★★
Tempérage

在制作糖衣、各种模制巧克力和板状巧克力时，调温的步骤十分必要，这就是巧克力经历专业人士所说的"巧克力调温曲线"，即"加热—冷却—再加热"的过程。这一过程乍一看十分复杂，但它背后的原理却非常简单，只要有足够的耐心和精确的计量，其实不难做到。

为了实现精准的温度调控，并最终做出散发光泽、口感酥脆而又入口即化的巧克力成品，单用手指测试或用品尝的方法粗测温度是远远不够的，我们建议您配备一个厨房温度计。

为什么要对温度进行调控？

调温是做出成功的巧克力甜品、模制巧克力、板状巧克力或巧克力装饰的关键，因为巧克力在融化和以其他形态重新凝固（比如巧克力橙皮和巧克力干果片）的过程中如果不进行调温，其就会失去原有的品相。要想让成品既能口感酥脆又入口即化，并散发光泽，必须要正确地进行调温。这是由巧克力中的一种重要成分——可可脂的特性所决定的。

可可脂具有复杂且奇妙的品性。这种油脂十分"懒惰"，如果没有外力，可可脂一旦融化就不能恢复原本的形态，其中的稳定晶体结构会被打散，并在巧克力凝固的过程中重组，有时甚至还会结晶成油斑。我们常常看到的巧克力表面的白霜就是可可脂的结晶。

油斑会让一块巧克力失去它高贵的光泽外观，并且由于融化不均匀，巧克力中往往会夹杂颗粒，香味也会大打折扣。巧克力特有的酥脆感更是荡然无存，想象一下，掰开巧克力的刹那听不到那声悦耳的"咔哒"声该有多么失望！更不要说这对巧克力口味的毁灭性打击了！

想要解决这一问题，我们就需要通过调温把可可脂转变成一种稳定的、容易保存的晶体形态。
总而言之，调温的目的不仅是为了美观，更是为了美味！

▌食谱应用
巧克力太妃糖 >> 第337页
巧克力四色钵 >> 第341页
芳香橙条 >> 第342页
鲜果巧克力 >> 第346页
椰心巧克力 >> 第349页

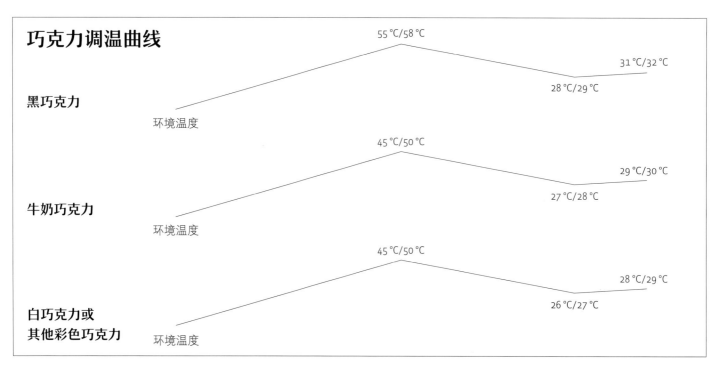

巧克力调温曲线

黑巧克力 — 环境温度 — 55 °C/58 °C — 31 °C/32 °C / 28 °C/29 °C

牛奶巧克力 — 环境温度 — 45 °C/50 °C — 29 °C/30 °C / 27 °C/28 °C

白巧克力或其他彩色巧克力 — 环境温度 — 45 °C/50 °C — 28 °C/29 °C / 26 °C/27 °C

"播种法" ★ ★ ★
Tempérage par ensemencement

　　这种方法的原理是将一部分巧克力小块或巧克力豆预留作为"种子"，并在融化过程中"播种"，固态的巧克力可以让巧克力浆的温度自然下降，并使最终的巧克力质地更为均匀。"播种法"也因此可以作为隔水调温法和案板调温法的一种替代方法。

配料
400克巧克力

所需工具
厨房温度计

　　取300克巧克力切碎，如有可直接调温的小块或薄片的考维曲巧克力或巧克力豆更佳。

　　将巧克力碎放入小容器中，锅中加热水至锅身的一半，随后将装有巧克力的容器置于锅中并确保其与锅底没有接触。

　　文火加热隔水装置，注意不可将水煮沸。如果使用微波炉加热，注意要使用解冻模式或在不超过500瓦的功率下加热。

　　当巧克力开始融化时，用刮刀规律性地搅拌，使其融化更为均匀，并注意使用温度计掌控温度。当巧克力温度达到调温曲线要求（黑巧克力为55~58摄氏度、牛奶或白巧克力为45~50摄氏度）时，将装有巧克力的容器从锅中取出，并从中倒出1/3左右的巧克力浆，放在事先加热过的碗里备用，随后将预留的100克巧克力切碎（或用机器磨碎）并"种"到剩下的巧克力浆中。

　　适当搅拌巧克力，让巧克力降温并达到调温曲线第二阶段的温度要求。一般来说，黑巧克力需要降温至28~29摄氏度，白巧克力需要降至27~28摄氏度，其他彩色巧克力需要到26~27摄氏度。

　　最后再将之前留出的热巧克力浆缓缓倒入已经降温后的巧克力中，使其再次升温，当最终温度达到调温曲线要求（黑巧克力温度达到31~32摄氏度，牛奶巧克力达到29~30摄氏度，白巧克力或其他彩色巧克力达到28~29摄氏度）时即完成。

●烘焙须知

如果巧克力已经达到了所要求的温度，但其中还掺杂着未融化的巧克力小块，请在对巧克力进行再升温之前将它们取出，否则巧克力浆会迅速变稠，在行话里，我们称之为巧克力的"凡士林化"。

隔水调温法 ★ ★ ★
Tempérage au bain-marie

　　隔水调温法和前面介绍的播种法一样都不复杂，但它同样对温度的把握提出了很高要求。此外，使用这种方法调温还需要很好地掌控各项操作的节奏，因为我们需要先后进行隔水加热和隔水冷却两种隔水控温的操作。

配料
400克巧克力

所需工具
厨房温度计

将巧克力切碎并用隔水加热法融化（详见第19页），同时另外准备一个隔水装置加冷水和少量冰块用于冷却。

将巧克力加热至调温曲线所要求的温度（黑巧克力为55~58摄氏度，牛奶或白巧克力为45~50摄氏度）后，将巧克力容器从热水中取出并进行隔水冷却。

适当搅拌以防止巧克力过快地凝结在容器表面，同时防止可可脂结晶形成油斑。注意温度变化，当巧克力降至约35摄氏度时，将容器取出。继续搅拌使巧克力自然降温（黑巧克力温度须降至28~29摄氏度，牛奶巧克力须降至27~28摄氏度，白巧克力及其他彩色巧克力则要降至26~27摄氏度）。

再次将装有巧克力的碗隔水加热，但这次不宜时间过长，只要让巧克力温度稍稍升高并达到调温曲线的要求即可（黑巧克力为31~32摄氏度，牛奶巧克力为29~30摄氏度，白巧克力及其他彩色巧克力则为28~29摄氏度）。最后取出容器继续搅拌一会儿。

●主厨建议
在对巧克力进行加热和冷却时，我们检测出的温度变化往往具有滞后性，因此需要适当地将一些操作提前，以防止巧克力过热或过冷。

案板调温法 ★ ★ ★
Tempérage par tablage

　　这是电视节目经常出现的一种经典的调温方法，用它进行调温时的景象让人浮想联翩：厨师把巧克力放在大理石案板上不断翻切，融化的巧克力在刮刀下反复聚拢、延展。其实，只要配有一块大理石冷却板，您也可以像一位甜品大厨一样，把自家厨房变成一间巧克力工作室！

配料
400克巧克力

所需工具
厨房温度计
调色刀
刮板

将巧克力切碎并用隔水加热法融化（详见第19页）；
将巧克力加热至调温曲线所要求的温度（黑巧克力为55~58摄氏度、牛奶或白巧克力为45~50摄氏度），随后将巧克力浆倒在大理石表面，剩下的巧克力浆保温备用（图1）。
用调色刀和刮板快速刮切，使巧克力降温（图2、图3）。
把预结晶的巧克力倒入小碗，缓缓加入剩下已经融化的巧克力直至温度达到调温曲线要求（黑巧克力为31~32摄氏度，牛奶巧克力为29~30摄氏度，白巧克力及其他彩色巧克力则为28~29摄氏度）即可。

●烘焙须知
很多甜品厨师也会使用专门的调温机对巧克力进行调温。机器会让巧克力自动适应调温曲线所要求的温度变化，并让巧克力更加均匀地包裹在糖果馅表面。

"平滑面"的制作

　　为了方便切割和浸渍糖果馅，在制作巧克力糖之前需要在糖果馅表面覆盖上薄薄的一层巧克力，我们称之为"平滑面"。

为整块糖馅添加"平滑面" ★ ★ ★
Avant découpe

配料
足量的调温巧克力（详见第20页）
未经切割的整块糖果馅

所需工具
甜品抹刀

用调温巧克力沿着未经切割的整块糖馅表面画一条细线。
迅速用调色刀将这层巧克力均匀地涂抹在馅料表面，这层平滑面也是我们制作浸渍巧克力糖时浸蘸叉需要托起的那一面（图1）。
把糖馅切成您想要的大小，之后就可以用它们来浸渍巧克力了！

为切好的糖馅添加"平滑面" ★ ★ ★
Après découpe

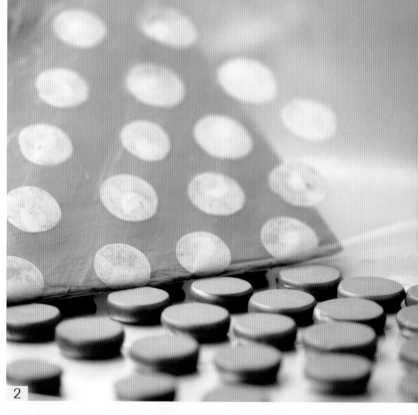

配料
经过调温的巧克力
用刀或模具切出的糖果馅

所需工具
1把甜品刷

用甜品刷把调温巧克力均匀地刷在糖果馅表面（图2、图3）即可。

● 主厨建议
您可以用多出的巧克力配料制作甜品装饰（详见第47页）。

▌食谱应用
芝麻肉桂巧克力糖 >> 第354页

手工浸渍巧克力糖 ★★★
Enrobage

通过把糖果馅浸渍在巧克力中，我们可以在其表面包裹上薄薄的一层巧克力外衣，从而有利于糖果馅的保存并为其增加巧克力特有的香脆口感。

配料
足量的调温巧克力（详见第20页）
巧克力糖馅

所需工具
烘焙纸或包裹上烘焙纸的砧板
浸蘸叉
筷子（可选）

在糖果馅的一面刷上一层巧克力光滑面（详见前页介绍），用浸蘸叉从这层平滑面托起糖馅并浸渍在调温巧克力中。
把糖馅推入巧克力，然后抬起馅料，反复浸渍3~4次，这样可以让巧克力均匀地吸附在糖馅表面，避免巧克力糖衣过厚。
在容器边缘反复敲击浸蘸叉，这样可以把多余的巧克力敲掉以制作出完美的薄面。
将浸渍后的巧克力糖小心地放在砧板上，并用筷子抹平表面。

●主厨建议
注意及时清洁浸蘸叉和筷子，防止巧克力粘在工具表面，使巧克力糖不能轻松滑落。

●烘焙须知
这里所用的巧克力糖其实就是我们平时所说的黑巧克力。

食谱应用
脆皮巧克力夹心糖 >> 第334页
芝麻肉桂巧克力糖 >> 第354页
糖渍菠萝/樱桃串 >> 第360页

模制巧克力
Moulages

经典模制巧克力 ★ ★ ★
Moulage classique

所需工具

各式巧克力模具
2把铝质靠尺或不锈钢靠尺
包裹上烘焙纸的甜品砧板

用90度的酒精清洁模具，并将靠尺放置在烘焙砧板上备用。

将调温巧克力用长柄勺从容器中舀出并浇在模具里，旋转模具，使得巧克力均匀地覆盖模具的所有侧面（图1），再把多余的巧克力倒回容器中（图2）。

轻晃模具把剩余的巧克力滴尽，再把模具倒放在2把靠尺之上。当巧克力开始结晶*后，把模具倒转过来，并用小刀刮去模具边缘多余的巧克力（图3）。

将巧克力连同模具放在冰箱中冷藏30分钟，最后取出等待脱模。如果要对不同的模块进行组合，您可以将需要黏合的模块边缘用微热的加热板或平底锅稍稍融化，这一部分融化的巧克力就会起到黏合剂的作用（图4）。

● 主厨建议

如果想把巧克力壳做得更厚，可以在刮去模具边缘的巧克力后进行第二次灌模，注意每次灌好模后都需要将模具边缘的残余巧克力刮净，这一步骤对于之后的脱模过程至关重要。

● 烘焙须知

在灌模前一定要用酒精擦净模具上的油脂，因为它们可能会在成品巧克力表面留下不规则的油斑。

▎食谱应用

小丑先生 >> 第327页
巧克力妮妮小熊 >> 第362页
巧克力雪人 >> 第364页
玛格丽特复活节巧克力蛋 >> 第366页

1

2

3

4

自制吉利丁^(注)巧克力模具 ★ ★ ★
Réaliser un moule en gélatine

您可以使用吉利丁自制模具，从而依据自己的喜好制作各种形状的巧克力成品。

配料

300克清水
300克细砂糖
100克吉利丁粉
足量的调温巧克力（详见第20页）

所需工具

待翻模的物品
厨房温度计

将清水倒入锅中用文火加热，随后加入细砂糖和吉利丁粉，并不断搅拌。

当混合物变成半透明状时关火，等待其中的杂质（泡沫）析出后，用漏勺将它们舀出。

在碗中倒入一部分吉利丁混合液静置冷却，将需要翻模的物品（如图所示我们使用的是一颗可可果）底部浸上锅中剩下的吉利丁液，并将其粘在已经凝固的吉利丁底座上，之后一起放入冰箱冷藏。

在冷藏过程中，注意将锅中剩下的吉利丁保持在45摄氏度，冷藏结束后，将其浇注在要翻模的物品表面，并形成厚约1厘米的吉利丁表层。

将半成品模具放入冰箱，待容器中的吉利丁完全凝固后，用小刀小心地将倒模部分切割出来即可得到完整模具。使用吉利丁模具制作巧克力时要先用橡皮筋将模具固定，再在表面打孔并将调温巧克力从小孔中灌入。

●主厨建议

注意不要把吉利丁混合液煮沸，这会影响其作为凝固剂的作用。

●烘焙须知

向模具中灌注巧克力前需要确保模具保持在3～6摄氏度的低温，这么做的目的是防止吉利丁模具本身融化并残留在成品巧克力上。

注：吉利丁是制作甜点和冰品的常用凝固剂。

糖果夹心

甘纳许
Ganaches

甘纳许是由巧克力和其他液体食材混合而成的乳化液（即水和油的均匀混合物），其中的油脂来自巧克力，水分则来自我们常用的奶油、牛奶或果泥等。成品甘纳许结构稳定，富有弹性并散发光泽。

配料

巧克力（依据可可含量决定最终用量）
全脂鲜奶油（也可依据口味喜好使用牛奶或果汁）
黄油(可选)

所需工具

厨房温度计

将巧克力切碎并用隔水加热法*或微波炉融化（注意在使用微波炉加热时须设定为解冻模式或最大不超过500瓦功率的加热模式，并不时搅拌）。

将鲜奶油（或牛奶、果汁等）煮沸后取其中1/3倒入融化的巧克力浆中（图1），用刮刀在容器中画圆圈搅拌，直至巧克力奶糊散发光泽并出现"弹性中心"^(注)，随后再重复以上操作2次，将所有奶油溶入巧克力中。

当甘纳许温度达到35~40摄氏度时，加入黄油块并搅拌均匀（图2、图3），这样可以使成品甘纳许奶糊质感更光滑。

●主厨建议

在配料的鲜奶油中加入果皮、香草等调料可以丰富甘纳许的口味。
在往巧克力中浇注奶油时，我们会发现奶糊迅速变稠并出现分层，同时伴随着一部分颗粒状物质析出，这是因为奶糊中的油脂出现了过饱和。这一现象是完全正常的，不用过分担心，只需按照之前所介绍的方法分3次加入奶油并不停搅拌，我们最终还是能得到质地均匀的奶糊。

●烘焙须知

甘纳许的口感会根据所制作甜品种类的不同而有所变化。用于制作板状巧克力时，它的口感会相对坚硬但容易融化；用来制作模制巧克力或中空巧克力壳时它又十分柔软；而在马卡龙、各类甜品挞中，它的口味则十分醇厚并且更易融化。

注："弹性中心"是指巧克力奶糊在搅拌均匀后变得富有弹性且散发光泽的样子。

原味甘纳许 ★ ★
Ganache à cadrer

　　用糖果模具做出的块状甘纳许是各式浸渍巧克力糖（巧克力圆饼、果仁巧克力和巧克力棒棒糖等）的基础配料。它质地坚硬，相比模制糖所用的甘纳许更易于加工和塑形。

配料

巧克力（依据可可含量决定最终用量）
335克可可含量70%的黑巧克力
或370克可可含量60%的黑巧克力或500克可可含量40%的牛奶巧克力
或650克可可含量35%的白巧克力
40克蜂蜜250克（约250毫升）全脂鲜奶油
70克黄油

所需工具

方形糖果模具
烘焙砧板
厨房温度计
1张烘焙纸*

首先把糖果框架放在包有烘焙纸的烘焙砧板上。
将巧克力切碎后用隔水加热法*或微波炉融化（注意在使用微波炉加热时须设定为解冻模式或最大不超过500瓦功率的加热模式，并不时搅拌）。
将鲜奶油（或牛奶、果汁）煮沸后取其中1/3倒入融化的巧克力中，用刮刀在容器中画圆圈搅拌，直至巧克力奶糊散发光泽并出现"弹性中心"，随后再重复以上操作2次，将所有奶油溶入巧克力中。
当甘纳许温度达到35~40摄氏度时，加入黄油块并搅拌均匀。
将奶糊倒进方形糖果模具中并放置在16~18摄氏度的环境温度下结晶*。
12小时后，将凝固的甘纳许放在烘焙纸上，取下模具并在其表面刷上一层巧克力"平滑面"（做法详见第24页），再次静置24小时，待其完全凝固后就可以用浸渍调温巧克力制作夹心糖了（详见第25页）。

食谱应用

碧根果巧克力手指饼 >> 第246页
玫瑰/树莓棒棒糖 >> 第344页
松露巧克力 >> 第350页
茉莉风味松露巧克力 >> 第353页
芝麻肉桂巧克力糖 >> 第354页

● 主厨建议

如果您的家中没有专业的糖果模具，您也可以用4把烘焙用刻度尺围成正方形来自制一个方形模具。

树莓甘纳许 ★ ★
Ganache à cadrer à la pulpe de framboise

　　在甘纳许中加入果泥可以让巧克力的香味更加突出，而根据所制作食谱的不同，可以选择树莓、梨、桃、菠萝等多种水果。

配料

巧克力（依据可可含量决定最终用量）：
335克可可含量70%的黑巧克力
或370克可可含量60%的黑巧克力或500克可可含量40%的牛奶巧克力
或700克可可含量35%的白巧克力
250克甜度为10%的树莓果浆
40克蜂蜜
70克黄油

所需工具

方形糖果模具
烘焙砧板厨房温度计
1张烘焙纸*

首先把糖果框架放在铺有烘焙纸的烘焙砧板上。

将巧克力切碎后用隔水加热法*或微波炉融化（注意在使用微波炉加热时须设定为解冻模式或最大不超过500瓦功率的加热模式，并不时搅拌）。

在另一口锅中倒入树莓酱和蜂蜜一起加热，取出其中1/3缓缓倒入融化的巧克力中（图1），用刮刀在容器中画圆圈搅拌，直至混合物散发光泽并出现"弹性中心"，随后再重复以上操作2次，将所有果酱溶入巧克力中。

当甘纳许温度达到35~40摄氏度时，加入黄油块并搅拌均匀（图2）。

将甘纳许倒进糖果模具中并放置在16~18摄氏度的环境温度下结晶*。

12小时后将凝固的甘纳许放在烘焙纸上，取下模具并在其表面刷上一层巧克力"平滑面"（做法详见第24页），再次静置24小时，待其完全凝固后就可以用浸渍调温巧克力制作树莓甘纳许夹心糖了（详见第25页）。

●主厨建议

如果您的家中没有专业的糖果框架，您也可以用4把钢尺摆成正方形来自制一个框架。
由于果泥的存在，成品中会有些许颗粒状物质。

●烘焙须知

注意果浆不能煮沸，这会破坏它的果香。

经典生巧甘纳许 ★ ★
Ganache Namachoco classique

生巧甘纳许不易保存，需要在制作完成后的一天内食用完毕。

配料

巧克力（依据可可含量决定最终用量）：
175克可可含量70%的黑巧克力或200克可可含量60%的黑巧克力
60克黄油
200克(约200毫升)全脂鲜奶油
细砂糖
糖霜或纯可可粉

所需工具

20厘米左右大小的方盘
或方形糖果模具+烘焙砧板

在方盘表面包上一层铝箔纸。
将巧克力切碎后用隔水加热法*或微波炉融化（注意在使用微波炉加热时须设定为解冻模式或最大不超过500瓦功率的加热模式，并不时搅拌）。
把鲜奶油煮沸后取其中1/3倒入融化的巧克力中，用刮刀在容器中画圆圈搅拌，直至巧克力奶糊散发光泽并出现"弹性中心"，随后再重复以上操作2次，将所有奶油溶入巧克力中。
当甘纳许温度达到35~40摄氏度时，加入黄油块并搅拌，使甘纳许的乳化更加均匀，同时注意不要在奶糊中拌入过多空气。
把甘纳许倒入方盘并放在冷柜中冷藏12小时待其结晶*，最后在其表面撒上砂糖和糖霜（或可可粉），并切成所需的形状。

● 烘焙须知

生巧甘纳许常常被用来制作日式甜品。

1

模制巧克力注馅 ★ ★
Ganache pour bonbons moulés

　　甘纳许口感绵密，尤其适合用作模制巧克力和各类挞式甜品的填馅。结晶后的甘纳许仍然能保持柔软的质感，并且入口即化。

配料

巧克力（依据可可含量决定最终用量）：
170克可可含量70%的黑巧克力
或200克可可含量60%的黑巧克力
或230克可可含量40%的牛奶巧克力
或340克可可含量35%的白巧克力
160克（约160毫升）鲜奶油
30克蜂蜜
30克黄油

所需工具

厨房温度计
裱花工具

　　将巧克力切碎后用隔水加热法*或微波炉融化（注意在使用微波炉加热时须设定为解冻模式或最大不超过500瓦功率的加热模式，并不时搅拌）。
　　把鲜奶油煮沸后取其中1/3倒入融化的巧克力中，用刮刀在容器中画圆圈搅拌，直至巧克力奶糊散发光泽并出现"弹性中心"，随后再重复以上操作2次，将所有奶油溶入巧克力中。
　　当甘纳许温度达到35~40摄氏度时，加入黄油块并搅拌使甘纳许的乳化更加均匀。
　　待甘纳许温度降到27~28摄氏度时，用裱花袋将其注入已经灌好模的巧克力模具中（巧克力灌模的方法详见第26页）（图1、图2）。
　　甘纳许结晶*的最佳温度为16~18摄氏度，在甘纳许夹心凝固12小时以后，就可以依据食谱的要求用巧克力将模制糖封底，再次放置24小时后即可脱模。

● 主厨建议

如果要制作含有酒精的甘纳许，注意酒精饮料需要在最后加入，且酒精的量应控制在总量的8%～10%。

各类糖果夹心
Intérieurs divers

果仁夹心 ★ ★
Praliné maison

传统果仁夹心中含有约一半的果仁成分（通常是榛仁或杏仁，也可以是二者混合）。为了提升干果和焦糖的香味，我们需要把干果和砂糖一起加热后再冷却、磨碎，最后精炼出质地均匀的糖馅。

配料

100克榛仁
100克漂白杏仁
150克细砂糖

所需工具

烘焙砧板或硅胶垫

将所有干果用烤箱以150摄氏度的挡位烤制10分钟，待干果整体变色后取出静置，随后给榛仁去皮并放回烤箱保温。

将平底锅预先加热，随后分3次（每次50克）加入细砂糖并不停搅拌，使其融化，熬出焦糖（图1）。

将烤制、去皮后的干果倒入焦糖中（图2），搅拌均匀后将其平铺在事先抹好油的砧板或硅胶垫上（图3），并在室温下放置一会儿。

用擀面杖将坚果碾碎，再把糖馅倒入搅拌机中打碎，最后得到可用作糖果夹心的果仁糖泥。

● 主厨建议

在使用搅拌机时，需要注意不能让果仁夹心过热，如果有必要可以分2次搅拌。您也可以去掉配料中的杏仁而仅用榛仁制作这种夹心。

▌食谱应用

▌榛仁树桩蛋糕 >> 第306页
　夹心白巧克力慕斯蛋糕 >> 第318页
　岩石巧克力 >> 第368页

用果仁夹心制作浸渍糖 ★ ★
Intérieur praliné pour bonbons à cadrer

　　将整块果仁夹心切成小块再浸渍巧克力是一种常见的制糖方法，它既见于家庭料理，也为专业的甜品厨师所用。

配料

100克牛奶巧克力（可可含量40%）
200克果仁夹心（做法详见第38页）

所需工具

厨房温度计
方形糖果模具
烘焙砧板
1张烘焙纸

首先把糖果模具摆在包裹*好烘焙纸的烘焙砧板上。
将巧克力切碎后用隔水加热法*或微波炉融化（注意在使用微波炉加热时须设定为解冻模式或最大不超过500瓦功率的加热模式，并不时搅拌）。
将之前制作的杏仁糖馅倒进融化的巧克力中，再将容器隔水冷却至24摄氏度，注意在整个过程中都要不停搅拌。
将糖果泥倒入方形模具并在16~18摄氏度的环境中静置24小时，之后取下烘焙纸，并在其表面刷上一层巧克力"平滑面"（做法详见第24页），最后将杏仁夹心切割成想要的形状，并用浸渍调温巧克力制作夹心糖（详见第25页）。

● 烘焙须知

使用牛奶巧克力的目的是防止成品中析出可可脂后形成油斑（详见第147页）。

用果仁夹心注馅 ★ ★
Intérieur praliné pour bonbons moulés

　　除了用于制作浸渍果仁糖外，果仁夹心还可以用来给巧克力模、巧克力装饰和各类挞皮注馅。

配料

50克牛奶巧克力（可可含量40%）
200克果仁夹心（做法详见第38页）

所需工具

厨房温度计
裱花工具

将巧克力切碎后用隔水加热法*或微波炉融化（注意在使用微波炉加热时须设定为解冻模式或最大不超过500瓦功率的加热模式，并不时搅拌）。
将已经制作好的果仁夹心倒入融化的巧克力中，并隔水冷却到27~28摄氏度，注意整个过程中需要对混合物不停进行搅拌。
用裱花工具将夹心注入已经灌好模的巧克力模具中（巧克力灌模的方法详见第26页）。
将半成品在16~18摄氏度的环境中放置24小时，最后用调温巧克力将模制糖封底（详见第20页）即可。

● 主厨建议

在专业的甜品用品店里您也可以买到可以直接使用的半成品果仁夹心。

1

2

榛仁牛奶巧克力★★
Gianduja

　　榛仁牛奶巧克力的基本做法是在巧克力中混入烤坚果（主要是榛仁）、糖和牛奶。换句话说就是把巧克力中的一部分可可豆成分换成了坚果。

配料
250克榛仁
100克牛奶巧克力（可可含量40%）
30克可可脂
250克糖霜

所需工具
厨房温度计

将所有干果用烤箱以150摄氏度的挡位烤制10分钟，待干果整体变色后取出静置，随后给榛仁去皮*。

将巧克力切碎并用隔水加热法*或微波炉融化。

将烤好的榛仁（图1）倒入搅拌机中，并与糖霜、可可脂和巧克力一起搅拌成糊状，之后再将混合物倒进沙拉碗中保存。

将混合物隔水冷却到25~26摄氏度并搅拌均匀（图2）。此时您可以立刻用巧克力糊给糖果注馅或（借助方形模具）制作整块榛仁牛奶巧克力，也可以用密闭性较好的塑料容器将其保存，以便之后使用。

●主厨建议
您可以在专门的甜品用品商店或网络上购买到可可脂。

●烘焙须知
榛仁牛奶巧克力是意大利皮埃蒙特地区的特产，它的名字来源于当地一个非常有名的戏剧角色——吉安杜佳[注]。

▌食谱应用
榛仁巧克力夹心玛德琳蛋糕 >> 第284页

注：榛仁牛奶巧克力的法语原文是Gianduja（音译吉安杜佳），它来自意大利语，是传统戏剧中一个聪明幽默的农民形象，被视为意大利都灵地区和皮埃蒙特地区的象征，如今这个名字已经是"由榛仁和可可混合制成的巧克力甜品"的代名词。

1

2

杏仁酱 ★ ★
Pâte d'amande

用杏仁酱做成的糖果填馅可以冷藏保存较长时间，用它做成的巧克力夹心糖更是具有独一无二的美妙风味。专业甜品厨师在制作杏仁酱时往往需要使用大型厨房设备，不过少量的杏仁酱也可以用简单的方法在家制作。

配料

40克蜂蜜
20克葡萄糖浆
90克 （约90毫升） 清水
180克细砂糖
375克漂白杏仁

所需工具

厨房温度计
塑料纸或烘焙纸

在锅中倒入蜂蜜、葡萄糖浆 （图1）、清水和细砂糖并加热煮开。
将杏仁放入搅拌机中打碎 （图2），倒入煮沸的糖浆后继续搅拌成糊状。
把杏仁泥倒在烘焙纸上用手不停按揉直至均匀 （图3）。
最后将做好的杏仁酱倒入密闭容器中保存，并在4摄氏度左右的温度下冷藏。

●主厨建议

在搅拌时最好能够让杏仁泥的温度达到80摄氏度。

●烘焙须知

杏仁酱可以在密闭容器中封存并冷藏保存2个月。

▌食谱应用

牛奶夹心杏仁慕斯蛋糕佐蜂蜜梨块 >> 第226页
巧克力苹果软心蛋糕 >> 第255页
杏仁热巧克力 >> 第266页

3

开心果酱/榛仁酱 ★
Pâte de pistache/ noisette

只需要一个烤箱、一个搅拌机和少许葡萄籽油，您就可以做出
让人唇齿留香、回味无穷的开心果酱！

配料

200克绿开心果或去皮榛仁
2茶匙^(注) 葡萄籽油

将所有干果用烤箱以150摄氏度的挡位烤制10分钟。
将干果冷却后放入搅拌机（图1），加入葡萄籽油（图2），搅
拌均匀（图3）后冷藏即可。

● 主厨建议

您可以用李子油代替食谱中的葡萄籽油，最终做出的成品香味会更
加浓郁！

食谱应用

牛奶夹心杏仁慕斯蛋糕佐蜂蜜梨块 >> 第226页
开心果巧克力蛋糕配杏仁茴香酥粒 >> 第249页
榛仁热巧克力 >> 第267页

注：按照法式食谱的计量标准，1茶匙大约相当于5毫升（约5克）。

太妃糖夹心 ★ ★
Intérieur bonbon caramel à cadrer

太妃糖夹心的制作方法和之前所介绍的块状甘纳许基本相同。焦糖与牛奶巧克力的组合，有如甜品世界里的"天生一对"！

配料

100克可可含量40%的牛奶巧克力
50克（约50毫升）清水
75克葡萄糖浆
320克细砂糖（分两次使用，分别需要240克和80克）
170克（约170毫升）鲜奶油
1茶匙食盐
30克黄油

所需工具

甜品刷
厨房温度计
方形糖果模具或4把不锈钢靠尺
烘焙砧板或硅胶垫
烘焙纸*

首先把糖果模具摆在包裹*有防油纸的烘焙砧板上，如果没有方形模具，也可以用4把靠尺围成正方形作为模具。

在锅中放入切好的巧克力碎、葡萄糖浆、240克细砂糖和清水，并加热至180摄氏度（图1），注意用甜品刷蘸水清洁锅口残留的砂糖。

在进行上述步骤的同时，另取一口锅加入鲜奶油和80克细砂糖煮沸。

在巧克力锅温度达到180摄氏度左右时，小心加入黄油块（图2），搅拌均匀后再加入用盐调味的热奶油（图3）和一些巧克力碎。

继续加热混合物至120摄氏度左右，注意加热过程中仍需不停搅拌。

把焦糖浆倒入方形模具（图4）并在室温下静置约4小时，最后把凝固了的整块焦糖夹心切成所需要的大小即可（图5）。

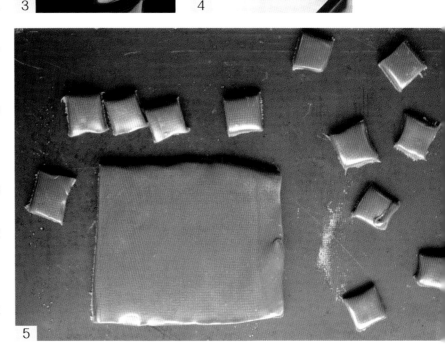

●主厨建议

如果要用焦糖夹心制作浸渍巧克力，别忘了要给它们涂刷上"平滑面"（详见第24页）。

▌食谱应用
▌牛奶/焦糖巧克力脆饼 >> 第274页

法式巧克力棉花糖 ★ ★
Guimauve au chocolat

　　制作法式棉花糖的方法多种多样，这里介绍的是由我们自创的简易棉花糖制作法。它以吉利丁、砂糖和蜂蜜作为基本配料，您也可以用巧克力和果酱丰富棉花糖的口味。

配料

17克吉利丁片
225克细砂糖
170克蜂蜜（分两次使用，每次分别需要70克和100克）
75克（约75毫升）清水
100克可可含量70%的黑巧克力

所需工具

厨房温度计
烘焙砧板
20厘米×20厘米的方形糖果模具

将吉利丁片用冷水泡软。
在锅中加入砂糖、70克蜂蜜，并用110摄氏度左右的温度熬制（图1、图2）。
把剩下的100克蜂蜜倒入碗中并加入熬好的糖浆，同时将泡软的吉利丁片用烤箱或微波炉加热融化后浇在碗里，反复搅拌，直到碗中出现泡沫（图3）。
将巧克力切碎后用隔水加热法*或微波炉融化（注意在使用微波炉加热时须设定为解冻模式或最大不超过500瓦功率的加热模式，并不时搅拌）。
在砧板上铺一层烘焙纸，并且事先在砧板上抹上一层油，待碗中的糖浆和蜂蜜的混合物稍稍冷却后，用刮刀把巧克力拌入其中，并将混合物倒在方形糖果模具中（图4）。
用另一张烘焙纸覆盖在棉花糖表面，将半成品静置1晚，待其结晶*后再切成所需要的形状。法式棉花糖可以用来制作甜品或直接食用，注意要在干燥的环境下保存。

▌食谱应用
▌蜂蜜巧克力棉花糖 >> 第338页

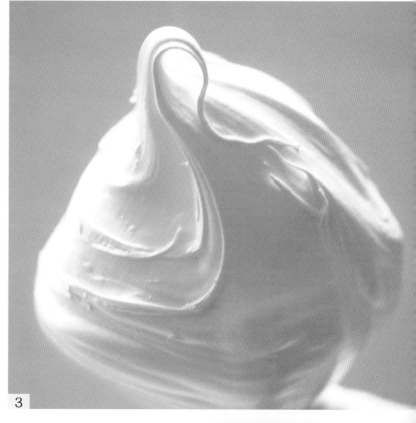

法式水果软糖 ★ ★
Pâte de fruits

在法式甜品中，水果也是巧克力的一位"密友"，不论是红色水果、黄色水果[注]，还是热带水果、夏季水果、冬季水果，用它们制成的果酱都是制作各类巧克力夹心糖和巧克力甜品装饰的绝佳选择。

配料

260克细砂糖
4克苹果果胶
200克果酱
20克葡萄糖浆
半个柠檬原汁

所需工具

厨房温度计
方形糖果模具或4把不锈钢靠尺
烘焙砧板或硅胶垫烘焙纸*

首先在砧板上铺上一层烘焙纸，摆好模具或用4把靠尺围成一个正方形作为模具。

将40克细砂糖和苹果果胶倒在一起搅拌均匀。

加热果酱至40摄氏度，并把细砂糖和果胶的混合物加入锅中，将混合物煮沸并不断搅拌。

继续加入220克细砂糖和葡萄糖浆，每次加完一种配料后都要重新将糖浆煮沸，最后把糖浆加热至105摄氏度。

停止加热并倒入柠檬汁，最后把糖浆倒在糖果模具中静置24小时左右。

●主厨建议

您可以用各类香草碎、柑橘果皮碎和其他调味料丰富水果软糖的风味！

●小贴士

菠萝、奇异果和木瓜中含有蛋白酶，这种酶会破坏果胶使其无法凝结，因此在使用这些水果制作软糖时，需要事先把水果煮熟。

▌食谱应用

椰子百香果巧克力夹心饼 >> 第252页
巧克力火锅 >> 第314页

注："红色水果"和"黄色水果"是法国人依据颜色对水果进行分类的方法，一般来说红色水果包括红提、樱桃、草莓等，黄色水果则是指柑橘、橙子、芒果、菠萝等。

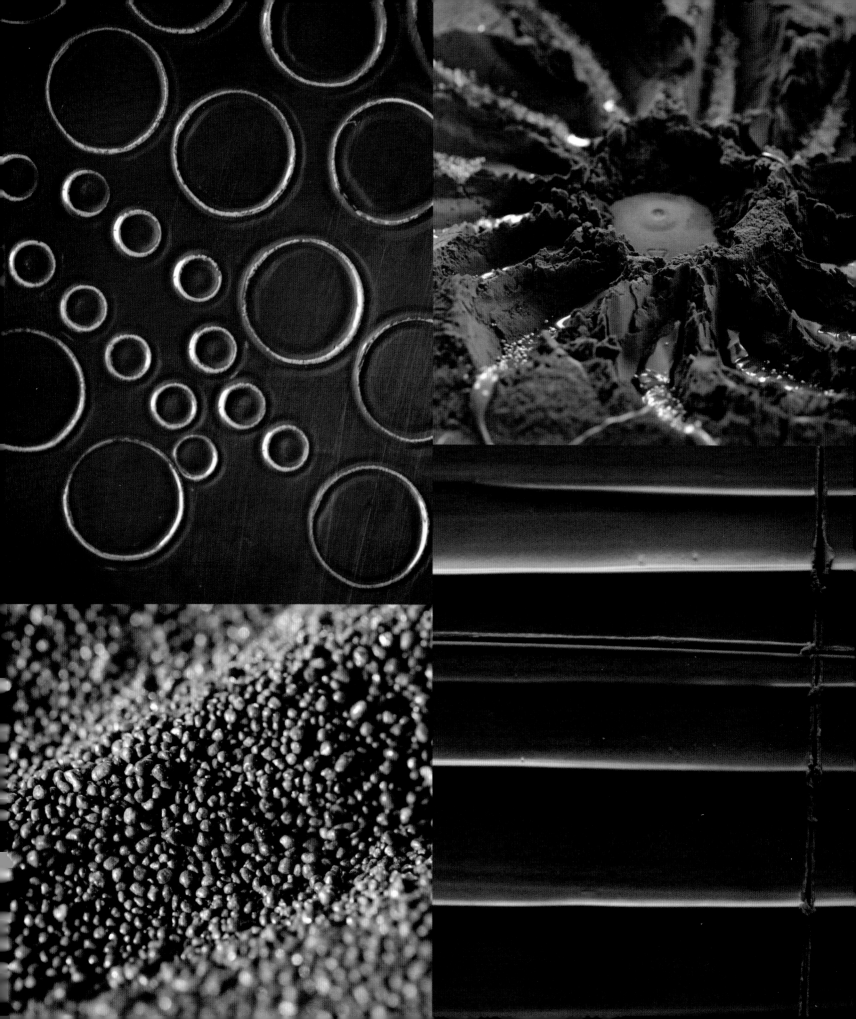

甜品装饰

巧克力装饰
Décors au chocolat

巧克力圆片 ★ ★ ★
Disques

这是一种经典的巧克力装饰，您可以使用一些简单模具把手中的巧克力变成您想要的形状。

配料

300克调温巧克力

所需工具

烘焙砧板
2 张烘焙纸*
各种饼干模具
甜品抹刀
厨房温度计

在砧板上涂抹食用油并铺上防油烘焙纸，注意砧板和纸张之间不要有气泡。

对巧克力进行调温（详见第20页），将其中1/3倒在砧板上，再铺上一层油纸并用擀面杖将巧克力碾平（图1）。

当注意到巧克力开始结晶*、即表面开始变硬时，用模具用力按压出相应形状（图2），随后将压出的巧克力（圆片）放在17~18摄氏度的环境中静置30分钟。

小心取下巧克力表面的油纸，并将其保存于低温干燥的环境中。

●主厨建议

您可以自行决定冷藏巧克力的时间，但注意一定要保持环境的干燥。

┃食谱应用
牛奶栗子布丁配豆奶奶泡 >> 第382页

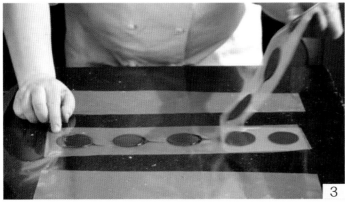

巧克力瓦片 ★★★
Tuiles

巧克力在结晶*之前具有很强的延展性，如果您将其向内弯曲，就可以做出瓦片的形状。

配料
300克调温巧克力（详见第20页）

所需工具
1副裱花工具
2张烘焙纸*
擀面杖或瓦片模

用裱花工具将调温巧克力挤在一条宽的烘焙纸带上（图1、图2）。在巧克力表面再附上一张烘焙纸，并用擀面杖将其碾成中等厚度的小圆片，随后撕下这一面烘焙纸（图3），将巧克力放在擀面杖表面或瓦片模中，使其自然弯曲（图4），静置一会儿，等待巧克力结晶*，再取下另一面防油纸即可。

可以用此方法制作不同直径的巧克力瓦片装饰（图5）。

食谱应用
黑森林蛋糕 >> 第165页

5

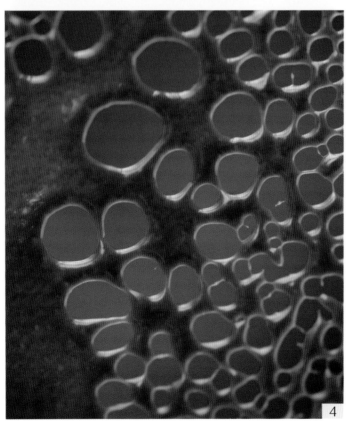

巧克力糖脆片 ★ ★ ★
Opalines

巧克力糖脆片是盘式甜点(注)的常用装饰。

配料
225克翻糖
150克葡萄糖浆
20克70%黑巧克力

所需工具
烘焙砧板或硅胶垫
厨房温度计
研磨机
面粉筛

把翻糖和葡萄糖浆倒在一起加热至155~160摄氏度。
在锅中加入巧克力碎并用刮刀*搅拌，随后将混合液倒在覆有一层烘焙纸的硅胶垫*上（图1）。
静置冷却后取下烘焙纸，将糖块掰碎（图2）并用研磨机磨成细粉（图3），过筛后撒在硅胶垫上，并用烤箱以140~150摄氏度加热。
待粉末全部融化并呈蜂窝状时取出并静置冷却，最后将成品从硅胶垫上小心取下（图4）即可。
注意巧克力糖脆片需要在干燥环境下保存。

● 主厨建议
在硅胶垫上撒糖粉时需要注意不要撒得太分散，否则糖脆片将很难成形。
在融化糖粉前，您可以用牙签把它们挑成您想要的形状。

● 烘焙须知
在专门的甜品用品商店可以购买到翻糖。

■ 食谱应用
孚羽蛋糕 >> 第229页

注：顾名思义，"盘式甜点"是使用盘子呈现的甜点，它是正餐的最后一道菜式，常常出现在旅馆或餐馆里而非甜品店中。盘式甜点仿佛甜品厨师的画布，甜品师可以利用"在盘中呈现"的特性将甜品的结构打乱重组并自由创作。

1

2

3

塑形用巧克力 ★★
Chocolat plastique

塑形用巧克力口感醇厚，质地柔软，具有很强的延展性和可塑性。

配料

250克可可含量60%的黑巧克力
或325克可可含量35%的白巧克力
食用色素（可选）
200克葡萄糖浆

所需工具

烘焙砧板
厨房温度计

塑形用巧克力需要提前1晚制作：

将巧克力用隔水加热法*或微波炉融化，此过程中也可以用色素上色（注意微波炉须设置为解冻模式或功率不超过500瓦的加热模式，并需要不停搅拌）。

另取一个平底锅并文火加热葡萄糖浆至40摄氏度左右，随后加入之前准备的调色巧克力（图1），待两者混合均匀后关火并在室温下静置1晚。

反复按揉巧克力使其变得柔软光滑，最后将其铺在砧板上（图2、图3），并切成所需要的形状。

●主厨建议

由于巧克力中含有可可脂，请注意在给巧克力上色时需要使用脂溶性色素。

●烘焙须知

包装完好的塑形巧克力在不脱水的条件下可以保存2个月。在甜品装饰中，这种巧克力还可以用来替代杏仁酱。

▌食谱应用
柠檬棒棒糖 >> 第359页

泪滴形巧克力装饰 ★ ★ ★
Larmes

　　使用不同的工具和手法可以制作出泪滴形、弧形、扇形及花瓣形等形状各异的巧克力装饰。熟能生巧，不断地练习永远是做出巧克力装饰的最好方法！

配料

300克调温巧克力（详见第20页）

所需工具

烘焙纸或烘焙纸带

用铲刀蘸上约占其刀面3/4的巧克力（图1），并将其沿单一方向在事先准备好的纸带上迅速划过（图2），并轻轻将其提起，注意整个过程需要一气呵成，不要有附加动作。

重复以上步骤，在一条纸带上划出多个泪滴形巧克力。

将巧克力置于室温下结晶*30分钟后即可使用（图3、图4）。

● 主厨建议

您可以借助擀面杖或瓦片模具让泪滴形巧克力向内弯曲，进而使巧克力装饰的形状更加丰富多样。

● 烘焙须知

如果想要让巧克力泪滴的形状更加圆润，我们建议您改用甜品刮刀。制作方法和之前介绍的一样：先用刮刀蘸上巧克力，并将其顺着一个方向轻轻抹在纸带上，以做出波浪的效果。

巧克力裱花 ★ ★ ★
Décors au cornet

只需要一个圆锥纸袋，您就可以将巧克力当作画笔和颜料，尽情发挥隐藏在自己身体里的艺术天分！

配料
300克调温巧克力（详见第20页）

所需工具
用烘焙纸或烘焙纸卷成的圆锥纸袋（后者适用于画粗线条）

用烘焙纸卷成圆锥形纸袋，倒入调温巧克力并封口。
在圆锥纸袋顶部剪出小口，并在防油纸上的不同区域内画出多个图案。
将巧克力置于室温下冷却结晶1小时后小心取下即可。如果所画的线条很细，则可以直接在甜品表面作画。

●主厨建议
借助擀面杖和瓦片模具可以制作出弯曲效果的巧克力线条。
制作较大的巧克力装饰时，我们一般会使用裱花袋，这种简易的圆锥纸袋则适合局部细节的处理。

巧克力小圆饼 ★ ★ ★
Palets

巧克力小圆饼是圣诞节餐桌上的助兴佳品。如果在圆饼上用金箔或银箔稍加装点，更会让人充满食欲。

配料
300克调温巧克力（详见第20页）
金箔纸

所需工具
烘焙纸或烘焙用玻璃带
裱花工具

用裱花袋将调温巧克力挤在纸带上。
在巧克力表面放上一片金箔后再盖上另一层烘焙纸，之后用抹刀轻轻抚平。
将巧克力圆饼置于室温下结晶*1小时后即可使用。

●主厨建议
您也可以用水晶花瓣、巧克力颗粒、彩色砂糖或咖啡粉等装饰巧克力圆饼。

板状巧克力饰块 ★ ★ ★
Plaquettes

板状巧克力饰块可以自由折叠以满足各种创作要求，它的表面可供雕刻，并能够做出亚光面和平滑面等多种视觉效果。

配料
300克调温巧克力（详见第20页）

所需工具
烘焙砧板
烘焙纸*
刮刀

在砧板表面擦上食用油，再铺上一层烘焙纸。

将调温巧克力倒在烘焙纸上（图1）并用刮刀抹开。

在巧克力快要冻硬之前，用刮刀在其表面来回拨动，以做出波浪的效果，随后将其切成想要的形状和大小（图2）。

将巧克力饰块在室温下放置30分钟，待其变硬后即可使用。

● **主厨建议**
运用前面所介绍的巧克力圆片（详见第48页）的制作工艺还可以制作出表面平滑并具有光泽外观的板状饰块。

巧克力刨花 ★ ★ ★
Copeaux

这是一种蛋卷形状的巧克力装饰，它的制作方法很简单，不过需要注意把握好每项操作的时间点。

配料
调温巧克力（详见第20页）

所需工具
三角刮板
甜品抹刀

将巧克力倒在大理石板上，并用抹刀抹成厚约2毫米的薄层。
待巧克力稍稍结晶*后，用三角刮板将巧克力刮起，如果冷藏得适当，巧克力就会形成小卷（图1、图2）。
重复以上操作，直到把全部巧克力都刮成小卷，冷藏30分钟后即可使用。

● 主厨建议
对巧克力进行刨花时，需要确保巧克力既不能太软也不能太脆，检测的方法就是用指尖轻按巧克力，看会不会留下指印。

● 烘焙须知
在制作刨花时巧克力不能冻得太硬，否则刮起来的巧克力就会断裂，补救方法是把巧克力融化后重做一遍。

巧克力粉装饰 ★ ★ ★
Décors poudre

巧克力粉是一种良好的附着材料，用它可以充分发挥出巧克力的食材潜能并制作出各式各样的形状。根据使用粉状配料的不同（生可可粉或巧克力脆片等）则可以创造出不同的甜品质感。

配料
纯可可粉（或细砂糖、糖霜）
调温巧克力（详见第20页）

所需工具
烤盘
用油纸卷成的圆锥纸袋
甜品刷

将所选配料（纯可可粉、砂糖或糖霜）过筛后撒在烤盘里。
用圆锥纸袋装上调温巧克力，在烤盘中画出各种造型。
冷藏30分钟后即可使用，注意要用甜品刷除去巧克力装饰表面的残粉。

● 主厨建议
这类装饰还有一种做法：您也可以先在巧克力粉中划出想要制作的形状，再用调温巧克力填充。

1

2
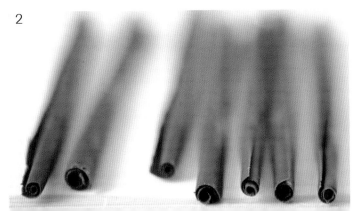

1

2

扇形装饰 ★ ★ ★
Éventails

扇形巧克力装饰的制作方法和巧克力刨花大致相同，只不过在刮起巧克力时需要增加一个转动手腕的动作。通过反复地练习，熟练掌握动作要领后就可以做出扇形装饰。

配料

调温巧克力（详见第20页）

所需工具

甜品抹刀
三角刮板

将巧克力倒在大理石板上并借助抹刀抹成厚约2毫米的薄层（图1）。

待巧克力稍稍结晶*后，用手指按住三角刮板的前端并用力把巧克力刮起来，使其自然弯曲（图2）成扇子的形状。

重复以上操作，直到把全部巧克力都刮成小卷，冷藏30分钟后即可使用（图3）。

●主厨建议

刮切巧克力时须确保巧克力既不能太软也不能太脆，检测的方法就是用指尖轻按巧克力，看会不会留下指印。

●烘焙须知

在制作扇形装饰时巧克力不能冻得太硬，否则刮起来的巧克力就会脆裂，补救方法是把巧克力融化后重做一遍。

3

巧克力果仁牛轧糖[注] ★★
Nougatine au grué de cacao ou fruits secs

这款"巧克力果仁牛轧糖"结合了巧克力糖片的酥脆和黄油的醇厚，不管是作为装饰还是单独食用，都是您绝佳的选择！

配料

175克干果碎
150克细砂糖
2克苹果果胶
125克黄油
50克葡萄糖浆
10克（约10毫升）清水

所需工具

硅胶垫

用搅拌机打碎干果。
在一个平底锅中加入砂糖、果胶、黄油和清水（图1），并用小火熬煮，随后倒入干果碎（图2）搅拌熬成糖浆。
将糖浆舀在硅胶垫上（图3），注意每块糖之间保持间隔约5厘米，再用烤箱以190摄氏度（调节器6/7挡）烤制10分钟即可。

●主厨建议

把牛轧糖从烤箱中拿出来后（图4）还可以把它们摊在擀面杖上，以制作出曲面的效果。

食谱应用
巧克力坚果曲奇饼 >> 第256页

注：这款糖果的法语名为nougatine，直译为"巧克力牛轧糖"。这个译名很有迷惑性，因为：第一，这款糖果不含任何巧克力；第二，它不是严格意义上的牛轧糖。然而不可否认的是Nougatine是一款很可口的糖果，其中往往有果仁成分，既可以直接吃，也可以在甜点装饰上广泛应用。

巧克力蛋卷 ★
Pâte à cigarette au cacao

又薄又脆的蛋卷是记忆中的童年美味，它的制作方法并不复杂，而巧克力的加入更是给这份小点心增添了独特的风味。

配料

100克黄油
100克糖霜
20克纯可可粉
80克面粉
3个鸡蛋（仅取蛋清）

所需工具

裱花工具
烘焙砧板或硅胶垫
管状物品（比如铅笔）

加热黄油并不断搅拌至变其色，随后把褐化黄油^(注)倒入碗中。

分别把糖霜、可可粉和面粉过筛（图1）并加到冷却后的黄油中。

将蛋清分两次拌入面糊，注意不要过度搅拌。

用汤匙或裱花工具把面糊舀在硅胶垫上（图2），并用汤匙抹成想要的形状（图3）。

用烤箱以200摄氏度（调节器6/7挡）烤制5~8分钟，烤制完成后趁热用细管（事先用保鲜膜包裹）将面糊卷起即可（图4）。

注：褐化黄油指的是黄油在小火加热后颜色变深的状态。

1

2

其他装饰
Autre décor

千层酥皮装饰 ★ ★
Arlettes

　　半成品千层酥皮也可以做出又薄又脆的甜品装饰。

配料
200克千层酥皮
100克细砂糖

所需工具
烘焙纸2张

　　将千层酥饼皮切成尺寸为20厘米×30厘米的长方形。在饼皮表面撒上细砂糖并将饼皮擀成约3毫米厚，再用擀面杖把饼皮卷起来（图1），随后抽出擀面杖，并将卷好的饼皮放入冰箱冷冻10分钟。

　　将稍稍冻硬的酥皮卷切成薄片（图2）并摆在烘焙纸上，随后在表面再铺上一层烘焙纸，并用擀面杖再次擀薄。

　　将薄饼和烘焙纸一起放入烤箱，以160摄氏度（调节器5/6挡）烤10分钟左右直至表面变焦黄即可。

●主厨建议
卷起饼皮之前需要在饼皮表面撒上一层砂糖，以防止饼皮粘在一起。

▌食谱应用
牛奶夹心杏仁慕斯蛋糕佐蜂蜜梨块 >> 第226页

巧克力展示盘
Plats de Présentation

简易巧克力碗 ★ ★ ★
Assiette en chocolat

这款简易巧克力碗可以用来盛装甜品，本身也可以食用。制作它需要掌握一定的技巧，而最终呈现出的效果也十分惊艳。

配料

清水

冰块

调温巧克力

所需工具

裱花工具

在沙拉碗中倒入清水并放入冰块。

等到调温巧克力变厚并开始凝固时，将其挤入冰水中（图1），之后用拳头用力将巧克力压到碗底以压出碗的形状。

几分钟后将巧克力碗取出（图2）并放在吸水纸上晾干。

● **主厨建议**

用彩色巧克力喷砂可以为巧克力碗上色。

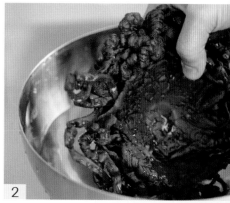

方形压制巧克力碗 ★ ★ ★
Compression

　　这种压制巧克力碗是诸多巧克力雕塑中的一种，它独特的造型迎合了时下的艺术潮流，还颇有一些当代艺术的风格。

配料
大量冰块
清水
调温巧克力
食用金粉

所需工具
方块状模具或方形塑料盒
裱花工具
甜品刷

在碗中倒入清水和冰块。

将方块模具或方形塑料盒沉入水中，等到调温巧克力开始变厚凝固时，将其挤进模具，并立刻用矿泉水瓶将巧克力压实。

几分钟后将模具取出（图1），巧克力脱模后放在吸水纸上晾干即可。

您还可以使用甜品刷在方形巧克力碗表面刷上食用金粉（图2）。

巧克力丝卷碗 ★ ★ ★
Coupe chocofil

　　想要做好这份造型极具现代感的巧克力丝卷碗，关键在于动作要连贯、到位。所以千万不要犹豫，坚定信心、一气呵成地完成它吧！

配料
调温巧克力（详见第20页）

所需工具
裱花袋

将不锈钢碗放入冷柜冷藏，并将准备好的调温巧克力倒入裱花袋备用。

在油纸上做出一块巧克力圆盘用作巧克力碗的底座。

将冷冻后的不锈钢碗倒扣在一张烘焙纸上，用裱花袋在碗顶快速来回挤出密集的巧克力细线（图1），最后在碗中央挤上一点儿巧克力，并把事先制作好的底座粘在碗上面（图2）。

静置1小时等待巧克力碗冻硬（图3），最后把巧克力从不锈钢碗上取下，翻转过来后就可以用它来盛放甜品了（图4）。

须状巧克力碗 ★ ★ ★
Coupe《empreinte》

在铸铜时我们常常会用沙子筑成模具并将铜水倒入其中，在巧克力装饰的制作中我们也会用到类似的工艺，只不过在这里"沙子"变成了可可粉，"铜水"则是调温巧克力。

配料

调温巧克力（详见第20页）
纯可可粉

所需工具

加高烤盘，沙拉碗
蛋糕模具，裱花袋

在烤盘中倒入约5厘米深的可可粉，注意要将可可粉过筛。
用沙拉碗底在可可粉中压出巧克力碗的形状，再沿着压痕的边缘在可可粉表面向四周划出6~8条沟痕。
用裱花袋将调温巧克力填充进这些压痕中（图1、图2），并静置约1小时；
待巧克力结晶*后，取出巧克力须，并用甜品刷除去其表面残留的可可粉，最后用一定量的调温巧克力将它们粘在一片底座上（图3）即可。

巧克力淋面
Glaçages

　　为蛋糕浇上淋面往往是专业甜品制作中的最后一步，淋面酱独一无二的光泽外表也是巧克力甜品中画龙点睛的一笔！淋面的种类多种多样，您可以依据所浇注的蛋糕进行选择。

巧克力镜面淋面 ★
Glaçage brillantissime

　　这款巧克力淋面主要适用于各类冷冻蛋糕。

配料

12克吉利丁片
100克（约100毫升）清水
170克细砂糖
75克纯可可粉
90克（约90毫升）全脂鲜奶油

所需工具

厨房温度计
烤架
甜品刮刀

将吉利丁片放在冷水里泡软。

水中加入砂糖、可可粉和鲜奶油熬煮1分钟，随后把泡软后的吉利丁片沥干并放入锅中，利用余温将其融化，之后把做好的淋面酱放在冰箱中冷藏1晚。

用隔水加热装置或微波炉把淋面酱加热至37摄氏度，并将需要浇注淋面的甜品放在烤架上，以便回收多余的淋面酱。

将巧克力淋面酱均匀地浇在甜品表面（图1、图2、图3），并用刮刀将表面抹平。

▌食谱应用

沙赫蛋糕 >> 第166页
歌剧院蛋糕 >> 第182页
金箔巧克力蛋糕 >> 第323页

超柔黑巧克力淋面 ★
Glaçage tendre noir

　　这款淋面使用的是绵柔的黑巧克力，它会让甜点成为一件具有独特美学价值的艺术品！

配料

150克可可含量60%的黑巧克力
或130克可可含量70%的黑巧克力
250克（约250毫升）全脂鲜奶油
60克蜂蜜
60克黄油

所需工具

厨房温度计
烤架
甜品刮刀

将巧克力切碎后用隔水加热法*或微波炉融化（注意在使用微波炉加热时须设定为解冻模式或最大不超过500瓦功率的加热模式，并不时搅拌）。

将鲜奶油煮沸后取其中1/3倒入融化的巧克力中，用刮刀在容器中画圆圈搅拌，直至巧克力奶糊散发光泽并出现"弹性中心"，随后再重复以上操作2次，直到把所有奶油溶入巧克力中。

当巧克力奶糊的温度达到35~40摄氏度时，加入黄油小块并搅拌均匀，再把需要浇注淋面的甜品放在烤架上，以便回收多余的淋面酱。

最后将巧克力淋面酱均匀地浇在甜品表面（图1），并用刮刀将表面抹平（图2）。

●主厨建议

注意在淋面酱稍稍冻硬后需要用刮刀抹平蛋糕表面，这是甜品制作中最后的"精加工"步骤。

▌食谱应用

巧克力闪电泡芙 >> 第181页

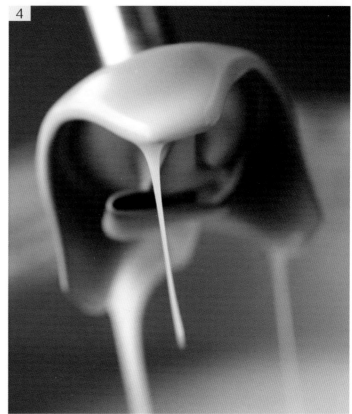

白巧克力淋面（可上色）★
Glaçage blanc et/ou à colorer

用白巧克力制作镜面淋面的特殊之处在于您可以根据自己的喜好为其上色。同黑巧克力淋面一样，它也适用于冰冻甜品。

配料

265克可可含量35%的白巧克力
4克吉利丁片
175克（约175毫升）全脂鲜奶油
40克（约40毫升）清水
30克葡萄糖浆
25克（约25毫升）葡萄籽油

所需工具

厨房温度计
烤架
甜品刮刀

将巧克力切碎后用隔水加热法*或微波炉融化（注意在使用微波炉加热时须设定为解冻模式或最大不超过500瓦功率的加热模式，并不时搅拌）。
用冷水把吉利丁片泡软，并把鲜奶油、清水和葡萄糖浆倒在一起煮沸（图1）。
取1/3的混合液倒入融化的巧克力浆中（图2），用刮刀在容器中画圆圈搅拌，直至巧克力奶糊散发光泽并出现"弹性中心"，随后再重复以上操作2次，直到将所有混合液溶入巧克力中（图3）。
把泡软后的吉利丁片沥干并放入锅中，利用余温将其融化。随后将其加入葡萄籽油搅拌（图4），注意过程中不要在淋面酱中混入太多气泡。
使用隔水加热装置或微波炉把淋面酱加热至37摄氏度，并把需要浇注淋面的甜品放在烤架上，以便回收多余的淋面酱。
最后将巧克力淋面酱均匀地浇在甜品表面，并用刮刀将表面抹平。

●主厨建议

在搅拌淋面酱的过程中加入食用色素可以为淋面上色。由于巧克力中含有可可脂，因此对淋面进行上色需要使用脂溶性色素。

▌食谱应用
花神蛋糕 >> 第324页

榛仁巧克力淋面 ★
Glaçage noisette chocolat

甜品制作关乎美感，更关乎口味，这款榛仁巧克力淋面食谱向我们重申了这一点，那就是一款甜品首先要好吃，其次才是好看。

配料

80克可可含量70%的黑巧克力
180克自制榛仁牛奶巧克力（做法详见第40页）
175克（约175毫升）全脂鲜奶油
40克（约40毫升）清水
30克葡萄糖浆
25克（约25毫升）葡萄籽油

所需工具

厨房温度计
烤架
甜品刮刀

将黑巧克力和榛仁巧克力碎屑用隔水加热法*或微波炉融化（注意在使用微波炉加热时须设定为解冻模式或最大不超过500瓦功率的加热模式，并不时搅拌）。
把鲜奶油、清水和葡萄糖浆倒在一起煮沸；
取1/3的混合液倒入融化的巧克力浆中，用刮刀在容器中画圆圈搅拌，直至巧克力奶糊散发光泽并出现"弹性中心"，随后再重复以上操作2次，将所有奶油溶入巧克力当中。
加入葡萄籽油并继续搅拌，注意不要让淋面酱中混入太多气泡。
使用隔水加热装置或微波炉把淋面酱加热至37摄氏度，并把需要浇注淋面的甜品放在烤架上，以便回收多余的淋面酱。
最后将巧克力淋面酱均匀地浇在甜品表面，并用刮刀将表面抹平。

●主厨建议

浇完巧克力淋面后可以再撒上一层榛仁或烤杏仁碎，从而为甜品添加别样的风味！

面团、蛋糕坯及饼底的制作

面团或面糊
Pâtes

沙布列杏仁面团 ★
Pâte sablée aux amandes

这款杏仁饼皮是各式巧克力挞的一款经典饼底，其入口即化的油酥口感和巧克力构成了完美的搭配。

配料

120克黄油
2克精盐
90克糖霜
15克杏仁粉
1个鸡蛋
240克面粉

所需工具

烘焙纸*

在大碗里加入软化*黄油、精盐、糖霜、杏仁粉和60克面粉拌匀，再接着加入剩下180克面粉并揉成面团（图1）。

将杏仁面团平铺在烘焙纸上并擀成约3毫米厚（图2），之后在其表面盖上另一层油纸（图3），并放入冰箱冷藏1小时。

当面饼刚要开始变硬时，撕下油纸并用模具把饼皮切成您喜欢的形状（图4）。

继续冷藏30分钟后用烤箱以150摄氏度/160摄氏度（调节器5/6挡）烤制15分钟，直到饼干表面变色即可。

▮食谱应用

醇香巧克力挞 >> 第175页
条形巧克力挞 >> 第192页
焦糖核桃巧克力挞 >> 第195页
巧克力太阳挞 >> 第196页
夹心奶油挞 >> 第198页
巧克力/柑橘橙花挞 >> 第201页
波纹榛仁挞 >> 第205页
热巧克力挞 >> 第210页
新式蒙布朗蛋糕 >> 第305页
奶香迷纳兹小蛋糕配焦糖梨酱 >> 第321页
甜咸风味杏仁巧克力棒 >> 第332页

裱花曲奇 ★
Pâte sablée pochée

　　用来制作黄油曲奇的面糊十分柔软，您可以使用裱花工具将其挤成各式各样的形状。这类饼干也是著名的阿尔萨斯挤花曲奇的一种。

配料

150克黄油
100克糖霜
1个鸡蛋
15克（约15毫升）全脂鲜奶油
200克面粉
20克玉米淀粉
1茶匙盐
1茶匙香草粉

所需工具

烘焙砧板
裱花工具

在碗中相继加入软化黄油、过筛后的糖霜、鸡蛋和鲜奶油，最后加入面粉、玉米淀粉、食盐和香草粉拌匀，注意不要搅拌过度。
用裱花工具把面糊挤在油纸上或模具中。
用烤箱以150摄氏度/160摄氏度（调节器5/6挡）烤制15分钟，直到饼干表面变色即可。

❚ **食谱应用**
❚ 巧克力坚果曲奇饼 >> 第256页

布列塔尼巧克力豆沙布雷 ★
Sablé breton aux perles de chocolat

布列塔尼沙布雷独特的油酥口感来源其中的黄油成分，它既可以单独食用也可以佐巧克力或果酱食用。

配料

2个鸡蛋（仅取蛋黄）
80克细砂糖
80克黄油
120克T55面粉
4克化学酵母
1克食盐
75克巧克力豆

所需工具

烘焙砧板或硅胶垫

在蛋黄中加入细砂糖，打发*（图1、图2、图3）后再分别加入软化黄油*、面粉、酵母、过筛后的食盐以及巧克力豆（图4）。
将面团平铺在烘焙纸上并擀成约5毫米厚的饼皮（图5）。
用模具将面团压出形状后冷藏30分钟，之后用烤箱以170摄氏度（调节器5/6挡）烤制15分钟，直到饼干表面变色即可。

●烘焙须知

擀制饼皮时最好将面团夹在两层油纸中间，这么做是为了防止面团中混入更多的面粉，以至于影响其酥脆的口感。

●主厨建议

可以将饼皮连同模具（注意不要在其表面抹油）一起烤制，这样烤出的沙布雷会更加厚实。

▌食谱应用

▌巧克力/咖啡/奶油甜品杯 >> 第217页

月桂焦糖面团 ★
Pâte à spéculos

这种以肉桂调香的面团可以与多种巧克力搭配用来制作饼干等甜品。

配料

250克黄油
250克粗红糖
75克细砂糖
1个鸡蛋
14克肉桂粉
450克面粉
20克（约20毫升）全脂牛奶

先把黄油在室温下放置几小时，再用刮刀用力搅拌成膏状，如果发现黄油还是太硬，则可以用微波炉或隔水装置稍稍加热。
在黄油膏中加入粗红糖和细砂糖搅匀，之后再加入鸡蛋、肉桂粉和过筛后的面粉（图1）。
反复揉搓面团直到配料与面团混合均匀（图2、图3、图4）。
将面团用保鲜膜包裹并在冷柜中冷藏约1小时。
将面团擀成约2毫米厚，切出想要的形状后，用烤箱以170摄氏度（调节器5/6挡）烤制15分钟即可。

●主厨建议

在把面团放入冰箱冷藏前，可以先将其夹在两层烘焙纸间擀平。这样可以大大方便后面的操作。

▌食谱应用
鲜橘巧克力挞 >> 第206页

法式泡芙 ★ ★
Pâte à choux

　　泡芙面团是制作修女泡芙和巧克力闪电泡芙的基础原料，制作这种面团需要熟练地把握火候和各项操作的时机。

配料

75克（约75毫升）清水
75克（约75毫升）全脂牛奶
3克精盐
3克细砂糖
60克黄油
90克面粉
3个鸡蛋

所需工具

裱花袋

在清水中加入牛奶、盐、砂糖和黄油后煮沸，之后将面粉过筛并倒入混合液中，用文火把面糊煮干。

关火，在面糊中打入鸡蛋（图1）并拌匀（图2）。

用裱花袋把面糊挤在包裹*有烘焙纸的烤盘上（图3）并放入烤箱，在烤箱加热至250摄氏度（调节器8/9挡）后立即关火，并用余热继续烤制面团。

当面团表面开始隆起并变色时，重新将烤箱调至180摄氏度（调节器6挡），烤制10分钟左右。

●主厨建议

在烤制泡芙前需要用叉子蘸蛋液，将蛋液均匀地涂抹在面团表面，这样才能使烤出的泡芙拥有好看的焦黄色的外表。

●烘焙须知

您可以通过观察泡芙面团表面的光泽判断面团是否合格：如果面团表面过于粗糙则说明面团太硬，过于光滑则说明太稀。

▌食谱应用

巧克力泡芙 >> 第172页
巧克力闪电泡芙 >> 第181页

布里欧修面包 ★★
Pâte à brioche

只要掌握正确的方法，您在家中也可以烤出和面包店里一样的布里欧修面包！过程虽然辛苦，但当面包的甜香充满整个房间时，一切的努力都是值得的！

配料

25克（约25毫升）全脂牛奶
6克新鲜酵母
250克T55面粉
25克细砂糖
5克食盐
3个鸡蛋+1个鸡蛋（用于涂抹）
150克黄油

所需工具

揉面机（带钩爪）
甜品刷

首先将酵母加入温牛奶中，再将面粉、砂糖、食盐以及3个鸡蛋和牛奶一起加入揉面机中（图1）搅拌约15分钟，直至面团不粘碗。

将黄油切成小块再加进揉面碗（图2），用力按揉直至得到均匀的面团（图3）。

在面团表面盖上一层湿布，适当醒发面团后用力挤出其中的空气（使其恢复醒发前的大小）（图4），并将其置于冰箱中冷藏1小时。

把面团捏成布里欧修面包的形状并放入烤模中，在其表面盖一层布静置一会儿，待其体积膨发1倍左右。

将蛋液用漏勺过滤后刷在面团上，最后用烤箱以180摄氏度（调节器6挡）烤制15分钟左右即可。

●主厨建议

布里欧修面包也可以使用面包精粉（一种经过特殊碾磨工艺的面粉）制作。

●烘焙须知

制作不同甜品所使用的面粉种类（一般用45, 55, 65, 80, 110, 150等数字和字母编号）有所不同。一般来说，T45面粉适合制作一般甜品（蛋糕和面包），而T55面粉则适合制作酥皮点心。

▌食谱应用
白巧克力圣特罗佩挞 >> 第202页

可颂酥皮 ★ ★ ★
Pâte à croissant

　　相比布里欧修面包，可颂酥皮的制作过程更加复杂，耗时也更长，不过更大的努力也意味着更好的回报——正宗法式可颂的美妙滋味是无可比拟的！

配料（可做8~10个可颂）

600克T55面粉
10克食盐
70克细砂糖
12克新鲜酵母
150～200克（150～200毫升）冰水
320克黄油
1个鸡蛋（用于涂抹）

可颂外层面团（détrempe）的做法：

将面粉过筛后和食盐、砂糖、酵母一起加到150克冰水中并混合均匀，如果面团比较硬则可以多加一点儿水。

将面团放在室温条件下醒发1~1.5小时，用拳头把膨发的面团压回原来的大小，再将其放入冰箱冷藏1小时。

把面团擀成15厘米 × 30厘米大小的长方形，并在其表面放上一块约10厘米×18厘米的软化黄油（图1）。

提起面团的一边把它折起来，之后再对折一次把黄油完全包住。将面团稍稍擀平，用保鲜膜包好后放进冰箱里冷藏1小时。

面团冻好后将其取出，并重新擀成15 厘米 × 30厘米的长方形，注意要把之前留下的折痕抹平。之后用相同的方法将面团再折叠两次并再次放入冰箱冷藏1小时。

重复以上步骤3次（注意每一步之间都要将面团放进冰箱冷藏）后，把面团在室温下再放置1小时，这时用来烤制可颂的面团就制作完成了。

将面团擀成约20厘米长的条状，从其中切下三角形的面片（图2），从底部向上把面片卷起来，醒发一会儿后再涂满蛋液，并用烤箱以180摄氏度（调节器6挡）烤制20分钟即可。

●主厨建议

制作可颂的酥皮需要提前一天准备，因为不论是原味可颂还是巧克力可颂（图3）都需要1晚的时间醒发。注意在面团表面要盖一层湿布以防止其变硬，第二天给面团刷上蛋液后即可烤制。当可颂的鲜香充满整个房间时，您就可以尽情享受客人们投来的敬佩的目光了！

❚食谱应用
方块巧克力可颂 >> 第280页

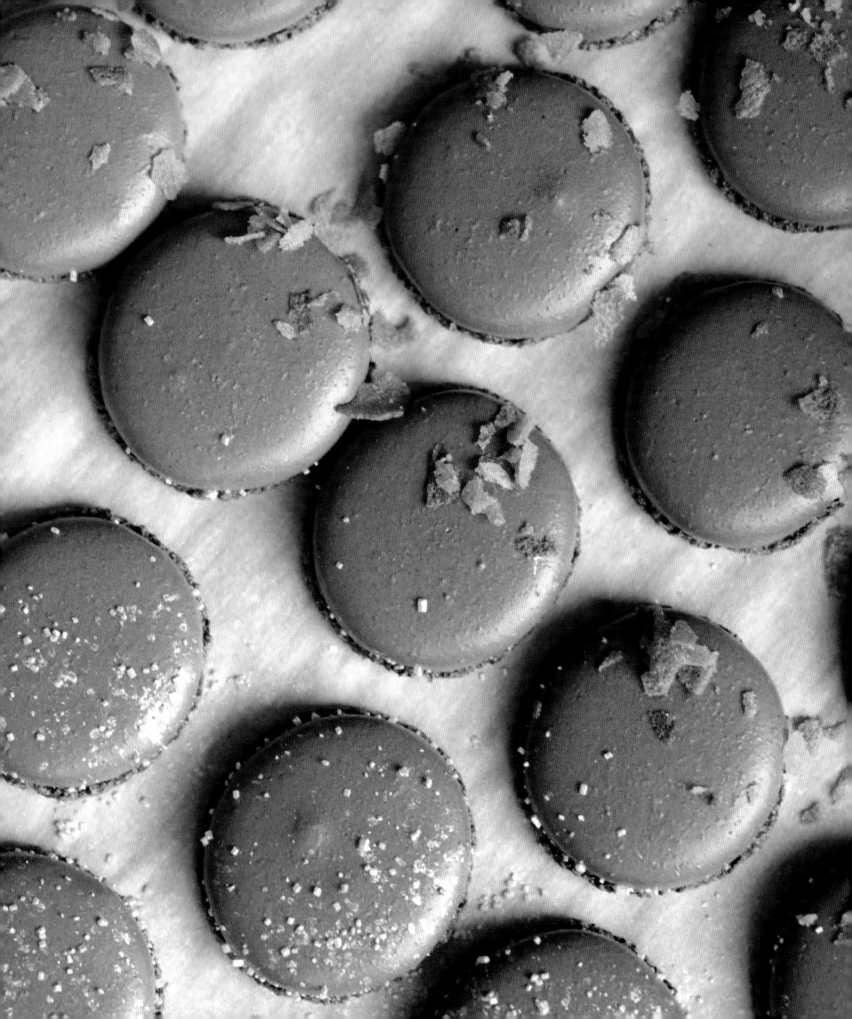

马卡龙面糊 ★★
Pâte à macarons

　　一直以来，马卡龙这款甜品都承载了每一位厨师独特的想象力，然而不论其最终的口味如何变化，都不过是在马卡龙面糊的基础上进行了一些调色和装饰而已。

配料（制作约40个马卡龙）

150克杏仁粉
150克糖霜
150克细砂糖
50克（约50毫升）清水
100克蛋清
食用色素

所需工具

厨房温度计
裱花袋
烘焙砧板或硅胶垫

将杏仁粉和糖霜混合均匀后备用。

制作意式蛋白霜（meringue italienne）：将150克细砂糖溶入清水中并用文火加热，同时打发*50克蛋清，当糖浆温度达到110摄氏度时，将其倒入打发的蛋白中并继续搅拌，当蛋白霜温度降至45摄氏度左右时停止。之后再加入50克未打发的蛋清、食用色素和事先准备的杏仁粉，用刮刀用力搅拌，直至可以拉出绸缎状*的面糊时即完成。

用裱花工具将马卡龙面糊挤在包裹*烘焙纸的垫板上。再用烤箱以140摄氏度（调节器4/5挡）烤制12分钟左右（这个时间也可以依据您所制作的马卡龙的大小调整），最后将马卡龙在室温下保存即可。

●主厨建议

注意杏仁粉和糖霜不能搅拌过度，否则杏仁粉会出油，进而影响面糊的品质。

●烘焙须知

做好的马卡龙需要放置1晚到第二天方可食用。只有经过1晚的耐心等待，马卡龙才能变得外壳酥脆，夹心入口即化并散发出甜香。

▌食谱应用

马卡龙拼盘 >> 第283页

巧克力马卡龙面糊 ★★
Pâte à macarons au cacao

　　巧克力马卡龙在原有食谱的基础上添加了一些可可粉。但无论口味如何变化，请注意始终要确保每种原料的配比不变，并精确掌握蛋清的用量。

配料（制作约40个马卡龙）

125克杏仁粉
25克纯可可粉
150克糖霜
150克细砂糖
50克（约50毫升）清水
100克蛋清

所需工具

厨房温度计
裱花袋
烘焙砧板或硅胶垫

将杏仁粉和糖霜混合均匀后备用。

制作意式蛋白霜：将150克细砂糖溶入清水中并用文火加热，同时打发*50克蛋清，当糖浆温度达到110摄氏度时，将其倒入打发的蛋白中并继续搅拌，当蛋白霜温度降至45摄氏度左右时停止。之后再加入50克未打发的蛋白、可可粉和事先准备的杏仁粉，用刮刀用力搅拌，直至可以拉出绸缎状*的面糊时即完成。用裱花工具将马卡龙面糊挤在包裹*油纸的垫板上。再用烤箱以140摄氏度（调节器4/5挡）烤制12分钟左右（这个时间也可以依据您所制作的马卡龙的大小调整），最后将马卡龙在室温下保存即可。

▌食谱应用

马卡龙拼盘 >> 第283页
松露白巧克力马卡龙 >> 第388页

巧克力费南雪蛋糕 ★
Pâte à financier au chocolat

　　仅用蛋清打发的费南雪面糊和其他使用整个鸡蛋打发的蛋糕面糊相比显得尤为不同，杏仁粉的加入更是给它带来了独一无二的绵柔口感。

配料
190克杏仁粉
150克糖霜
10克玉米淀粉
10克纯可可粉
9个鸡蛋（仅取蛋清）
75克（约75毫升）全脂鲜奶油
50克可可含量60%的黑巧克力

将杏仁粉、糖霜、玉米淀粉和可可粉一起倒入一个大碗中（图1、图2），加入未打发*的蛋清和鲜奶油，并将其放在一旁备用。
将巧克力用隔水加热法*或微波炉融化（注意微波炉须设置为解冻模式或功率不超过500瓦的加热模式，并需要不停搅拌）。
在融化的巧克力中倒入一点儿面糊，搅拌均匀后再把这份混合物全倒进剩下的面糊中，搅拌均匀。
将面糊放入冰箱冷藏至少3小时。
将巧克力费南雪面糊倒进蛋糕模具中，并用烤箱以175摄氏度（调节器5/6挡）烤制15~20分钟，冷却后脱模即可。

●主厨建议
在制作费南雪蛋糕面糊时一定要保证足够的冷藏时间，这样才能使其充分醒发。

▌食谱应用
黑巧克力费南雪蛋糕配橙香杏仁酥粒及糖渍橙片 >> 第258页

1

2

1

2

香浓海绵蛋糕 ★
Pâte à cake à parfumer

　　这款面糊可以用来制作经典的海绵蛋糕，而根据面糊保存方式的不同又可以开发出其他不同的风味：如果将面糊用保鲜膜封存则做出的海绵蛋糕更绵软；相反如果不用保鲜膜封存则做出的蛋糕口感更坚硬。

配料

250克细砂糖
4个鸡蛋
1克精盐
110克（约110毫升）全脂鲜奶油
200克面粉
4克泡打粉
70克黄油
香草或橙皮等自选香料

所需工具

蛋糕模具

将砂糖、鸡蛋、食盐、奶油（图1、图2）倒入碗中，随后加入过筛后的面粉和泡打粉，并把混合物搅拌成均匀的面糊。
继续加入融化后的黄油并用自选香料调味。
给蛋糕模具*包上一层烘焙纸，并把面糊倒进模具中，用烤箱以150摄氏度（调节器5挡）烤制45分钟。
用小刀切面可以迅速检测出海绵蛋糕是否烤好：将刀插入海绵蛋糕中并抽出。如果刀面干净，说明已经烤好；如果刀面上还粘有面糊，则说明还要再烤一会儿。

▌食谱应用
▌纸杯蛋糕 >> 第262页

巧克力海绵蛋糕 ★
Pâte à cake au chocolat

选用高品质的可可粉还可以做出巧克力口味的海绵蛋糕。

配料

70克可可含量70％的黑巧克力
120克黄油
6个鸡蛋
100克洋槐蜂蜜
170克细砂糖
100克杏仁粉
160克面粉
10克泡打粉
30克纯可可粉
160克（约160毫升）全脂鲜奶油
70克（约70毫升）朗姆酒

所需工具

蛋糕模具

将巧克力切碎，黄油切小块（图1），并把它们一起用隔水加热法*或微波炉融化（注意微波炉须设置为解冻模式或功率不超过500瓦的加热模式，并需要不停搅拌）。

另取一个大碗，碗中加入蛋液、蜂蜜和砂糖，随后加入面粉和可可粉混合。在蛋糕模*内包上一层硫化纸，把面糊倒入蛋糕模，并用烤箱以150摄氏度（调节器5挡）烤制约40分钟。

用小刀切面检测蛋糕是否已经烤好：将刀插入海绵蛋糕中并抽出，如果刀面干净则说明烤制完成。

●主厨建议

您也可以使用制作树桩蛋糕（bûche）的浅烤盘来烤制巧克力海绵蛋糕，烤制时则需要将烤箱调到180摄氏度（调节器6挡）烤制10分钟。

▌食谱应用

孚羽蛋糕 >> 第229页
纸杯蛋糕 >> 第262页
金箔巧克力蛋糕 >> 第323页
花神蛋糕 >> 第324页
小丑先生 >> 第327页

巧克力手指饼 ★
Biscuits cuillère cacao

口感香脆的手指饼适合佐以各类巧克力甜品以及冰激凌食用。

配料

3个鸡蛋
75克细砂糖
25克面粉
20克纯可可粉
45克玉米淀粉
糖霜适量

所需工具

裱花袋

边往蛋清中加糖边打发蛋清，再用刮刀将蛋黄缓缓拌入打好的蛋白霜中。

继续加入过筛后的面粉、可可粉和玉米淀粉（图1、图2），并将混合物搅拌成均匀的面糊。

把面糊填进裱花袋，并在烤盘上挤出约10厘米的长条（图3），随后撒上第一层糖霜。

过几分钟后再撒上第二层糖霜，这样烤出的手指饼表面会散发出晶莹的光泽。

用烤箱以200摄氏度（调节器6/7挡）烤几分钟，直到手指饼表面焦黄即可。

杏仁（或榛仁）达克瓦兹饼干 ★
Dacquoise aux amandes ou aux noisettes

达克瓦兹蛋糕糕体质感轻盈，入口香脆，可以用作多种巧克力甜品的饼干底。

配料

30克面粉
85克杏仁粉或榛仁粉
100克糖霜
3个鸡蛋（仅取蛋清）
50克细砂糖

所需工具

裱花袋
圆形糖果模具或烤盘

在大碗中倒入过筛后的面粉、杏仁粉（或榛仁粉）和糖霜。

在蛋清中加入50克砂糖并打发，随后将之前准备的混合粉状物用刮刀拌入。

根据食谱的指示，把面糊用裱花袋挤进相应的模具，最后用烤箱以180摄氏度或190摄氏度（调节器6/7挡）烤制十几分钟即可。

🥄 食谱应用

皇家蛋糕 >> 第170页
格拉斯哥蛋糕 >> 第313页
橘子夹心巧克力软饼 >> 第385页

巧克力乔孔达饼底 ★ ★
Biscuit Joconde cacao

乔孔达饼底是一种用巧克力和杏仁制作的软饼底，我们常用它制作著名的歌剧院蛋糕的糕底。

配料
2个整鸡蛋+3个蛋清
65克杏仁粉
65克糖霜
25克细砂糖
25克面粉
20克纯可可粉
25克黄油

所需工具
包裹*烘焙纸的烤盘
甜品刮板

在碗中加入2个鸡蛋、杏仁粉和糖霜，用电动打蛋器将其打发*。
另取一个碗，碗中倒入蛋清，打发至出现鸟嘴状的蛋白尖，注意打发过程中要一点一点地加入细砂糖。
将面粉和可可粉过筛，并加热熔化黄油。
取出1/4打发的蛋白霜，将其倒入第一步准备的混合物中，用刮刀拌匀后再加入过筛的面粉及可可粉、黄油以及剩下的蛋白霜（图1）。
将面糊摊在铺有烘焙纸的烤盘上，并用220摄氏度（调节器7/8挡）烤制6~8分钟（图2、图3）即可。

食谱应用
歌剧院蛋糕 >> 第182页

杏仁/巧克力酥粒 ★
Streuzel aux amandes/chocolat

酥粒的加入可以给甜品增添起伏的层次感，它也常常是法式甜品杯的重要辅料之一。

配料

75克粗红糖
75克杏仁粉
10克纯可可粉
75克面粉
3克盐之花
75克黄油

所需工具

烘焙砧板

在一个大碗中加入粗红糖、杏仁粉、可可粉和盐之花并搅拌均匀。

将黄油切成小方块，并用手将其揉进上一步骤的混合粉末中，直到混合物结成小粒（图1）。

将面团放入冰箱冷藏至少30分钟。

将面团铺在烤盘上，并用烤箱以150摄氏度/160摄氏度（调节器5挡）烤制大约10分钟，直至表面金黄即可。

●主厨建议

如果您想要把酥粒做成更加规则的形状，可以先把面团捏成球状，冷藏后再挤压，使其通过油炸网篮（图2）成形。

▎食谱应用

菠萝芒果挞佐鲜芫荽叶 >> 第209页
巧克力熔岩蛋糕佐香蕉巧克力冰激凌杯 >> 第224页
开心果巧克力蛋糕配杏仁茴香酥粒 >> 第249页
黑巧克力费南雪蛋糕配橙香杏仁酥粒及糖渍橙片 >> 第258页
牛奶栗子布丁配豆奶奶泡 >> 第382页
橘子夹心巧克力软饼 >> 第385页

巧克力热内亚蛋糕 ★ ★
Pain de Gênes au chocolat

　　这类面糊在烤制时会膨胀变大，加入巧克力后既可以作为甜品底，也很适合佐以咖啡或茶食用。

配料
75克可可含量40%的牛奶巧克力
50克黄油
160克杏仁酱（做法详见第41页）
3个鸡蛋
30克面粉
2克泡打粉
10毫升茴香酒
70克粗糖粒

所需工具
厨房温度计
裱花袋（可选）

将巧克力用隔水加热法*或微波炉融化（注意微波炉须设置为解冻模式或功率不超过500瓦的加热模式，并需要不停搅拌），随后加入融化的黄油。

用微波炉稍稍加热杏仁酱，另取一个小碗，在碗中打散鸡蛋并隔水加热*至50摄氏度后，将其缓缓拌入温的杏仁酱中。

待混合物搅拌均匀后向其中加入过筛后的面粉和泡打粉（图1），再倒入茴香酒、融化的巧克力以及黄油，最后将面糊注模（图2）。

在面糊里撒上粗糖粒，并用烤箱以160摄氏度/170摄氏度（调节器5/6挡）烤制14分钟即可。

● 主厨建议
融化后的巧克力和黄油最后加入，这样可以保证面糊的体积不发生很大的变化。

▌食谱应用
▌巧克力苹果软心蛋糕 >> 第255页

杏仁（或椰子）软蛋糕 ★
Biscuit moelleux aux amandes ou coco

正如其名字所述，软蛋糕体比达克瓦兹蛋糕体质地更加柔软，并且它可以用来制作巧克力及水果甜品。

配料

55克杏仁粉（或椰子粉）
25克面粉
55克糖霜
6个鸡蛋
15克（约15毫升）全脂鲜奶油
70克细砂糖

所需工具

树桩蛋糕烤盘
包裹*烘焙纸的砧板或硅胶垫

在碗中加入杏仁粉、面粉、糖霜、2个鸡蛋（不打发）及鲜奶油并拌匀。

将剩下4个鸡蛋的蛋清部分打发，注意在打发中需要一点点地加入细砂糖，随后把蛋白霜拌入面糊中。

将面糊浇在烤盘里或硅胶垫上。

用烤箱以180摄氏度（调节器6挡）烤制10分钟。

●主厨建议

如果要制作椰子软蛋糕体，只需要将配料中的杏仁粉换成椒子粉即可（用量不变）。

▌食谱应用

热带风情巧克力软蛋糕 >> 第308页

原味蛋糕卷 ★
Biscuit roulé nature

法式蛋糕卷的配料和做法都十分简单，只需要鸡蛋、面粉和砂糖配以火候恰当的烤制即可。注意蛋糕糕体一定要烤得十分柔软，毕竟谁都不想做出硬邦邦的蛋糕卷。

配料

4个鸡蛋（将其中2个鸡蛋的蛋清和蛋黄分离）
110克细砂糖（分两次使用，分别使用80克和30克）
50克面粉

所需工具

树桩蛋糕烤盘

将2个整鸡蛋及剩下2个鸡蛋的蛋黄倒在一起，加80克砂糖打发。

打发剩下的蛋清并在其中加入30克细砂糖，随后将蛋白霜倒入第一步中的混合物中。

加入过筛后的面粉和可可粉拌匀。

将面糊倒在烤盘里，并用烤箱以210摄氏度（调节器7挡）烤制5~7分钟。

▌食谱应用

榛仁树桩蛋糕 >> 第306页

巧克力蛋糕卷 ★
Biscuit roulé au cacao

选用高品质的可可粉还可以做出巧克力口味的蛋糕卷。

配料
6个鸡蛋（将其中3个鸡蛋的蛋清和蛋黄分离）
110克细砂糖
45克红糖
40克面粉
30克纯可可粉

所需工具
树桩蛋糕烤盘

将3个整鸡蛋及另外3个鸡蛋的蛋黄加砂糖打发。
打发剩下的蛋清并加入红糖，随后将蛋白霜倒入上一步中的混合物中。
加入过筛后的面粉和可可粉拌匀（图1）。
将面糊倒在烤盘里，并用烤箱210摄氏度（调节器7挡）烤制约15分钟即可（图2）。

无面粉巧克力蛋糕 ★
Biscuit au chocolat sans farine

这种蛋糕拥有无与伦比的丝滑口感和浓郁的巧克力风味，我们常常会烤制这样薄薄的一层蛋糕作为各类甜品的底座。

配料
30克可可含量60%的黑巧克力
10克黄油
1个鸡蛋
10克细砂糖

所需工具
烤盘

将巧克力和黄油用隔水加热法*或微波炉融化（注意微波炉须设置为解冻模式或功率不超过500瓦的加热模式，并需要不停搅拌）。
在融化巧克力的同时打发*蛋白，注意从开始就要一点一点地加入砂糖。之后再加入蛋黄，并用刮刀将巧克力和黄油拌入其中。
将巧克力糊倒入包裹*烘焙纸的烤盘，并用烤箱以180摄氏度（调节器6挡）烤制5分钟即可。

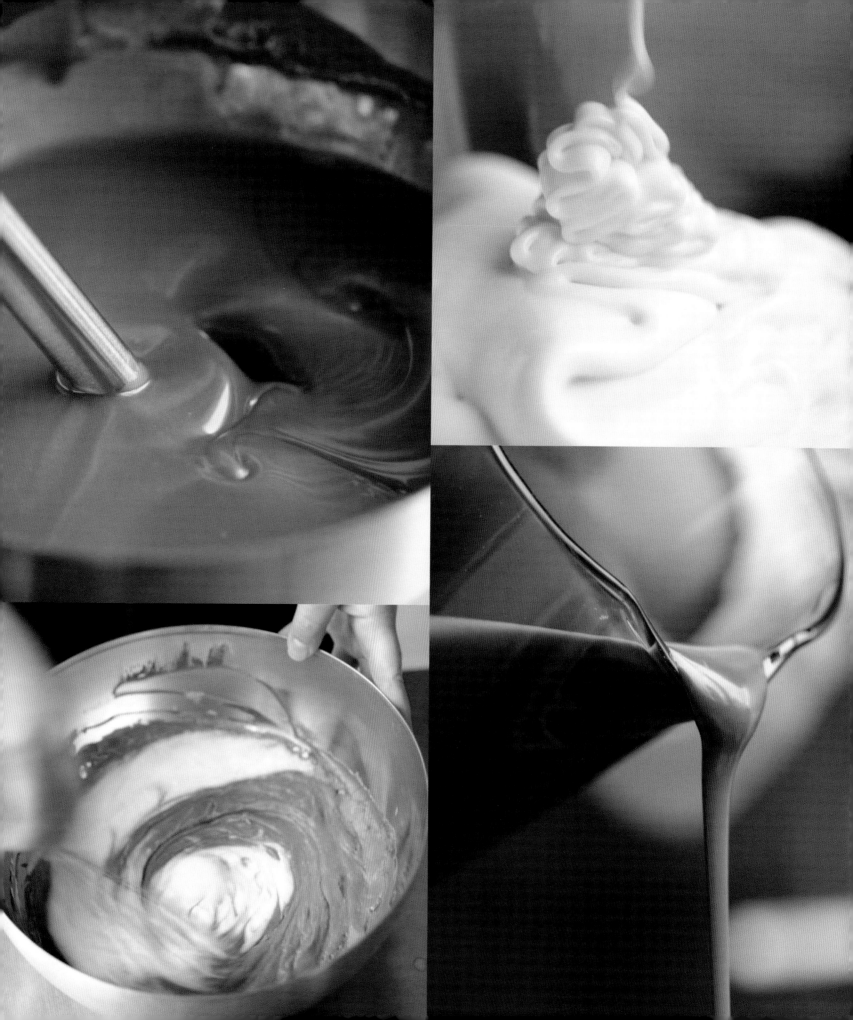

各式奶油酱

甜品原料的乳化
L'ÉMULSION

对各类原料进行乳化的目的是减少甜点的油腻感，并赋予其入口即化的绵密口感，同时有利于其储存。在巧克力甜品的制作中，乳化是获取高品质巧克力慕斯及甘纳许的必要步骤，经过乳化的巧克力也会拥有如奶油一般的别致风味！

乳化是把两种通常情况下不互溶的液体（比如油和水）均匀地混合在一起的过程，为了可以更好地理解乳化的概念，我们可以在家中做一个小实验：在一杯水中倒入少许植物油，用汤匙稍稍搅拌后静置，只需要一小会儿我们就能观察到油和水相互分离，并且会有油滴漂浮在水面上！乳化的结果与这种现象恰恰相反，它是两种形态（又称"物相"）的物质均匀地融合在一起的过程，完好的乳化液中不会有分散的水滴或油滴。

乳化主要分为两类。第一类叫作"水包油"，比如在制作蛋黄酱时，我们会通过一定的手段把植物油（称作"油相"物质）乳化在（打散的）蛋黄、食醋或黄芥末等材料（称作"水相"物质）中；而第二类我们则称之为"油包水"，比如在制作巧克力甘纳许时，我们会把水相的鲜奶油、牛奶、果汁或咖啡等液体乳化在油相的巧克力中。

在制作蛋黄酱的过程中，我们需要把植物油缓缓地倒入蛋黄和黄芥末中，直至得到一种富有弹性并散发光泽的混合物。如果我们继续加入过量植物油，乳化液就会变得过饱和继而变成完全的油脂态，这个时候我们就会看到"油水分离"的现象，混合物不再是均匀的乳化液，蛋黄酱的制作也就宣告失败了。专业厨师一般会说这份蛋黄酱出现了分层。对其进行补救的方法也很简单，只需要加入一些水相的液体（饮用水，柠檬汁，食醋等）即可，但同时也需要格外注意度量，以保证乳化液的水油平衡。

而在制作巧克力甘纳许的过程中我们会使用一种完全相反的方式。我们首先面对的是融化的巧克力，这是一种已经饱和的油相物质，随后我们要在其中加入牛奶、鲜奶油等液体。也正是因为如此，我们在往巧克力中倒牛奶时，往往会发现混合物会迅速变得浓稠。这也是为什么我们一定不能在巧克力融化的过程中加水的原因，这种操作有很大概率会造成乳化液分层。

巧克力甘纳许在第一阶段的乳化过程中呈现的样子并不美观，出现这个现象是完全正常的，完全不必要在加奶油（或其他原料）的时候担心这一点。相应地，在对原料进行乳化时一定要有耐心，同时也要和制作蛋黄酱的时候一样缓慢地倒入液体并不断搅拌，直至巧克力甘纳许中出现"弹性中心"，这就标志着乳化已经完成了。用力在巧克力奶糊的中央不断地画圈搅拌（我们称之为"按揉"），这会让油质和水相物质更好地融合，也可以让巧克力甘纳许更富有光泽。油和水的均匀混合会使乳化成果更加稳定，同时也会削弱奶糊油腻的口感，使其拥有光滑、细腻、入口即化的美妙风味。

在本书中，我们也会介绍一个制作巧克力甘纳许的好方法，那就是"3*1/3法则"：

3*1/3法则

- 将巧克力切碎，放于锅中并用蒸锅或微波炉加热融化（注意使用微波炉加热时需先用解冻模式，然后调至500瓦挡位并不时搅拌）。

- 另取一个奶锅，倒入需要和巧克力混在一起制作甘纳许的配料（鲜奶油、蜂蜜、香草或其他种类的调味牛奶等）煮沸。

- 将1/3煮开的液体缓缓地倒入融化的巧克力中。

- 用硅胶刮刀在锅中画圆圈搅拌，直至奶糊中出现"弹性中心"。

- 再倒入1/3煮沸的混合液体，并继续按照相同的方法搅拌，随后再用相同的方法将最后1/3的液体与巧克力奶糊混合。

- 温度控制：搅拌时，奶糊应当保持在35摄氏度以上。

所有原料均匀地融合在一起后，乳化即宣告完成。

挞馅或蛋糕甘纳许 ★
Ganache pour garnir les tartes ou entremets

这类甘纳许的配料中仅含有巧克力、鲜奶油和蜂蜜，其质感柔软，非常适合用作挞馅及一些蛋糕的辅料。

配料

根据可可含量不同决定巧克力用量：
200克可可含量70%的黑巧克力或
270克可可含量60%的黑巧克力或
450克可可含量40%的牛奶巧克力或
600克可可含量35%的白巧克力
300克（约300毫升）全脂鲜奶油
50克蜂蜜

将巧克力切碎并用隔水加热法*或微波炉融化（注意在使用微波炉加热时须设定为解冻模式或最大不超过500瓦功率的加热模式，并不时搅拌）。

将鲜奶油和蜂蜜煮沸后，取其中1/3倒入融化的巧克力浆中。用刮刀在容器中画圆圈搅拌，直至巧克力奶糊散发光泽并出现"弹性中心"，随后再重复以上操作2次，将所有混合液溶入巧克力中。

用手持电动搅拌器继续搅拌，使乳化更加均匀。

● 主厨建议

如果您使用甘纳许是为了给甜品挞注馅或者用来制作诸如巧克力圆饼、胜利蛋糕或松露巧克力之类的甜品，那么为了使成品能够拥有顺滑的质感，在甘纳许做好后就需要立即使用。

但如果您想要制作的是蛋糕卷或海绵蛋糕，则需要先将甘纳许在室温下放置1～2小时，待其稍稍结晶*后才能使用（一般的做法是用刮刀把甘纳许抹在相应的蛋糕坯上）。

▍食谱应用

沙赫蛋糕 >> 第166页
醇香巧克力挞 >> 第175页
条形巧克力挞 >> 第192页
焦糖核桃巧克力挞 >> 第195页
鲜橘巧克力挞 >> 第206页

打发甘纳许酱 ★ ★
Ganache montée

　　打发甘纳许是一款由法芙娜巧克力甜品学院独创的奶油酱，它可以用来替代黄油奶油（crème au beurre），并且具有许多后者不具备的优点。如今它已经被专业甜品厨师广泛使用。

配料

90克可可含量70%的黑巧克力+200克全脂鲜奶油
或110克可可含量60%的黑巧克力+220克全脂鲜奶油
或150克可可含量40%的黑巧克力+260克全脂鲜奶油
或160克可可含量35%的黑巧克力+270克全脂鲜奶油
额外110克（约110毫升）全脂鲜奶油

将巧克力切碎后用隔水加热法*或微波炉融化（注意在使用微波炉加热时须设定为解冻模式或最大不超过500瓦功率的加热模式，并不时搅拌）。

将110克鲜奶油煮沸后取其中1/3倒入融化的巧克力浆中，用刮刀在容器中画圆圈搅拌，直至巧克力奶糊散发光泽并出现"弹性中心"，随后再重复以上操作2次，直到将所有鲜奶油溶入巧克力中。

根据配料表中不同种类巧克力所对应的奶油用量，在混合物中拌入冰的鲜奶油，用保鲜膜封好（注意甘纳许和保鲜膜之间不要留有空隙）并冷藏至少3小时。

把甘纳许从冰箱取出后用打蛋器将其打发，打好的甘纳许酱会变得更浓稠，并可以用刮刀或裱花袋进行进一步加工（图1、图2）。

● 主厨建议

注意在打发甘纳许的时候，搅拌器转速不能太快，否则奶糊会迅速变厚从而失去其轻盈、软糯且易融化的质感。

● 烘焙须知

在煮沸奶油的过程中，您可以根据喜好加入茶叶、香草及其他调味料为甘纳许增添风味。

食谱应用

歌剧院蛋糕 >> 第182页
　白巧克力圣特罗佩挞 >> 第202页
　纸杯蛋糕 >> 第262页
　马卡龙拼盘 >> 第283页
　榛仁树桩蛋糕 >> 第306页
　卡布奇诺曼哈顿蛋糕 >> 第317页

英式蛋奶酱 ★ ★
Crème anglaise de base

　　本页所介绍的英式蛋奶酱的做法同时也是制作多种奶油酱和慕斯的基本技巧。

配料
3个蛋黄
50克细砂糖
250克（约250毫升）全脂牛奶
250克（约250毫升）全脂鲜奶油

所需工具
厨房温度计

在大碗中倒入蛋黄和砂糖并搅拌均匀（图1）。
将混合物和牛奶、鲜奶油一起倒进锅中（图2），一边用文火加热，一边轻晃平底锅，直到奶油达到浓稠状态*。此时蛋奶酱的温度应当在82~84摄氏度之间（图3）。
关火后将蛋奶酱倒入深碗中，用电动搅拌器搅拌直到蛋奶酱变得稠密且表面光滑即可。

●主厨建议
英式蛋奶酱的最佳烹饪温度为82～86摄氏度，最好在加热至82摄氏度时就关火并利用余热完成烹制。如果蛋奶酱已经过热，就会出现"絮凝"的现象。此时应当立刻关火并将蛋奶酱过滤，再用搅拌器稍稍打发。不过无论如何挽救，最后做出的蛋奶酱都不能恢复原本最丝滑的状态了，因此最好是在一开始就把握好温度。

●烘焙须知
检测奶油是否达到合格的浓稠状态*的方法是用手指划过蘸有奶油的刮刀，如果能够留下清晰的划痕，则说明奶油的稠度达标。

▌食谱应用
巧克力/咖啡/奶油甜品杯 >> 第217页
多种巧克力薄脆蛋糕 >> 第310页

克林姆 [注] 奶油酱 ★ ★
Crémeux à parfumer

　　克林姆奶油酱是巧克力甜点中常用的奶油酱之一。甜品厨师可以使用各种香料对其进行调味，以满足不同甜品的制作需求。

配料
4克吉利丁片
6个蛋黄
100克细砂糖
500克（约500毫升）全脂鲜奶油

所需工具
厨房温度计

先用冷水将吉利丁泡软备用，再在大碗中倒入蛋黄和砂糖并搅拌均匀。

将混合物倒入锅中，加入鲜奶油（图2），一边用文火加热，一边轻晃平底锅，使奶油达到浓稠状态*并慢慢变厚，此时蛋奶酱的温度应当在82～84摄氏度之间。

加入沥干的吉利丁，关火并将混合物倒入深碗中。

用电动搅拌器搅拌直到蛋奶酱变得稠密且表面光滑即可。

●主厨建议
以这份食谱为基础，我们还可以相应地制作出不同口味的克林姆奶油酱。

· 焦糖克林姆奶油酱：首先在锅中倒入25克砂糖，用文火加热，注意不要加水。砂糖溶化后加入约一半事先煮好的热奶油，待融化的砂糖完全溶入奶油后关火，接着再加入剩下的另一半冰奶油以及蛋黄，继续熬煮一会儿即可。

· 蜂蜜克林姆奶油酱：将配料中的100克砂糖替换成50～75克的调味蜂蜜（比如薰衣草蜂蜜）即可。

· 酒精克林姆奶油酱：注意在加入酒精饮品前要让奶油酱先冷却下来，否则酒精会受热挥发，起不到调味的效果。

· 香草克林姆奶油酱：可以提前一天将香草料拌在奶油中并冷藏24小时使其入味，也可以在加热时直接将其拌在热奶油里（视情况而定）。注意由于香草料稀释了奶油的比例，在制作香草克林姆奶油酱时需要适当地多加一点儿奶油。

▍食谱应用
▍花神蛋糕 >> 第324页

注：这里的"克林姆"是法语crémeux的音译，原义为"奶油般的"。

巧克力克林姆奶油酱 ★ ★
Crémeux au chocolat

加入了巧克力的克林姆奶油酱是一种完美的基础酱料，它可以搭配在不同质地的甜品之中。您可以尽情发挥想象，大胆地用它进行创作！

配料

根据可可含量决定巧克力用量：
190克可可含量70%的黑巧克力
或210克可可含量60%的黑巧克力
或 250克可可含量40%的牛奶巧克力
或225克可可含量为35%的白巧克力+3克吉利丁片
 5个蛋黄
50克细砂糖
250克（约250毫升）全脂牛奶
250克（约250毫升）全脂鲜奶油

所需工具

厨房温度计

将巧克力切碎（或如图1直接使用巧克力圆片）并用隔水加热法*或微波炉融化（注意在使用微波炉加热时须设定为解冻模式或最大不超过500瓦功率的加热模式，并要不时搅拌）。
在融化巧克力的同时准备英式蛋奶酱：将蛋黄和砂糖拌匀后与牛奶及奶油一起放入锅中（图2），随后边用文火加热，边轻晃平底锅直到奶油达到浓稠状态*，此时奶油的温度应当在82~84摄氏度（如果要制作白巧克力奶油，则需要事先用冷水把吉利丁片泡软、沥干水分后与奶油一起熬煮）。
关火并将蛋奶酱倒入深碗中，用电动搅拌器稍稍搅拌直到其表面光滑并变得稠密。取1/3的热奶油酱，倒入融化的巧克力中（图3），用刮刀在容器中画圆圈搅拌，直至巧克力奶糊散发光泽并出现"弹性中心"，随后再重复以上操作2次，将所有蛋奶酱溶入巧克力中，继续搅拌以使乳化更加均匀（图4）。
将奶油倒入容器中用保鲜膜封好（注意奶油和保鲜膜之间不要留有空隙，图5），并放入冰箱冷藏1晚。

▌食谱应用

歌剧院蛋糕 >> 第182页
夹心奶油挞 >> 第198页
孚羽蛋糕 >> 第229页
异域水果杂烩配青柠檬白巧克力克林姆酱 >> 第233页

香草甜点奶油酱 ★
Crème pâtissière à la vanille

香草甜点奶油酱是甜品制作中常用的酱料之一，它非常适合用来装点水果挞。

配料

2根香草荚
25克玉米淀粉
15克面粉
150克细砂糖
3个蛋黄
450克（约450毫升）全脂牛奶
50克（约50毫升）全脂鲜奶油

在大碗中加入玉米淀粉、面粉、砂糖和蛋黄并拌匀。

将牛奶和鲜奶油混在一起煮开，再取出其中一部分倒进蛋黄和面粉、淀粉的混合物中。

将剩下的牛奶和奶油重新煮沸，随后再把上一步做好的面糊倒入锅中，转小火加热并不时晃动平底锅，此时可以观察到奶油酱逐渐变厚（图1）。

继续加热直到奶油酱不再粘锅即可，此时可以稍稍搅拌以使乳化更加均匀。成品奶油酱质感醇厚，并会散发光泽（图2）。

●主厨建议

如果要制作香草味的甜点奶油酱，您可以把香草籽加到奶油里，并在冰箱中冷藏1晚后再使用。

●烘焙须知

玉米淀粉只有在一定温度下才能发挥作用，因此当混合物没有完全煮沸时，奶油酱不会变稠。

▌食谱应用
波纹榛仁挞 >> 第205页

巧克力甜点奶油酱 ★
Crème pâtissière au chocolat

这种奶油酱常常用于制作巧克力闪电泡芙。

配料

85克可可含量70%的黑巧克力
或95克可可含量60%的黑巧克力
10克玉米淀粉
30克细砂糖
2个蛋黄
220克（约220毫升）全脂牛奶
50克（约50毫升）全脂鲜奶油

将巧克力切碎后用隔水加热法*或微波炉融化（注意在使用微波炉加热时须设定为解冻模式或最大不超过500瓦功率的加热模式，并不时搅拌）。

在大碗中加入玉米淀粉、细砂糖和蛋黄并拌匀。

将牛奶和鲜奶油一起煮沸，并倒出其中一部分到蛋黄和淀粉的混合物中。

将剩下的牛奶和奶油重新煮开，随后将上一步做好的面糊倒入锅中，转小火加热并不时晃动平底锅，此时可以观察到奶油酱开始变厚。

继续加热直到奶油酱不再粘锅，此时可以稍稍搅拌以使乳化更加均匀。成品奶油酱质感醇厚，并会散发光泽。

取出1/3左右的热奶油酱倒入融化的巧克力中（图1），用力在面糊中心画圆圈搅拌，直至出现散发光泽的"弹性中心"（图2），随后再重复以上操作2次，直到将所有奶油酱溶入巧克力中即可。

▌食谱应用
巧克力闪电泡芙 >> 第181页
方块巧克力可颂 >> 第280页

香草杏仁奶油酱 ★
Crème d'amande à la vanille

香草杏仁奶油酱常常用于制作国王饼^(注)及杏仁奶油千层糕。

配料

150克杏仁酱（做法详见第41页）

2个整鸡蛋

1根香草荚

75克黄油

10克玉米淀粉

20克杏仁粉

75克香草甜点奶油酱（做法详见第102页）

用烤箱或微波炉稍稍加热杏仁酱，使其软化（注意如果使用微波炉，需要调制解冻模式或500瓦功率，并且需要不时搅动杏仁酱）。

将鸡蛋逐个打入杏仁酱（图1），注意每打入1个鸡蛋后都要将其拌匀。

在混合物中加入香草籽和软化*黄油，稍稍搅拌后再加入过筛后的玉米淀粉（图2）和杏仁粉（图3）。

最后拌入冰的甜点奶油酱即完成制作，您可以立即使用这款奶油酱制作甜品或放入冰箱冷藏保存，以备之后使用。

● 主厨建议

在加入黄油后注意不要搅拌过度，否则奶油酱会出现分层。

注：国王饼（法语：galette des Rois），又称"国王派"，是法国人在每年1月6日天主教主显节前后食用的一种圆形饼状蛋糕，由千层酥加上杏仁奶油内馅烤制而成，是为了纪念基督教《圣经》记载的东方三博士朝见襁褓中的耶稣的事件。

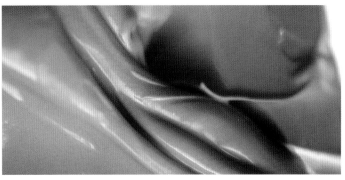

巧克力意式奶冻 ★
Panacotta au chocolat

意式奶冻（Panacotta）在意大利语中的原义是"煮熟的奶油"，这也是其制作方法的直观体现。

配料

4克吉利丁片
200克（约200毫升）全脂牛奶
300克（约300毫升）全脂鲜奶油
根据可可含量的不同决定巧克力用量：
175克可可含量35%的白巧克力
或160克可可含量40%的牛奶巧克力
或110克可可含量70%的黑巧克力
或130克可可含量60%的黑巧克力

先将吉利丁片用凉水泡软，再把牛奶和鲜奶油一起煮沸，并将沥干后的吉利丁片放入其中。
将巧克力切碎后用隔水加热法*或微波炉融化。
取出1/3左右的热奶油倒入融化的巧克力中，借助刮刀*，用力在面糊中心画圆圈搅拌，直至出现散发光泽的"弹性中心"，随后再重复以上操作2次，直到将所有奶油溶入巧克力中。
适当搅拌使乳化更加均匀，当观察到巧克力奶糊变稠后即可将其灌注在各类模具中。

●烘焙须知

正如它的名字所介绍的一样，传统的意式奶冻是需要加热"煮"出来的，这里我们使用吉利丁其实是对传统做法的一种简化，也可以达到类似的效果。

▌食谱应用
白巧克力奶冻配顿加香豆及草莓酱 >> 第234页
黑巧克力意式奶冻配菠萝淋面及椰味香茅奶泡 >> 第237页

丝滑奶油酱 ★
Namelaka

丝滑奶油酱口感轻盈，极易融化且结晶过程缓慢，常常用于制作甜品杯或甜点表面的尖锥形装饰。

配料

根据可可含量的不同决定巧克力用量：
250克可可含量70%的黑巧克力+5克吉利丁片
或350克可可含量40%的牛奶巧克力+5克吉利丁片
或340克可可含量35%的白巧克力+4克吉利丁片
200克（约200毫升）全脂牛奶
10克葡萄糖浆
400克（约400毫升）全脂鲜奶油

将巧克力切碎后用隔水加热法*或微波炉融化（注意在使用微波炉加热时须设定为解冻模式或最大不超过500瓦功率的加热模式，并不时搅拌）。
将吉利丁片用凉水泡软，再把牛奶和鲜奶油一起煮沸，并将沥干后的吉利丁片和葡萄糖浆放入其中。
取出1/3左右的热奶油倒入融化的巧克力中，借助刮刀*，用力在面糊中心画圆圈搅拌，直至出现散发光泽的"弹性中心"，再重复以上操作2次，直到将所有奶油溶入巧克力中，最后把奶油酱放入冰箱中冷藏。

●烘焙须知

"丝滑奶油酱"的名字最初来源于日语"滑らか"。

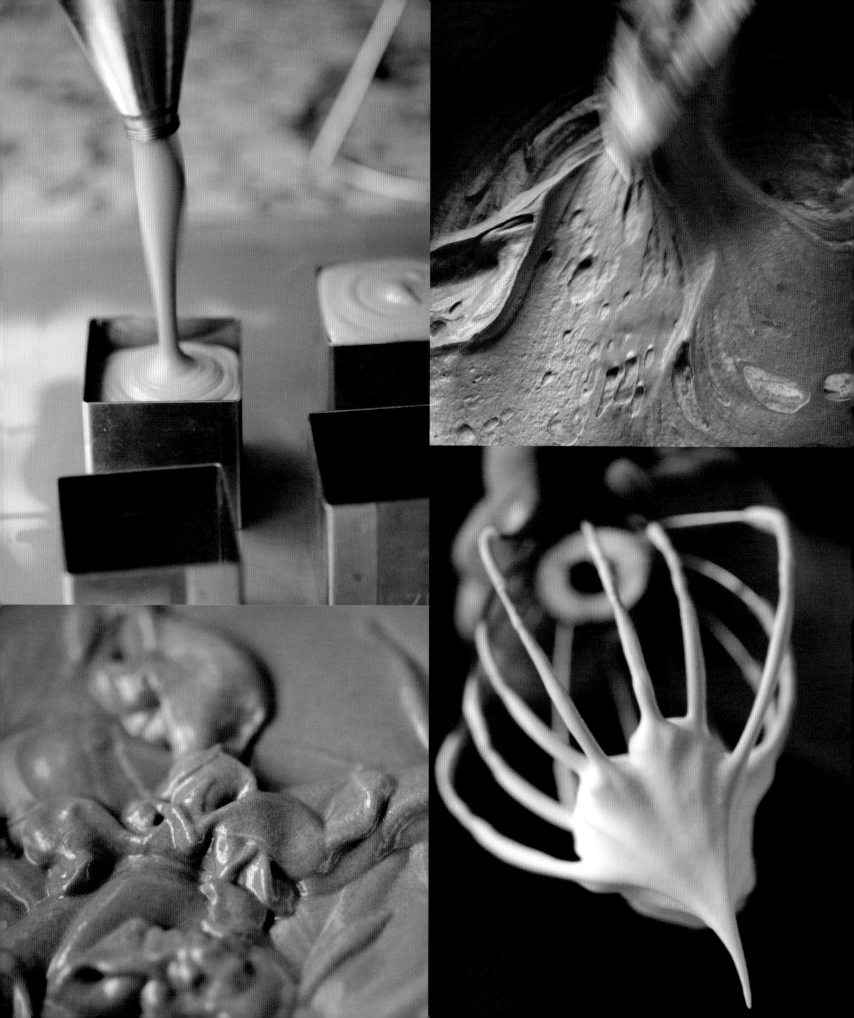

各式
巧克力慕斯

食材的膨发
LE FOISONNEMENT

甜品食材的膨发指的是在蓬松的食材里充入空气的过程，这么做的目的是制作出体积更大、重量更轻并且相对稳定（至少能够保持一段时间）的结构，从而为食材赋予新的口感。平时我们需要掌握的食材膨发操作，指的就是打发鲜奶油和蛋白的过程。要想让食材有效地膨发，就不能搅拌得过快。这是因为膨胀食材的稳定性来源于其内部的气泡，当搅拌过速时，产生的气泡体积很大，这种气泡具有很强的"欺骗性"，它们形成的结构十分不稳定，因此不能带来持续的膨发效果。相反，当搅拌的速度适中，产生的气泡体积较小并且不易受到各类冲击的影响，膨发食材的"结构"也就更加稳固。

打发蛋白
Monter des blancs d'œufs

打发蛋白的方法和奶油差不多，将电动搅拌器调至中速，当打发中出现"波浪"状纹路时，我们举起打蛋器就可以观察到"鸟嘴"状的蛋白尖，此时蛋白霜的质感很接近男士的剃须膏。蛋白打发后会变得更加轻盈，其结构也更加稳定并且很容易与其他甜品配料结合。如果此时我们继续搅拌，蛋白霜就会开始结块，之后还会有许多破碎的小颗粒（我们称之为"蛋白颗粒"）析出，这时的蛋白霜已经打发过度了。

打发（全脂）奶油
Monter une crème liquide entière

将电动搅拌器调至中速并搅拌冷的鲜奶油可以将奶油打发，过程中我们会观察到奶油的体积明显膨胀。奶油打发完成的状态正是其中"禁锢"最多空气时的状态，也是制作各种甜品的理想状态。比如巧克力慕斯，它的体积就是初始状态的3.2倍！如果继续搅拌，奶油中将不能继续充入空气，体积不增反减。当体积降至初始状态的2.6倍时，这个阶段的奶油我们称之为"尚蒂伊奶油"。而如果我们依然继续打发，奶油最后就会完全脱水进而变成我们常见的黄油块。

●主厨建议

奶油温度越低越容易打发。

●烘焙须知

脱脂奶油由于其中油脂的含量不足，因此无法打发。

巧克力慕斯
Mousses au chocolat

每一款（巧克力）慕斯中巧克力成分的含量都有所不同，这不仅使它们呈现出不同的质地和口感，更带来了食用方式及使用条件上的区分。例如对温度的掌握在甜品制作中扮演了十分重要的角色，而针对不同的巧克力慕斯，温度的要求是不尽相同的。

您可以充分发掘每种慕斯的特性并利用它们进行创作，进一步追寻甜品口味与外观之间的微妙平衡。不过无论慕斯的种类如何多样，一份优质的巧克力慕斯永远都是口感轻盈、滑而不腻并且入口即化的！

所有的巧克力慕斯都至少要在冰箱里冷藏12小时（目的是使其结晶*凝固）后才算完成。而除去无蛋慕斯和豆奶巧克力慕斯之外，其他种类慕斯都是在室温下食用的，因此在食用慕斯时，我们常常需要提前将其从冰箱中取出并放置一会儿。

蛋白巧克力慕斯 ★
Mousse au chocolat à base de blancs d'œufs

这款家常巧克力慕斯有着十分蓬松的质地，也保有了巧克力醇厚、易融化且绵柔的口感。

配料

根据可可含量决定巧克力用量：300克可可含量70%的黑巧克力
或330克可可含量60%的黑巧克力
或390克可可含量40%的牛奶巧克力+3克吉利丁片
或390克可可含量35%的白巧克力+6克吉利丁片 150克
（约150毫升） 全脂鲜奶油
3个蛋黄（约60克）
6～7个鸡蛋（约200克）
50克细砂糖

所需工具

厨房温度计

将巧克力切碎后用隔水加热法*或微波炉融化（注意在使用微波炉加热时须设定为解冻模式或最大不超过500瓦功率的加热模式，并不时搅拌）。

将鲜奶油煮沸并向其中加入吉利丁片（可选），取出1/3的热奶油倒入融化的巧克力中（图1），借助刮刀*用力在巧克力中心画圆圈搅拌直至出现散发光泽的"弹性中心"，再重复以上操作2次，直到将所有奶油溶入巧克力当中，最后打入蛋黄并拌匀。

在准备巧克力奶糊的同时用砂糖打发蛋白，当巧克力奶糊温度达到35～45摄氏度（这一数据只针对使用白巧克力或牛奶巧克力的情况，如果配料选用的是黑巧克力，则需要将温度控制在45～50摄氏度）时，先取1/4左右的蛋白霜拌入奶糊，随后再慢慢拌入剩下的部分（图2），在冰箱中冷藏12小时后即制作完成。

●烘焙须知

蛋白巧克力慕斯的赏味时限仅有24小时，在制作后需要尽快食用。

▌食谱应用

黑巧克力慕斯蛋糕 >> 第186页
花冠巧克力慕斯蛋糕 >> 第221页

无蛋巧克力慕斯 ★
Mousse au chocolat sans œufs

无蛋巧克力慕斯以牛奶和吉利丁为基础，口感轻盈并可以有效烘托出巧克力的口感。从冰箱里取出这款慕斯后立即食用，口感最佳。

配料

根据可可含量决定巧克力用量：
285克可可含量70%的黑巧克力+3克吉利丁片
或330克可可含量60%的黑巧克力+4克吉利丁片
或340克可可含量40%的牛奶巧克力+5克吉利丁片
或470克可可含量35%的白巧克力+10克吉利丁片
250克（约250毫升）全脂牛奶
500克（约500毫升）全脂鲜奶油

所需工具

厨房温度计

将吉利丁片用凉水泡软，把巧克力切碎后用隔水加热法*或微波炉融化。
牛奶煮开后向其中加入沥干的吉利丁片，随后取出1/3左右的热牛奶倒入融化的巧克力中（图1），借助刮刀*，用力在中心画圆圈搅拌，直至出现散发光泽的"弹性中心"（图2），再重复以上操作2次，直到将所有牛奶都溶入巧克力中。
用电动或手动打蛋器把冰的鲜奶油搅拌至柔软的慕斯状（这一过程也称为"打发慕斯"，图3）。
当巧克力奶糊温度达到35~45摄氏度（这一数据针只对使用白巧克力或牛奶巧克力的情况，如果配料选用的是黑巧克力，则需要将温度控制在45~50摄氏度）时用刮刀*将其拌进奶油霜里，在冰箱中冷藏12小时后即制作完成。

●烘焙须知

对鸡蛋过敏的人可以放心地食用这款慕斯，它的赏味时限为1～2天，并且非常适合冷藏。

♦食谱应用

焦糖巧克力甜品匙 >> 第240页
花神蛋糕 >> 第324页

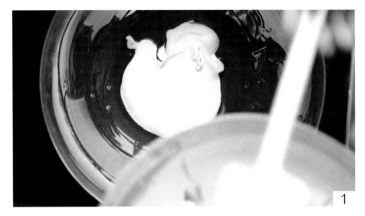

尚蒂伊巧克力慕斯 ★
Mousse chantilly au chocolat

　　尚蒂伊巧克力慕斯中有密集的小气孔，它口感较干但巧克力的味道很浓，非常适合与克林姆奶油酱搭配在一起。

配料

根据可可含量决定巧克力用量：
320克可可含量70%的黑巧克力
或360克可可含量60%的黑巧克力
或400克可可含量40%的牛奶巧克力
或450克可可含量35%的白巧克力+6克吉利丁片
600克全脂鲜奶油

将巧克力切碎后用隔水加热法*或微波炉融化（注意在使用微波炉加热时须设定为解冻模式或最大不超过500瓦功率的加热模式，并不时搅拌），如果制作的是白巧克力慕斯，还需要准备吉利丁片并用凉水将其泡软。

用电动或手动打蛋器将400克冰的鲜奶油搅拌至柔软的慕斯状（这一过程也称为"打发慕斯"）并冷藏备用。

在锅里倒入200克鲜奶油并煮沸（制作白巧克力慕斯还需在这一步中加入泡软沥干后的吉利丁片），随后取出约1/3的热奶油倒入融化的巧克力中（图1），借助刮刀*，用力在中心画圆圈搅拌，直至出现散发光泽的"弹性中心"（图2），再重复以上操作2次，直到将所有牛奶溶入巧克力中。

把奶油霜加到巧克力奶糊中并拌匀，最后放入冰箱中冷藏12小时即可。

●主厨建议

为了防止巧克力结块，最后一步加奶油霜之前需要将巧克力的温度控制在45～50摄氏度之间。

●烘焙须知

尚蒂伊巧克力慕斯的赏味时限为1～2天，并且非常适合冷藏。

❙食谱应用
热带风情巧克力软蛋糕 >> 第308页
奶香迷纳兹小蛋糕配焦糖梨酱 >> 第321页
小丑先生 >> 第327页

英式蛋奶酱巧克力慕斯 ★ ★
Mousse au chocolat à base de crème anglaise

蛋奶酱巧克力慕斯十分浓稠，巧克力的口味也很浓郁，很适合和水果搭配在一起。

配料

根据可可含量决定巧克力用量：
325克可可含量70%的黑巧克力
或360克可可含量60%的黑巧克力
或560克可可含量40%的牛奶巧克力
或500克可可含量35%的白巧克力+5克吉利丁片
2个蛋黄
25克细砂糖
130克（约130毫升）全脂牛奶
600克全脂鲜奶油(分两次使用，每次分别需要150克和450克)

所需工具

厨房温度计

将巧克力切碎后用隔水加热法*或微波炉融化（注意在使用微波炉加热时须设定为解冻模式或最大不超过500瓦功率的加热模式，并不时搅拌），如果制作的是白巧克力慕斯，则还需要用凉水泡软吉利丁片备用。

准备英式蛋奶酱：将蛋黄和砂糖拌匀后一起倒入锅中，加入牛奶和150克奶油，边用文火加热边轻晃平底锅，直到奶油达到浓稠状态*并开始慢慢变厚，此时奶油的温度应当在82~84摄氏度之间。

关火后把蛋奶酱倒入深碗里，用电动搅拌器稍稍搅拌，直到其表面开始散发光泽并进一步变稠，某些情况下还需要加入吉利丁。

取1/3的热奶油酱倒入融化的巧克力中，用刮刀在容器中画圆圈搅拌，直至巧克力奶糊散发光泽并出现"弹性中心"，随后再重复以上操作2次，直到将所有蛋奶酱溶入巧克力中，继续搅拌以使乳化更加均匀。

用电动或手动打蛋器将450克冰的鲜奶油搅拌至柔软的慕斯状（这一过程也称为"打发慕斯"），待巧克力奶糊温度降到45~50摄氏度时，先取1/3的奶油霜，用刮刀*拌入巧克力当中，接着再慢慢拌入剩下的部分，最后把混合物放入冰箱中冷藏12小时即可。

● 主厨建议

先用一小部分打发奶油拌入巧克力奶糊中，让巧克力奶糊"变轻"的步骤十分重要，这样做可以让巧克力先拥有和奶油相似的质感，从而尽可能地保持成品慕斯的体积。

▌食谱应用

皇家蛋糕 >> 第170页
榛仁巧克力冰激凌杯配柠檬轻奶油 >> 第295页
格拉斯哥蛋糕 >> 第313页

巧克力炸弹面糊 ★ ★ ★
Mousse au chocolat pâte à bombe

这种慕斯质感稠密，口味香甜同时具有浓郁的巧克力风味。

配料
巧克力慕斯
200克（约200毫升）全脂鲜奶油
根据可可含量决定巧克力用量：
150克可可含量70%的黑巧克力
或170克可可含量60%的黑巧克力
或230克可可含量40%的牛奶巧克力+2.5克吉利丁
或250克可可含量35%的白巧克力+4克吉利丁

炸弹面糊
3个蛋黄
1个整鸡蛋
45克细砂糖
30克（约30毫升）清水

所需工具
厨房温度计

制作炸弹面糊：
将蛋黄、鸡蛋、砂糖和清水倒入容器中一边隔水加热*，一边搅拌，直到温度达到82摄氏度左右。
将容器从加热装置中取出，并加入沥干后的吉利丁片（可选），搅拌混合物并等待其降温。
将奶油打发并取其中1/3拌入融化的巧克力中，待混合物具有弹性并散发光泽时，用隔水法*或微波炉稍稍加热，随后再慢慢地将剩下的奶油以及之前准备的温炸弹面糊拌入，在冰箱中冷藏12小时后即可。

● 主厨建议
为了防止巧克力结块，在最后一步加入打发奶油之前需要将巧克力的温度控制在45～50摄氏度之间。

● 烘焙须知
吉利丁在炸弹面糊的制作中起到了硬化剂的作用，它可以用来代替牛奶巧克力中所缺少的可可成分。炸弹面糊可以冷藏保存1～2天。

豆奶巧克力慕斯 ★
Mousse au chocolat au soja

这款慕斯轻盈细滑，并且由于本身不含有动物油脂，入口十分清爽。

配料
150克可可含量70%的黑巧克力
3个鸡蛋蛋清
70克细砂糖（分2次使用，每次各用35克）
300克（约300毫升）大豆奶油
3克琼脂
2根香草荚
180克（约180毫升）豆奶

将巧克力切碎后用隔水加热*或微波炉融化，蛋白中加入35克砂糖并打发至出现鸟嘴状的蛋白尖。
用电动或手动打蛋器将大豆奶油搅拌至柔软的慕斯状（这一过程也称为"打发慕斯"）。
用刀背刮下香草籽拌入豆奶中，几分钟后将豆奶过滤并和琼脂与砂糖的混合物一起放入锅中煮沸。
取1/3煮沸后的混合物倒入融化的巧克力，用刮刀*在容器中央画圆圈搅拌，直至出现"弹性中心"，随后重复以上操作2次，每次分别取用1/3的混合物，直到将它们全部拌入巧克力中。
在巧克力奶糊中加入1/3的打发大豆奶油，使其"变轻"，再用刮刀慢慢地将剩下的奶油一起拌入，并在冰箱中冷藏12小时后即可。

● 主厨建议
琼脂必须要煮开以后才能完全化在液体中并形成胶质。但是需要注意：琼脂一定不能冷冻保存，否则在解冻的时候就会有水渗出。

● 烘焙须知
香草的加入可以平衡豆奶本身的味道。您也可以使用其他香料为慕斯增添风味。

巴伐利亚巧克力蛋奶冻 ★★
Bavaroise au chocolat

巴伐利亚蛋奶冻相较其他慕斯，可可含量较少，但依旧拥有入口即化的口感。

配料

根据可可含量决定巧克力用量：
150克可可含量70%的黑巧克力
或160克可可含量60%的黑巧克力
或190克可可含量40%的牛奶巧克力
6克吉利丁片
350克（约350毫升）英式蛋奶酱（做法详见第98页）
450克（约450毫升）全脂鲜奶油

所需工具

厨房温度计

如图1所示，将巧克力切碎并用隔水加热法*或微波炉融化（注意在使用微波炉加热时须设定为解冻模式或最大不超过500瓦功率的加热模式，并不时搅拌）。
用凉水将吉利丁片泡软（图2）。
做好英式蛋奶酱，使用其中一部分来融化吉利丁，待吉利丁完全融化后再将其拌入剩下的蛋奶酱中。
取1/3溶入吉利丁的蛋奶酱，拌入融化后的巧克力中，用刮刀*在容器中央画圆圈搅拌，直至出现"弹性中心"，随后重复以上操作2次，每次分别取用1/3的奶油酱直到将它们全部拌入巧克力中。
用电动或手动打蛋器将冰的奶油打发至柔软的慕斯状（这一步也称为"打发慕斯"），待巧克力奶糊温度降到45~50摄氏度时，先取1/3打发后的奶油，用刮刀*拌入巧克力，接着再慢慢拌入剩下的奶油，最后在冰箱中冷藏12小时即可。

● 主厨建议

巴伐利亚巧克力蛋奶冻是各类小点心中的一款很常见的慕斯。

3

冰激凌及
各式甜品酱

巧克力冰激凌 ★ ★
Glace au chocolat

在此介绍的是一种冰激凌的家常做法，它并不复杂，却拥有着非常浓郁的巧克力风味和奶油质感。

配料
180克可可含量70%的黑巧克力
660克（约660毫升）全脂牛奶
20克（约20毫升）全脂鲜奶油
30克奶粉
70克细砂糖
60克蜂蜜

所需工具
厨房温度计
冰激凌机

将巧克力切碎后用隔水加热法*或微波炉融化（注意在使用微波炉加热时须设定为解冻模式或最大不超过500瓦功率的加热模式，并不时搅拌）。

将牛奶、鲜奶油、奶粉、砂糖及蜂蜜倒入锅中煮开（图1、图2）。

取出1/3左右煮好的奶糊倒入融化的巧克力中，用打蛋器（图3）用力在混合物中央画圆圈搅拌，直至出现"弹性中心"，随后重复以上操作2次，每次分别取用1/3的奶糊直到将它们全部拌入巧克力当中，在这一步中还可以用电动搅拌器稍稍搅拌，使乳化更加均匀。

将混合物倒入锅中，一边轻晃锅底一边加热至85摄氏度，在这个温度下保持2分钟，以对冰激凌半成品进行巴氏灭菌。

迅速将混合物冷却，这里可以用隔水冷却的方法：即将其倒入另一个盛放于冰水里的容器中。随后将混合物放入冰箱冷藏1晚，使原料的香味完全散发出来。

将混合物放入冰激凌机的冷冻碗内，并依据说明书的指示设定时间，制作完成后置于零下18摄氏度的冷冻室保存。

▌食谱应用
巧克力泡芙 >> 第172页
巧克力冰激凌脆饼配百香果焦糖酱 >> 第299页

可可碎奶油冰激凌 ★ ★
Crème glacée au grué

　　这款奶油冰激凌有着与其浅色外表看似完全不相符的浓郁口感，这种反差也是这款甜品带给我们的惊喜！

配料

150克巧克力碎
750克（约750毫升）全脂牛奶
225克（约225毫升）全脂鲜奶油
55克奶粉
170克细砂糖
2个蛋黄
15克蜂蜜

所需工具

冰激凌机
厨房温度计

将可可碎用烤箱以150摄氏度（调节器5挡）烤制10分钟左右；将牛奶、奶油、奶粉、砂糖、蛋黄及蜂蜜倒入锅中拌匀，随后加入烤好的可可碎（图1），一边加热一边轻晃锅底，直到混合物达到85摄氏度左右关火。

迅速将混合物冷却下来，可以用隔水冷却的方法：即将其倒入另一个盛放于冰水里的容器中。之后将混合物放入冰箱冷藏1晚，使原料的香味完全散发出来。

将混合物放入冰激凌机的冷冻碗内，并依据说明书的指示设定时间，制作完成后置于零下18摄氏度的冷冻室保存。

● 主厨建议

烤制可可碎的目的是为了让巧克力的宜人香味充分地散发出来。

● 烘焙须知

可可碎由可可豆经过烘烤和研磨后得来，您可以在各类甜品工作室、甜品用品商店以及法芙娜的产品页中找到这种原料。

▍食谱应用

杏仁花生碎巧克力雪葩 >> 第290页

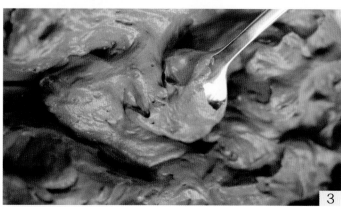

巧克力芭菲 ★ ★
Parfait au chocolat

不用冰激凌机也可以制作出美味的冰点，这款巧克力芭菲就是完美的例证！

配料

3个鸡蛋蛋黄
100克细砂糖
150克可可含量70%的黑巧克力
或225克可可含量60%的黑巧克力
或200克可可含量40%的牛奶巧克力
或225克可可含量35%的白巧克力
200克（约200毫升）全脂鲜奶油

所需工具

厨房温度计

准备瑞士风味蛋白霜：将砂糖加入蛋白中拌匀，隔水加热*至55~60摄氏度时（图1），关火并将蛋清打发（图2），之后再放置一会儿使其冷却。

在准备蛋白霜的同时将巧克力切碎并用隔水加热法*或微波炉融化（注意在使用微波炉加热时须设定为解冻模式或最大不超过500瓦功率的加热模式，并不时搅拌）。

将鲜奶油打发成慕斯状，取1/4的奶油霜拌进融化的巧克力中，观察到巧克力开始具有弹性，并且表面散发光泽时停止搅拌，再用隔水装置或微波炉稍稍加热。

加入之前做好的瑞士风味蛋白霜，并将上一步骤中剩下的奶油霜一起拌入巧克力中（图3）。

将巧克力芭菲注入模具或甜品杯中并冷藏至少3小时后即可食用。

▌食谱应用
巧克力芭菲配卡布奇诺酱 >> 第292页

巧克力冰沙 ★
Granité au chocolat

　　冰沙的口感冰凉爽脆，这种温度上的刺激给人们带来了十分有趣的体验。

配料

170克可可含量70%的黑巧克力
或190克可可含量60%的巧克力
650克（约650毫升）清水
10克奶粉
125克细砂糖
25克蜂蜜

将巧克力切碎并用隔水加热法*或微波炉融化（注意在使用微波炉加热时须设定为解冻模式或最大不超过500瓦功率的加热模式，并不时搅拌）。

把奶粉、砂糖和蜂蜜加在清水里熬煮2分钟左右。

取出1/3左右的糖浆拌入融化的巧克力中，用刮刀*用力在容器中央画圆圈搅拌，直到巧克力出现"弹性中心"并散发光泽，再重复以上操作2次，每次分别取用1/3的糖浆直到将它们全部拌入巧克力当中，在这一步还可以用电动搅拌器稍稍搅拌，使乳化更加均匀。

将混合液倒入深约3厘米的烤盘中（图1）并放入冷柜中保存，注意不时取出摇晃，这样可以做出好看的冰晶效果（图2）。

● 主厨建议

注意在冷冻的过程中一定要不时将冰沙取出，并反复晃匀，否则冰沙就会凝固结块。

🥄 食谱应用

巧克力熔岩蛋糕佐香蕉巧克力冰激凌杯 >> 第224页

黑巧克力雪葩★★
Sorbet au chocolat noir

虽然本书介绍的雪葩和冰激凌食谱中均有巧克力，但不同之处在于雪葩中的水分更多，奶粉成分则较少，口味更加清新。

配料

325克可可含量70%的黑巧克力
1升清水
20克奶粉
250克细砂糖
50克蜂蜜

所需工具

冰激凌机
厨房温度计

将黑巧克力切碎并用隔水加热法*或微波炉融化（注意在使用微波炉加热时须设定为解冻模式或最大不超过500瓦功率的加热模式，并不时搅拌）。

把奶粉、砂糖和蜂蜜加在清水里熬煮2分钟左右（图1）。

取出1/3的糖浆拌入融化的巧克力中，用刮刀*用力在容器中央画圆圈搅拌，直到巧克力出现"弹性中心"并散发光泽（图2），再重复以上操作2次，每次分别取用1/3的糖浆，直到将它们全部拌入巧克力中，在这一步还可以用电动搅拌器稍稍搅拌，使乳化更加均匀。

将混合物倒回锅内，边熬煮边轻轻晃动锅底，加热至85摄氏度时关火。

迅速将混合物冷却下来，可以用隔水冷却的方法：即将其倒入另一个盛放于冰水里的容器中。随后将混合物放入冰箱冷藏1晚，使原来的香味完全散发出来。

将混合物放入冰激凌机的冷冻碗内，并依据说明书的指示设定时间，制作完成后置于零下18摄氏度的冷冻室保存。

●主厨建议

制作雪葩时最好选用原味蜂蜜，例如洋槐蜜及各类花蜜，这样才不会影响到巧克力的味道。

牛奶巧克力雪葩 ★ ★
Sorbet au chocolat au lait

使用牛奶巧克力和奶粉制作出的雪葩口味偏甜，焦糖和蜂蜜的加入更是唤起了美好的童年记忆。

配料

390克可可含量40%的牛奶巧克力
1升清水
80克奶粉
120克细砂糖
70克蜂蜜

所需工具

冰激凌机
厨房温度计

将巧克力切碎并用隔水加热法*或微波炉融化（注意在使用微波炉加热时须设定为解冻模式或最大不超过500瓦功率的加热模式，并不时搅拌）。

把奶粉、砂糖和蜂蜜加在清水里熬煮2分钟左右。

取出1/3的糖浆拌入融化的巧克力中，用刮刀*用力在容器中央画圆圈搅拌，直到巧克力出现"弹性中心"并散发光泽（图2），再重复以上操作2次，每次分别取用1/3的糖浆，直到将它们全部拌入巧克力当中，在这一步还可以用电动搅拌器稍稍搅拌，使乳化更加均匀。

将混合物倒回锅内，边熬煮边轻轻晃动锅底，加热至85摄氏度时关火。

迅速将混合物冷却，可以用隔水冷却的方法：即将其倒入另一个盛放于冰水里的容器中。随后将混合物放入冰箱冷藏1晚使原料的香味完全散发出来。

将混合物放入冰激凌机的冷冻碗内，并依据说明书的指示设定时间，制作完成后置于零下18摄氏度的冷冻室保存。

伊芙瓦巧克力雪葩 ★★
Sorbet ivoire

　　这是我们的食谱清单上的最后一款雪葩，它颜色洁白宛如瓷器一般，并且比起前两款雪葩拥有更浓郁的奶香。

配料

550克可可脂含量35%的伊芙瓦白巧克力
1升清水
140克奶粉
40克细砂糖
90克蜂蜜

所需工具

冰激凌机
厨房温度计

将白巧克力切碎后用隔水加热法*或微波炉融化（注意在使用微波炉加热时须设定为解冻模式或最大不超过500瓦功率的加热模式，并不时搅拌）。

将奶粉、砂糖和蜂蜜倒进清水中并熬煮2分钟左右。

取出1/3的糖浆拌入融化的巧克力中，用刮刀*用力在容器中央画圆圈搅拌，直到巧克力出现"弹性中心"并散发光泽，再重复以上操作2次，每次分别取用1/3的糖浆直到将它们全部拌入巧克力当中，在这一步还可以用电动搅拌器稍稍搅拌，使乳化更加均匀。

将混合物倒回锅内，边熬煮边轻轻晃动锅底，加热至85摄氏度时关火。

迅速将混合物冷却，可以用隔水冷却的方法：即将其倒入另一个盛放于冰水里的容器中。随后将混合物放入冰箱冷藏1晚，使原料的香味完全散发出来。

将混合物放入冰激凌机的冷冻碗内，并依据说明书的指示设定时间，制作完成后置于零下18摄氏度的冷冻室保存。

巧克力酱 ★
Sauce chocolat

制作冰激凌甜品的最后一步往往都是在其表面浇上一层香浓的巧克力酱。其实巧克力酱的用途不仅限于冰激凌，它还十分适合与水果搭配，在西洋梨巧克力、泡芙挞和香蕉船等甜品中巧克力酱都是不可或缺的辅料，它的加入会使甜品的口感瞬间升华！

配料

根据可可含量决定巧克力用量：
85克可可含量70%的黑巧克力
90克可可含量60%的巧克力
或130克可可含量40%的牛奶巧克力
或140克可可含量35%的白巧克力
100克（约100毫升）全脂牛奶

所需工具

厨房温度计

将巧克力切碎后用隔水加热法*或微波炉融化（注意在使用微波炉加热时须设定为解冻模式或最大不超过500瓦功率的加热模式，并不时搅拌）。

将牛奶煮沸并取出1/3拌入融化的巧克力中，用刮刀*用力在容器中央画圆圈搅拌，直到出现"弹性中心"并散发光泽，再重复以上操作2次，每次分别取用1/3的牛奶直到将它们全部拌入巧克力当中，在这一步还可以用电动搅拌器稍稍搅拌，使乳化更加均匀。

制作好的巧克力酱可以冷藏保存也可以趁热食用。

对牛奶巧克力酱来说，最佳的食用温度为20~25摄氏度，而对黑巧克力来说，则是35~40摄氏度。

●主厨建议

如果想要让黑巧克力酱变得更稠，可以向其中适当添加一些牛奶巧克力或砂糖。

食谱应用
巧克力泡芙 >> 第172页
孚羽蛋糕 >> 第229页

焦糖巧克力酱 ★ ★
Sauce chocolat/caramel

　　巧克力与焦糖是甜品世界里一对经典的组合，用它们做出的酱料甚至可以单独作为一道甜品直接食用。

配料
220克可可含量40%的牛奶巧克力
470克（约470毫升）全脂鲜奶油
25克葡萄糖浆
240克细砂糖
75克黄油

所需工具
厨房温度计

将巧克力切碎后用隔水加热法*或微波炉融化（注意在使用微波炉加热时须设定为解冻模式或最大不超过500瓦功率的加热模式，并不时搅拌）。

将鲜奶油和葡萄糖浆倒在一起煮沸。

与此同时，另取一口锅熬煮焦糖，把砂糖加热至180~185摄氏度，加入黄油并拌入之前煮好的鲜奶油和葡萄糖浆。

取1/3混合物拌入融化的巧克力中，用刮刀*用力在容器中央画圆圈搅拌，直至巧克力出现"弹性中心"并散发光泽，再重复以上操作2次，每次分别取用1/3的糖浆，直到将它们全部拌入巧克力中，在这一步还可以用电动搅拌器稍稍搅拌，使乳化更加均匀。

将巧克力酱放在冰箱中冷藏数小时，待其凝固结晶*后便可使用。

● 主厨建议
可以使用橙皮、姜汁、百香果汁等对焦糖巧克力酱调味。

● 烘焙须知
葡萄糖浆的作用是防止砂糖在融化后重新结晶。

▌食谱应用
姜味巧克力吉事果 >> 第219页
巧克力/香草大理石华夫饼 >> 第222页
巧克力冰激凌脆饼配百香果焦糖酱 >> 第299页

掌握基本操作方法

制作大理石花纹
Marbrage

先将香草面糊倒进蛋糕模具中，再沿着模具的中线用裱花袋挤入巧克力面糊，交替进行这类操作，直到把所有的面糊都倒进模具里即可。

正确烤制蛋糕
Réaliser un beau cake

蛋糕面糊在烤制前需要冷藏1晚使其充分醒发。此外，在烤蛋糕前还要用沾满黄油的刮板（或其他类似工具）适当"切割"面糊，沿着模具长边在蛋糕面糊中央切出1~2厘米深的口子，这样可以让蛋糕更好地膨发。

蛋糕从烤箱中取出后还需要等几分钟才能脱模，之后还要将其"侧躺"放凉，这么做是为了保持其形状，防止蛋糕内陷。

为裱花袋填装馅料
Remplir une poche à douille

将裱花嘴装进裱花袋中，将靠近裱花嘴的部分拧几下，压进裱花嘴中。

将裱花袋顶部开口拉到最大（防止填充物溅出），并将填充物"铲"进裱花袋中，您也可以把裱花袋套在杯中填装，这样就可以腾出双手进行操作。

当裱花袋填满后提起两边将其封口，把其中的馅料稍稍往上推一点，然后在裱花袋末端剪出一个小口即可。注意在操作裱花袋的时候手一定要拿稳。

●主厨建议

裱花袋在使用时是需要手持的，因此不宜在其中灌入过多的馅料，否则将不易操作。

在填满裱花袋后可以用衣夹将裱花袋顶部封口。

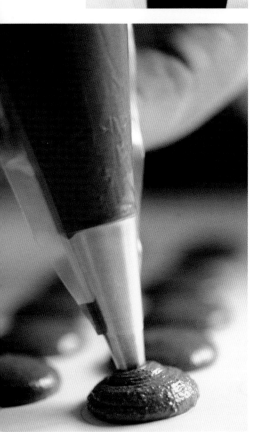

马卡龙的制作
Pocher des macarons bien ronds

注意在挤马卡龙面糊时，裱花嘴需要紧贴油纸垫并与其保持垂直，挤面糊时不能随便移动位置，挤完后须迅速提起裱花嘴。

挞皮制作
Foncer une tarte

在将面团按入挞皮模具（圆形挞模或深底模具）前需要先在其内壁抹上黄油，同时注意最好使用陶瓷或陶土质地的模具，这样才能烤出酥脆的挞皮。

经典入模法(图1)

用擀面杖将面团擀成稍大于模具底面的圆形饼皮，用手指用力将饼皮压进模具，并将多出的部分与模具边缘贴合，最后把超出模具的多余部分切掉并放入冰箱冷藏即可。

细带入模法 (图2)

先将面团擀平并用模具压出饼底，再将剩下的部分重新揉成面团并擀平，最后在上面切出和模具的高度一样宽的面带，并将其贴在模具边缘。

在细带和底座面饼的结合处用甜品刷涂一些清水，再用手指轻轻按压将他们黏合，最后将多余的部分切除并放入冰箱冷藏即可。

"鳞片"入模法 （图3）

将面团碾平并用圆形模具在面饼上压出底座，将剩下的面团揉成直径约3厘米的圆锥体并放入冰箱冷藏片刻。取出后切成厚3~4毫米的"圆片"并将它们一层叠一层地（就像鱼鳞一样）贴在模具边缘。这样烤出的挞皮会拥有非常好看地月牙形花边。

无模具挞皮制作法

在擀平的面饼上切出一块圆形、正方形、长方形或者任何您想要的形状的饼皮，将饼皮平放在烤盘上，并用大拇指和食指将其边缘卷起并捏成"锯齿"形状，最终使整块挞皮形成一个下陷的碗状即可。

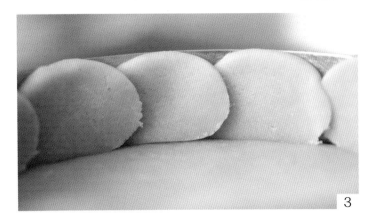

打发蛋白
Monter des blancs en neige

注意在打发蛋白时需要使用中速，这样才能打出较细小的气泡，从而使蛋白霜的结构更加稳定。

如果搅拌过速，则可能导致蛋白霜结构不稳定，并且不能使其有效膨发，因而蛋白霜也无法达到我们所要求的体积大小。

打发好的蛋白霜应当是泡沫质感的，注意不能打发得太紧实（这与我们的传统观念有所区分）。当提起打蛋器时，我们应该能够观察到"鸟嘴状"的蛋白尖，它的质感很类似男士的剃须膏，并且易融于其他甜品配料中。

软化黄油
Obtenir un beurre en pommade

软化黄油的过程相对烦琐，并且十分费力，我们对此一定要有耐心。在制作甜品前几个小时，就要先把黄油从冰箱中取出，您可以用甜品刮刀大力搅拌黄油直至其软化，如果此时黄油依然很硬，可以用微波炉或隔水装置*加热几分钟，之后再用刮刀拌开即可。

烤制坚果
Torréfier des fruits secs

坚果经过烘烤后，其中的香味会更好地散发出来。烤制坚果的最佳火候和时间是用文火（大约相当于烤箱以150摄氏度、即调节器5挡）烤10~15分钟，当坚果表面被烤至焦黄并和其内部颜色一致时，就说明已经烤好。

制作巧克力慕斯的常见问题

"巧克力慕斯中总有结块"

在拌入蛋白霜或者打发奶油之前，稍稍加热巧克力混合物就可以解决这一问题。因为蛋白霜本质是一种硬化剂，如果巧克力已经变冷了，再加入蛋白霜就会使巧克力结块。

"巧克力慕斯中有蛋白液残余"

注意要用"鸟嘴状"的蛋白尖检验蛋白霜打发是否到位，如果蛋白霜太稠，那么它在拌入巧克力的时候就会"塌陷"并变回液态。

"慕斯太稠或者太稀"

注意一定要按照食谱的指示选用特定可可含量的巧克力，如果要替换食谱中的巧克力种类，则一定要按照一定的比例改变巧克力的用量（详见第144页）。

这是由于巧克力中的可可脂实际上起到了"硬化剂"的作用，根据可可脂含量的不同，您加到慕斯中的硬化剂的量也就不同，这就可能使得慕斯太稠或者太稀。

"巧克力慕斯太干，甚至变成了颗粒状"

注意要将巧克力均匀地"乳化"在所选取的液态原料中，这一步骤需要遵循3 * 1/3法则（详见第94页），即：

首先将1/3煮沸的液体缓缓倒入融化的巧克力中。

用硅胶刮刀在锅中打圈搅拌均匀直至奶糊中出现"弹性中心"。

再倒入1/3煮沸的混合液体，并继续按照相同的方法搅拌，随后再用相同的方法，将最后1/3的液体与巧克力奶糊混合以完成乳化过程。

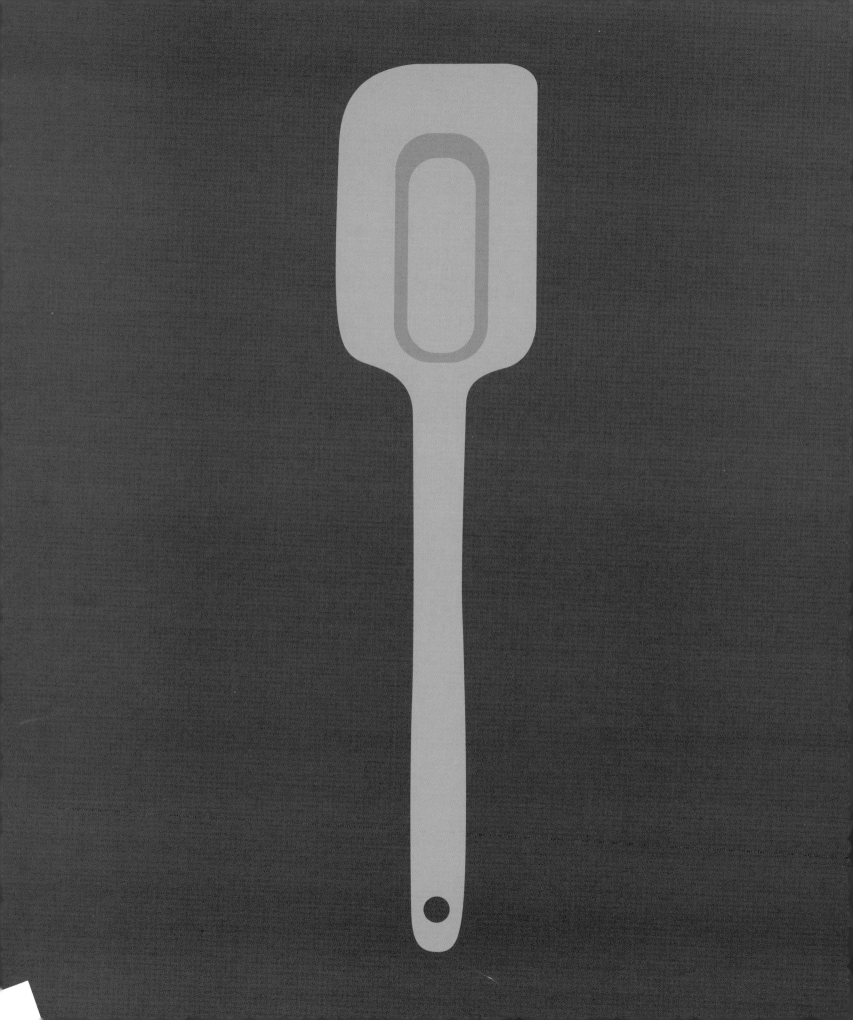

基础理论

顶级巧克力的秘密

两块可可含量都为 80% 的黑巧克力在第一眼看上去可能没有什么不同，但是如果仔细研究，就会发现两者可能在品牌、可可豆原产地、制作工艺、香型、质感等多个方面大相径庭。是什么原因造就了巧克力的不同特性呢？真相可能是我们大快朵颐时很难想象到的。

风土条件

20 多年前的人们可能不会关注"风土"对于巧克力的影响，而到今天，"风土"这一概念已经深入人心。

巧克力是由可可树的果实——可可果制成的。可可果是一种农产品，正如所有的农产品一样，它的品质会受到"风土"这一综合概念的影响，风土包括产地、品种、环境和种植方法等方面。

可可豆主要分为三大品种：克里奥罗可可豆、福拉斯特洛可可豆和特立尼塔里欧可可豆。不同种类的可可豆所制作出的巧克力也有所不同，比如福拉斯特洛可可豆以苦涩的口感著称，克里奥罗可可豆则口感较香甜，皆具红色水果、坚果和蜂蜜的特点。可可豆品种是构筑不同巧克力口感的基础。而除了品种之外，自然环境的影响也十分关键：光照强度决定了可可豆中油脂的含量，土壤中的氮元素会决定可可豆的多酚含量，雨水会对发酵过程产生影响。最后，许多人为因素也会改变可可豆的品相：在可可豆的筛选、发酵及干燥过程中，一个极小的疏忽都会使可可的味道发生改变，诸如霉味、烟味及酸度超标的情况都有可能出现。

一个地区的风土条件每年都会发生变化，这些因素最终也会体现在当年出产的巧克力中。而正像葡萄果农一样，可可农也需要仔细了解可可豆农场的风土情况，并在种植过程中选择合适的方法，以充分地利用这些风土条件，从而生产出高品质的巧克力。

可可豆的种植与加工

过往的人们在可可豆生产的全过程（包括收割、干燥及发酵）中早已总结出了一套十分成熟的经验。这些经验在可可豆种植大国中十分盛行，甚至在科学知识已经十分普及的今天，人们依旧愿意相信这些"古法"。相比之下，可可豆的加工过程，也就是从可可豆变成巧克力的过程则早早地实现了工业标

准化。整个 19 世纪仿佛是巧克力的"启蒙时代"，各大巧克力厂商纷纷进行技术创新，可可豆研磨技术、各种口味巧克力的制作技术以及可可粉制作技术相继出现，也正是这些创新造就了今天多样的巧克力口味。

当我们翻开巧克力的历史，我们一定会看到弗朗索瓦·路易·卡耶尔这位瑞士人的名字，正是他在 1820 年创造了板状巧克力；弗朗索瓦的同事菲利普·祖哈德则发明了用来搅拌巧克力和糖的石磨；此后在 1831 年，另一位瑞士人成功地将榛仁加进了巧克力；之后荷兰人卡斯柏莱斯·范·侯登又发明了分离可可脂的技术，他成功地将可可豆中的可可脂单独提取出来并将剩下的部分打成粉末。1849 年，一位旅居瑞士的德国药剂师亨利·内斯特发明了奶粉并用它做出了牛奶巧克力。而我们更不能忘记的是 1879 年鲁道夫·林德的两样创举，他率先对可可豆进行精炼并向巧克力中添加了可可脂，正是这两样工艺使巧克力拥有了其独特的口感。

可可豆原料的生产过程大同小异，而真正能够提升巧克力品质的是可可豆的烘烤和精炼的步骤，只有充分掌握可可豆品性的巧克力师傅才能最终做出香气扑鼻、口感浓郁的巧克力。

巧克力与风土条件

与红酒不同，巧克力的口味很难和某一种特定的风土条件联系起来。一方面，这是因为可可豆的种类比起葡萄种类要少很多，可可农的种子往往都直接来自父辈或者乡邻，这就使可可豆的性状会在很长一段时间内相对稳定；另一方面，我们对可可豆的研究大多集中在如何防止病虫害和增加产量方面，而对于不同的口味、香型的分类我们知之甚少。然而随着巧克力厂商以及消费者们对于巧克力口味与风土环境之间关系的兴趣越来越浓厚，我们是不是也可以预想到，在不远的将来，会有人把可可豆原产地纳入巧克力的评判标准呢？

巧克力生产中的创意元素

这听上去似乎不可思议，但巧克力的制作是按照一份精确的食谱进行的。巧克力的商品标签上往往只会告诉我们一些最基本的配料信息，比如：可可提取物（来自可可豆加工得来的可可乳）、可可脂、糖、大豆卵磷脂、天然香草提取物等，而实际的制作过程远比一份配料表复杂。

我们常常用"浓郁""精致""纯粹""细腻"等形容词赞美巧克力，但在这些词中却很难找到对原料产地及品质的暗示。我们关注的仅仅是巧克力中可可脂和糖的含量，而忽视了巧克力的口味与可可豆种类、产地以及加工方法密切相关这一事实（详见第 144 页"可可含量的真相"）。

事实上，不同巧克力中各类原料的比例是相对恒定的，只是厂商们永远不会透露这些制作巧克力的秘方。就像威士忌酿酒师始终要遵循一定的单麦芽酒配比一样，只有如此才能保证产品质量的稳定。像法芙娜以及近期十分出名的奈斯派索等巧克力品牌更是已经开始试着组建一个巧克力的口味档案。通过对巧克力进行详细分类，我们就能够更好地发掘不同风土条件下所出产可可豆的潜能，从而制作出更高品质的巧克力。

1987 年法芙娜首创了全部使用产自加勒比地区的克里奥罗可可豆制作的特级庄园巧克力。1998 年，法芙娜又创制了可可含量为 64% 的大库瓦原产区巧克力（产自特立尼达）。这个巧克力系列最终包含了三大类产品，而它们的共同点就是非常强调可可豆产地对巧克力品质的影响：特技庄园巧克力精选了来自不同原产国的可可豆混合制成；单一风土巧克力使用的是同一原产国但不同种植园的可可豆；而原产区巧克力使用的则是特定种植园的可可豆。举例来说，可可含量 70% 的恩多克黑巧克力（属于特级庄园巧克力的一种）与可可含量 68% 的丹波巧克力（属于单一风土巧克力的一种）就拥有着完全不同的口感，这种不同不是体现在巧克力浓度上，而是更多地集中在香气、质感和成色的不同：前者味苦并带有柑橘和烤制咖啡豆的香气，后者则可可味更浓，并带有甜香味和烤干果的香味。

巧克力厂商的工作就是探寻不同的可可与糖的比例以及不同可可豆种类的搭配对巧克力口味产生的影响，从而选出最合适的配方来制作巧克力。当今的市场上主要有两类流行的做法：一种我们称之为"追忆童年"，这类巧克力厂商出产的产品较香甜，并且会尝试用各种调味料为巧克力增添风味；另一种我们称为"追求纯粹"，这类厂商始终坚持追寻原生态的巧克力口味，并且不惮于生产出口味较苦涩的成品。在这两个极端之间其实存在着无限的可能，巧克力厂商就像出色的乐师，各种技术手段成了他们的"乐器"，而种类繁多的口味就是他们用来创作的"音符"——从浓厚到清新、从花香到果香再从苦涩到甘甜……

青可可豆
Fèves vertes

烘烤后的可可豆
Fèves torréfiées

可可碎
Grué de cacao

可可液（纯可可）
Liqueur cacao
(pure pâte)

可可膏（可可+糖）
Masse cacao
(pure pâte + sucre)

精炼后的可可碎
Masse cacao
Raffinée en paillettes

成品巧克力
Chocolat

从可可豆到巧克力

让我们跟随一颗可可果，从委内瑞拉的可可种植园出发，直到位于法国德龙省坦莱尔米塔日小镇的法芙娜巧克力工厂，开展一次有关巧克力的神奇旅程！

委内瑞拉地处赤道周边，阳光充足，这里的可可树在一年内可以分别在五月至七月和十一月至次年一月收获两次。可可树的果实——可可果是一种形状类似蜜瓜的长条状果实，它的外壳坚硬，内部则包裹着珍贵的可可豆和可可浆。可可浆是一种白色黏液，口味酸甜，很类似荔枝和番荔枝（一种热带水果）的果汁，当地人常常会直接饮用。打开果壳取出的可可豆会被放入专门的发酵桶中开始它们第一步的蜕变。经过发酵步骤后，可可豆中会产生特殊的风味物质，即我们所说的"头香"。这种香气来自一系列复杂的化学反应：首先酵母会把糖分转化为酒精（厌氧乙醇发酵），然后可可农会根据可可豆的种类将其搅烂，并酿制 2~8 天，这样可以让空气进入从而促进微生物生长（醋酸发酵）。

当发酵步骤完成后，可可农会将可可豆放在平板或晾晒匾中晒干，这个过程需要可可农的悉心照料，以防止雨水的侵入。经过晒干后的可可豆含水量从 80% 骤降至 5%，随后它们会启程前往欧洲，在那里它们将迎来自身的第二次蜕变。在这一阶段想要完全探明可可豆的口味还比较困难，不过一些味道上的缺陷（如苦涩、腐味、烟熏味等）会提前显露出来，经验丰富的巧克力师傅甚至可以从其中辨别出果香和花香。

可可豆到达坦莱尔米塔日的巧克力工厂后，首先需要经过严格的筛选。我们会选取一部分可可豆作为样品进行检测分析：首先我们会对它们进行灭菌处理，接着会用这部分的样品可可豆制作成巧克力并确认其香味类型，之后我们还会将样品巧克力与产自同一地区（委内瑞拉、巴西、厄瓜多尔、科特迪瓦等）的可可豆制成的其他巧克力进行比对。

只有通过层层筛选，获得产区认证的可可豆才可以开始其漫长的加工过程，最终通过标准化的生产线变成口口丝滑的巧克力成品。

第一步： 烘烤可可豆 （La torréfaction）

烘烤可可豆的工艺很类似于用老式焙炒机烤制咖啡豆，可可豆需要在120~150摄氏度的温度下烤制相当长的时间（15~40分钟），这一时间由巧克力加工师傅决定，并且以能让可可豆最大限度地散发出香气为准。经过烘烤，可可豆中的糖类焦化并与氨基酸结合，正是通过这一过程使得巧克力拥有了特殊的香味。

第二步： 粗磨可可豆 （le concassage）

在这一过程中，可可豆将被打成毫米级的颗粒，其表皮也会通过特制的风选机清除，留下的部分就是可可碎。可可碎此时还不具有巧克力的口感，其质地坚硬、口味苦涩。巧克力厂商此时会将可可碎按照产地分类，并使用不同的"配方"对其进行加工。拿我们之前所说的委内瑞拉可可豆来说，它们最终会用来制作成可可含量72%的阿拉瓜尼巧克力。

第三步： 细磨可可豆 （le broyage）

不经过任何添加的可可碎会被送入专门的磨制设备中精磨。经过研磨的可可碎颗粒大小会进一步降低，并与可可脂分离，且漂浮在可可膏（也称"可可液"）中。可可膏极易融化，味道苦涩，并拥有与果仁夹心类似的质感。此时我们会借助大型和面槽往可可膏里拌入砂糖或者奶粉（用于制作牛奶巧克力），经过这一步后我们得到的可可膏（用于生面饼上）呈沙状，并且已经具有巧克力的雏形。

第四步： 可可膏的压榨 （le raffinage）

在这一步中，可可膏会经过5~7轮的压榨，使其固液分离，最后它被碾成14~500微米不等的薄片（可可饼）。可可饼还可以进一步加工成能够入口即化的极细可可粉，此时距离我们的最终产品——巧克力已经不远了。

第五步： 巧克力的精炼 （le conchage）

巧克力的精炼工艺是由鲁道夫·林德在19世纪末期发明的，经过精炼的巧克力口感更加细腻，香味更加浓郁。

首先我们要把可可膏倒入约80摄氏度的搅拌槽并持续搅拌1~3天。在热量和外力的作用下，可可膏中的油脂会逐渐液化；之后我们要往可可膏中加入可可脂，这一步骤中的配料比例根据不同的配方会有所变化。可可脂会让巧克力更加稠密，这一点类似我们制作奶油酱时的乳化过程。法芙娜巧克力的配方中还会加入一点儿大豆卵磷脂和天然香草料，大豆卵磷脂的作用和可可脂相似，香草料则用来丰富巧克力的香味。

最后我们还需要对巧克力进行调温。即遵循巧克力调温曲线，先让巧克力由45摄氏度降至28摄氏度，然后再升至32摄氏度左右。经过调温的巧克力结构更加稳定，这是因为油脂分子均匀地分散在了其他分子之间，从而使得巧克力既能外表酥脆又能入口即化，丝丝顺滑。

在以上所有步骤全部完成以后，我们就可以利用各式各样的模具制作出形状不一的巧克力了！

可可颗粒与纯可可粉

可可豆精磨后得到的细小颗粒和经过脱脂的可可粉都呈粉末状，但是他们的成分有所不同，应当加以区分：前者只是整个巧克力生产过程中的一个中间产物，其中含有可可豆的各种天然成分（包括可可脂）；而后者则是一种单独的可可产品，常常由不同的工厂负责生产。在其生产过程中需要对可可块进行压榨，并将可可脂从渣饼中分离出来，经过这一工序后得到的粉末就是我们常见的可可粉，而提取出的可可脂则会用来制作巧克力甜品以及某些化妆品。

巧克力品鉴：一场味觉革命

尽管每个人生来就拥有着十分敏感的味蕾，却不一定都能够细分出不同巧克力在口感上的区别。在现代气相色层分析技术的帮助下，科学家们已经将可可豆的香味类型细分为400余种，但仅对其中50余种进行了详细描述与分类。想要制作出一份完整的巧克力味觉档案，我们还有很长的路要走。

由巧克力厂商建立起的巧克力口味品鉴标准几乎完全效仿葡萄酒行业，这也十分地符合逻辑，毕竟巧克力和葡萄酒的独特香味都来自同一种微生物（酵母或细菌）。

尽管如此，葡萄酒行业的专业人士还是认为品鉴巧克力要比品鉴红酒难度大很多，因为可可脂的存在会带来极大的干扰。

为了找出被可可脂所掩盖住的味道，专业人士在品鉴巧克力时会适当地将巧克力融化。这个过程也十分讲究，因为一旦巧克力没有经过正确的调温，其中的油脂分子就不能均匀地扩散，巧克力的香气也就不能完全地散发出来。由此也能看出，巧克力的制作工艺对于味觉体验有着十分重大的影响。

在法芙娜，有一支二十多人的专家团队，他们的日常工作就是品鉴各种巧克力。1980年法芙娜建立起了"巧克力档案馆"，其中设有定期更换的"巧克力评审"，这些评审需要进行长达一年的系统培训后才能正式入职。他们首先需要利用小香瓶学会辨别一些基础的味道（桃味、红果味、甘草味及皮革味等），紧接着他们要将所学到的知识运用到巧克力领域，进而探寻巧克力的各种复杂特性，最后他们会尽可能客观地、按照大众认可的标准对巧克力进行分类。

您也可以尝试着自己品鉴巧克力。首先注意品尝巧克力的时间不宜在用餐前后。当开始品鉴巧克力时，首先拿起巧克力，观察其颜色和脆度，优质的巧克力表面应当平整、散发光泽并十分酥脆，易折断；之后将其表面蘸湿，这样能使巧克力的香味更好地散发出来；最后将巧克力放在嘴里慢慢融化，尝试分辨出巧克力中的丰富口感：酸味、苦味、水果味、甜味、焦糖味及香草味等，您还可以更进一步，将每种味道的浓度按照从1-8的等级进行记录。

当品鉴逐渐深入，您就可以尝试辨别出巧克力中的果香（不论是干果、鲜果、红色水果还是黄色水果）并探索一些与巧克力相关的问题，比如入口是否绵柔，是否具有回味，口感是油腻还是干涩，在口中的融化情况等。在尝遍不同品牌、不同可可含量的巧克力后，您就会发现自己的鉴赏水平在慢慢地提高，对不同巧克力的味道细节也更加敏感。如果您暂时还不能做到这一点，也丝毫不用着急，因为即便是接受过专业训练的巧克力品鉴师也需要长期的练习，而一旦停下就会很快地丧失这份鉴赏能力。

可可含量的真相

许多人都认为可可含量越高的巧克力品质一定越好，甚至一些专业人士也这么认为，其实不然。与可可含量相比，巧克力的味道与其中各类成分（主要是可可提取物和糖）之间的配比关系更加密切。这一点和果酱制作中很强调水果和糖用量的平衡很相似。

和葡萄酒和橄榄油一样，巧克力的口味保证首先来自其原料的质量。这就涉及可可果乃至可可豆的产地、风土条件、种植、发酵、晾晒以及精加工过程等因素。正像正宗的尼昂橄榄油只能用本地的坦彩橄榄制作，而用别的地区出产的品种榨出的油不论是在口味、颜色还是质感上都会与之相去甚远一样，产自委内瑞拉的可可豆和产自马达加斯加的可可豆做出的产品会有很大的差别。因此用可可含量的高低评价巧克力就如同用酒精含量来评价葡萄酒的品质一样毫无意义。当我们谈论起巧克力时，与其纠结于60%、70%或80%的可可含量数据，还不如多多关注它们的产地信息，对于更为专业的巧克力品鉴，还可以深入了解相应的巧克力厂商。

法芙娜80%瓜纳拉纯黑巧克力

瓜纳拉纯黑巧克力的可可含量高达80%，是法芙娜品牌独创的巧产品。法芙娜品牌的巧克力匠人们始终相信60%~75%的可可加上25%~40%的糖构成了巧克力的最佳配比。即便是在含糖量较高的牛奶巧克力中，只要它是由可可和牛奶成分组成，而不是简单地在糖里加上可可和牛奶的味道，也可以体会到巧克力的独特口味。

可可豆、可可膏和可可脂

我们在巧克力产品标签上看到的可可含量指的是这块巧克力中可可成分，也就是可可果提取物的含量。和橄榄一样，可可果中既可以提取出"橄榄酱"，即可可膏，也可以提取出"橄榄油"，即可可脂。这两者没有高低之分，因为它们有着不同的作用。从另一个角度说，巧克力中的可可含量越高，其可可脂含量相应地也就越高，因为可可脂成分占到了可可豆的50%~55%。

在制作考维曲巧克力（一种用包裹糖馅制作巧克力糖的原材料）时，不同的巧克力厂商会依据实际需要向巧克力中添加一定量的可可脂，正是这种珍贵的油脂使得巧克力既能做到外表酥脆，又能入口即化。可以毫不夸张地说，可可脂就是我们吃巧克力时的"快乐源泉"。

甜品制作中的凝固剂

可可脂在甘纳许、慕斯以及各式其他甜品中都扮演了"凝固剂"的角色。这正是如此，巧克力中的可可含量对于甜品制作意义十分重大。因为可可的含量越高，就说明巧克力中可可脂的含量越高，对甜品的凝固作用也就更显著。

如果您所使用的巧克力的可可含量与配料表中所要求的相差很远，就很难做出成功的甜品。在本书的甜品食谱中我们为您提供了多样的巧克力选择，在同一款甜品里，您除了使用基本的黑巧克力之外，还可以使用牛奶巧克力和白巧克力。巧克力种类的变化会对甜品的口感产生很大影响，因此在我们自由创作的同时，也需要保持谨慎。

黑巧克力

我们常常看到商品标签上介绍黑巧克力中可可脂的含量是70%，那么剩下的30%是什么成分呢？

答案是不到0.5%的成分来自天然香草料及大豆卵磷脂，剩下约30%是糖。在70%的可可成分中有90%来自可可膏（也就是原材料可可豆的提取物），剩下的部分则来自加入的可可脂。

牛奶巧克力

在牛奶巧克力中，糖占据了相对更加重要的位置，再加上奶粉的存在，使得可可的味道被削弱。牛奶巧克力标签上所说的可可含量指的主要是可可提取物的含量。

白巧克力

白巧克力拥有陶瓷一般的纯白色，这种颜色来自其中的可可脂、天然色素以及单宁成分。白巧克力中不含任何香草调味料，也不含任何可可提取物，其商品标签上标注的"可可含量"指的就是可可脂含量！剩下的部分则是由糖和奶粉组成。

巧克力的保存

如何保存巧克力？

千万不要将巧克力冷冻。湿气是巧克力最大的"敌人"，过湿的环境会让巧克力表面形成难看的油斑（详见"如何避免油斑的形成"），只要巧克力包装完好并处于阴凉干燥的环境下，就可以保存很长的时间而不至于丧失香味。

巧克力糖需要密封保存。巧克力中含有大量的油脂，如果不加以封存，它的味道就会慢慢挥发并会不断地吸收环境中的其他味道，就像冰箱中的食物之间常常会"串味"一样。因此对于巧克力夹心糖，我们需要用食品盒或保鲜膜将其密封起来。

最好将巧克力冷藏。保存巧克力的最佳温度为16~18摄氏度，不过22~24摄氏度的区间也是完全能够接受的。

如何避免油斑的形成？

首先我们需要对巧克力实现正确的调温（做法详见第20页）。按照调温曲线调制后的巧克力表面光滑，散发光泽，其中可可脂的晶体结构更加稳定，也就更不容易"滑动"到巧克力的表面形成油斑。

除了正确的调温外，我们还需要将巧克力放在适宜的环境下储藏。如果环境温度波动太大或超过24摄氏度，巧克力表面就有可能形成油斑。但是巧克力也不宜储藏在过冷的环境里，如果环境温度低于15摄氏度，巧克力中的水就会开始凝结并使糖分结晶形成"糖斑"。"糖斑"和"油斑"可以用简单的方法进行区分：轻轻冲洗巧克力，如果巧克力表面的白斑立刻消失，说明是油斑，否则就是糖斑。

那么如何"拯救"已经生出白斑的巧克力呢？我们一定遇到过这种情况：在炎热的夏天，我们把一块巧克力忘在了车里，当我们重新拿回它时，巧克力已经融化。此时为了让其原有的口感恢复，我们可以待其重新凝固后将其制成甘纳许、慕斯、巧克力夹心糖、巧克力四色钵或橙皮巧克力，或者干脆进行一次调温并用模具使其凝固后恢复成原来的形状。

学会阅读产品标签

自1973年起，全欧洲的巧克力命名都有了统一的标准。巧克力的类型按照可可含量被划分为黑巧克力、牛奶巧克力、白巧克力和可可粉等。其中黑巧克力的可可含量（也就是可可脂及除去油脂外的可可成分）必须达到35%以上，牛奶巧克力的可可含量必须达到25%以上。

有一些巧克力厂商并不加工可可豆，而是直接购买可可膏半成品，因此它们出产的巧克力商品标签的配料表上会标识"可可膏"而不是"可可豆"。

自2003年8月1日起，新出台的行业规定允许巧克力厂商在可可脂之外使用植物油（利普脂、棕榈油、乳油木油等），不过厂商们需要在产品标签中注明这类植物油并不是可可脂的替代品，而只是用来制作"天然纯可可脂"的辅料。

打破陈旧观念，
重新认识巧克力！

可可含量越高巧克力品质就越好

错误！可可含量指的是巧克力中可可提取物和可可脂的含量，它并没有告诉我们任何关于可可豆的产地、品质及加工厂商的信息。

可可含量越高，巧克力就越苦

错误！一般来说，当巧克力的可可含量为 70% 时，剩下 30% 的成分主要就是糖。巧克力的可可含量越高，其含糖量自然就越少。但是这也不是绝对的，因为可可豆本身具有非常丰富的味道，用某些特殊的可可豆做出的巧克力可能会比一般的巧克力更甜。所以有时候我们会发现某些可可含量 80% 的巧克力十分苦涩以至于难以下咽，而某些可可含量高达 85% 的巧克力却并不苦。

我们在制作巧克力时会另外添加可可脂

正确！在巧克力中加入可可脂是其制作过程的最后一步。正是可可脂让巧克力拥有了丝丝顺滑、入口即化的口感，这也使得厨师能够更加得心应手地运用这种食材。我们通常会往可可膏中另外加入 10% 的可可脂，不过巧克力中实际的可可脂含量会远高于 10%，因为用于制作巧克力的可可膏本身已经含有可可脂成分了。

白巧克力中不含有可可膏

正确！白巧克力仅由可可脂、糖和奶粉制成。其中可可脂占到 20%~30%，而糖的含量则占到了 55% 以上，这也解释了其独特的白色外表和香甜的口味。

考维曲巧克力一定就是高品质的巧克力

不一定！考维曲巧克力是专业厨师用来制作巧克力甜品的原料，它又被称作"糖衣巧克力"，因为我们常常用它包裹夹馅制作巧克力浸渍糖。考维曲巧克力和普通的板状巧克力只有形状上的不同（考维曲巧克力通常呈小片状或石子状），并没有品质上的区分。

生出油斑的巧克力就不能食用了

错误！巧克力表面的油斑来自其晶体形态的改变，它由不恰当的保存方式及错误的调温方法造成的，对于巧克力的口味有一定的影响，但绝对没有毒性，生出油斑的巧克力依然可以食用。

巧克力浸渍糖并不是糖果

正确！法国人所常说的"巧克力糖"其实指的是以甘纳许、杏仁馅或榛仁馅为夹心的巧克力，在比利时和瑞士它们的叫法也各不相同。这个名称常常会给消费者们带来困惑。

在家里就可以对巧克力进行调温

正确！只要配齐温度计等工具并有着足够的耐心，您在自己的家中完全可以对巧克力进行调温。本书中也有对巧克力调温方法的详细介绍（详见第 20 页）。

必须用专业的甜品案板才能实现巧克力调温

错误！使用甜品案板对巧克力进行调温确实是许多专业巧克力厨师的做法，但它并不是唯一的方法。如今许多厨师都会使用巧克力调温机，用它能够更加精确地按照调温曲线对巧克力实现调温。

大豆卵磷脂在巧克力中只是一个可有可无的添加剂

错误！大豆卵磷脂是一种非常重要的乳化剂，它能够将可可脂和可可膏更均匀地混合在一起，从这个意义上说，它的作用和蛋黄酱中的蛋黄一样重要！除此之外，大豆卵磷脂在巧克力中所占的比例不到 1%，其本身也是对人体健康十分有益的。

如何创作甜品

想要进行甜品的创作，我们需要对这项事业倾注爱意、放飞自己的想象并静下心来倾听内心的声音。一份令人惊喜的创意可能就在你我的身边：它可能是一段美好的童年回忆，可能是某一次尝到的新鲜口味，可能是一段动人的感情，也可能就是简单的一个颜色、一种形状……

"好吃"是第一要务

创作甜品不是胡编乱造，一份甜品首先要让人产生食欲，而不是产生疑问。它的口味可以是多样的、独一无二的，但一定要"好吃"。

"织造二十遍，方能得佳作"

布瓦洛这份对于写作的建议同样适用于甜品制作：永远不要害怕重来，如果第一次失败了，不要灰心，重新拿起你的刮板和打蛋器，一遍一遍地纠正过往的错误。就算是专业厨师，很多时候也不会一次成功。

技巧和创意的完美结合

只有把好点子和好手艺结合在一起，才能做出惊艳的甜品。厨师们只有在熟练掌握各项基本功后才能发挥想象进行创作，技巧既是创作的工具，更是灵感的源泉！

奉行极简主义

"多"不一定意味着"好"，过多的配料堆砌有时不仅不能够提升甜品的品质，反而会破坏一份甜品整体的和谐。千万不要将复杂性和原创性这两个概念混淆，尽量将味道层次控制在三种以内，这样也便于人们区分。

扮演"建筑师"的角色

没有哪一位建筑师会在没有地基的地方盖楼。我们在甜品制作中也需要遵循类似的逻辑：将质地坚挺的原料作为甜品的基座，再把质地较为松软的原料堆在上面。

寻找那些看似违背常规的组合

将鲜甜的干果牛轧糖放在丝滑的巧克力慕斯上听起来是个十分美味的创意，不过将这两者简单地堆砌在一起是与基础甜品的制作工艺相违背的：因为在切割时我们会把巧克力慕斯弄得面目全非。解决方法也十分的简单：只需要制作一个饼干底座，放上牛轧糖，并把慕斯挤在顶部就可以了！

勇敢尝试，制造惊喜

大胆去做！大胆尝试新的食材及口味的组合！火热的舒芙蕾蛋糕可以搭配冷冻的冰激凌，激酸的百香果果冻可以浇上香甜的牛奶巧克力慕斯，没有什么是不可能的！

坚果（果仁）
Fruits à coque

格勒核桃仁
Noix de Grenoble

巴西栗
Noix du Brésil

西西里开心果
Pistaches de Sicile

腰果
Noix de cajou

皮埃蒙特榛仁
Noisettes du Piémont

美国山核桃仁（碧根果）
Noix de pécan

普罗旺斯杏仁
Amandes de Provence

澳洲坚果（夏威夷果）
Noix de macadamia

松子
Pignons de pin

干果
Fruits Secs

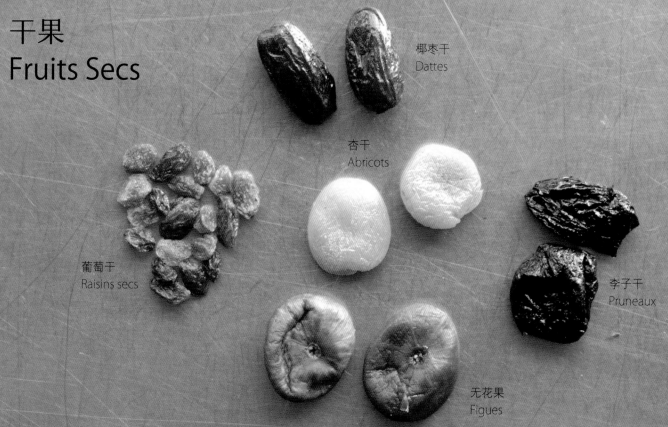

椰枣干
Dattes

杏干
Abricots

葡萄干
Raisins secs

李子干
Pruneaux

无花果
Figues

香辛料
Épices et Fleurs

肉桂
Cannelle

八角茴香
Badiane ou anis étoilé

薰衣草
Lavande

埃斯佩雷辣椒粉
Piment d'Espelette

香豆（顿加豆）
Fève de tonka

四川胡椒
Poivre de Séchouan

小豆蔻
Cardamome

肉豆蔻
Muscade

塔希提香草
Vanille de Tahiti

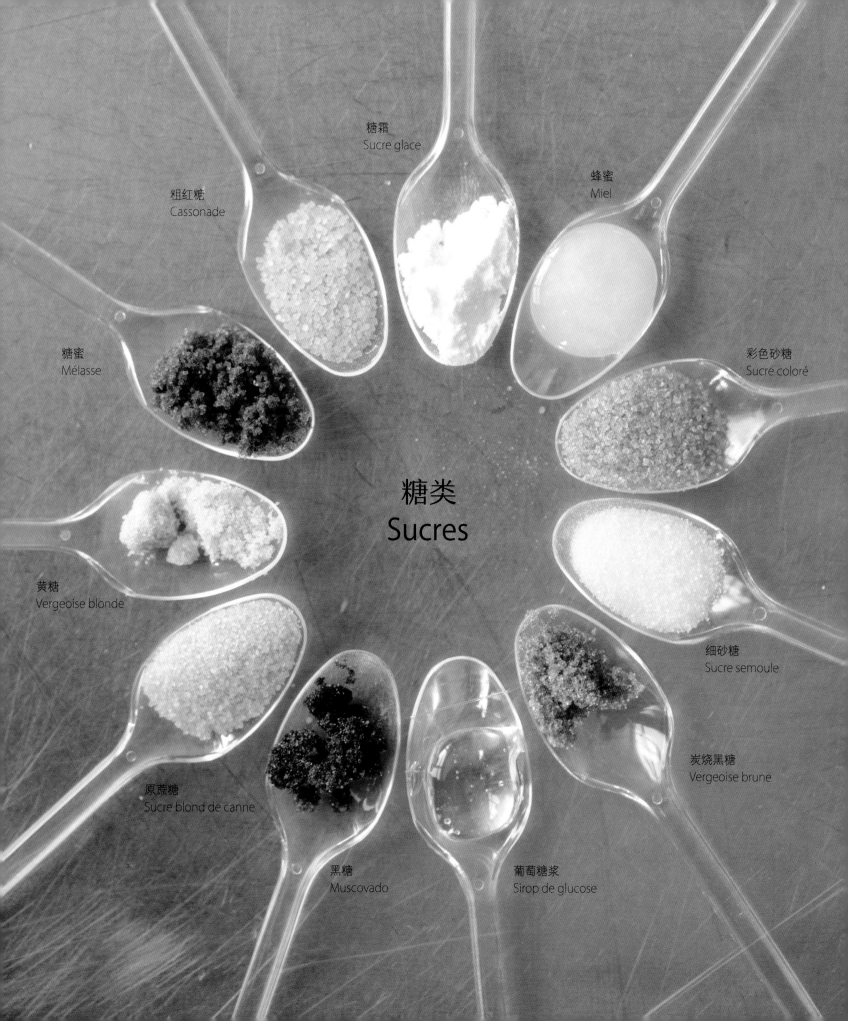

糖霜
Sucre glace

蜂蜜
Miel

粗红糖
Cassonade

糖蜜
Mélasse

彩色砂糖
Sucre coloré

糖类
Sucres

黄糖
Vergeoise blonde

细砂糖
Sucre semoule

原蔗糖
Sucre blond de canne

炭烧黑糖
Vergeoise brune

黑糖
Muscovado

葡萄糖浆
Sirop de glucose

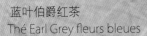

红灌木茶（南非博士茶）
Thé rouge Rooïbos

蓝叶伯爵红茶
Thé Earl Grey fleurs bleues

茉莉花茶
Thé au jasmin

茶叶与咖啡
Thés et Cafés

薄荷茶
Thé à la menthe

咖啡豆
Café

玫瑰花茶
Thé à la rose

各式
甜品食谱

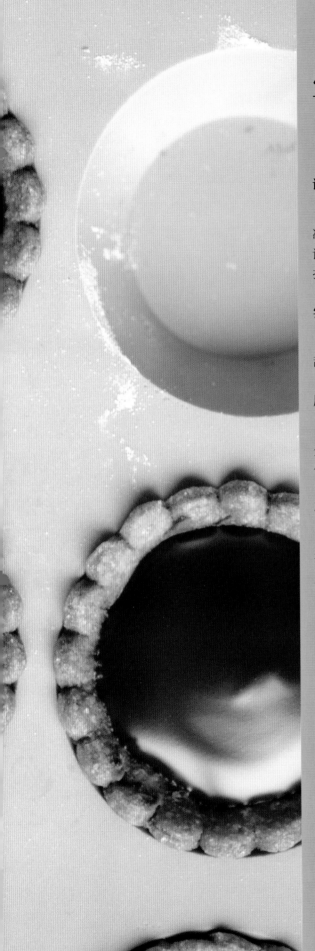

写在前面

在开始美食之旅以前，我们还有些话想对您说：

认真对待每一份食谱

在开始制作一份甜品之前，请完整地阅读食谱的全部内容并仔细检查是否已经准备好所有配料及用具，您同时需要为甜品制作留出充足的时间。当实际情况与食谱中介绍的有出入时，请切记要按照相应的比例改变原料的用量或烤制时间，这些技术参数往往是一份甜品能够成功的重要保证。

尝试做到精确

我们常说："一位优秀的甜品厨师出门前永远不会忘带电子秤和温度计。"在甜品制作中对于计量的要求不允许含糊，其中原料称重和温度控制更是至关重要。

所有原料都必须称量

对于液体原料（100 克水或奶油约相当于 100 毫升）和鸡蛋（1 个鸡蛋蛋黄部分约 20 克，蛋清约 30 克）等食材也必须进行准确计量。这项工作看似费时费力，但对于一份甜品来说，计量上 1 克的差距往往会带来完全不同的结果。

准备好甜品工具　（详见第402页）

"工欲善其事，必先利其器。"在制作甜品前请准备好厨用温度计、打蛋器、抹刀、甜品烤盘、裱花袋、擀面杖等工具，在进行塑形、制模等步骤时您可能还会用到冷柜等大型家电。

仔细检查所使用巧克力的可可含量

可可脂在甜品制作中起到了硬化剂的作用，用可可含量不同的巧克力制作出来的甜品在口感上会有很大差异。因此根据原材料种类的不同，制作同一份甜品食谱可能需要的巧克力的量也是不同的。在本书中我们使用的均为法芙娜品牌的圭那亚苦味黑巧克力（可可含量为 70% 或 61%）、吉瓦娜牛奶巧克力和伊芙瓦白巧克力，当然您也可以遵循一定的换算法则用其他品牌的巧克力来替代。

掌握时间

使用不同的原料制作甜品所需要的烤制或冷藏时间是不一样的，请您仔细阅读食谱并严格按照厨师的建议操作。

享受烘焙的乐趣

在这本书里您可以读到做好甜品所需要了解的一切知识。然而对美味的追寻是没有终点的，您大可以在本书所介绍的食谱上大胆创新，尽享烘焙的乐趣！

经典法式风味

弗雷德里克·卡塞尔
Frédéric Cassel

推荐食谱

　　蛋糕的甜香仿佛命中注定与我相伴。我的父母是甜品供应商，邻居则是甜品厨师，他们的女儿和他们所做的甜品一样美丽动人。从小耳濡目染的我很快便决定把甜品当作我一生的事业。刚开始我主要从事制糖业：包括一些大型装饰、花饰、甜品挞的制作，这种艺术性的熏陶对我的影响十分深刻，也让我对于甜品的外表格外看重，当我品鉴一份甜品时，我总是先看外观再品尝口味。在馥颂工作了7年后，我和我的爱人在枫丹白露创立了自己的品牌。我们吸引顾客的法宝是一个接一个"昙花一现"的创意：我们的团队每个季度都会推出新主题，同时也会适应自然规律和服务场合的变化，比如到冬天我们绝不会推出树莓甜品，而到了春天我们会制作铃兰马卡龙，在圣餐仪式上我们则供应干白（弥撒酒）马卡龙等。

黑巧克力修女泡芙
Religieuses Cœur de Guanaja

制作泡芙面团

将烤箱预热至180摄氏度（调节器6挡），随后把牛奶、砂糖、食盐和黄油加到清水中煮开。

面粉过筛后，将其加到混合物中，用刮刀将面糊拌匀直至不粘锅底，继续用小火蒸干面糊中的水分，这样做出的面团才能在烤箱中膨发起来。

关火，拌入鸡蛋并注意不断轻晃锅底。

在烤盘上铺一层油纸，用裱花袋装填面糊，挤出所需要的形状（如果要制作泡芙就挤成球形，如果要制作闪电泡芙就挤成长条状），注意面糊之间要留足间隔，最后用烤箱以180摄氏度（调节器6挡）烤制30~40分钟即可。

制作圭那亚奶油酱填馅

把巧克力切碎，蛋黄打散并加入砂糖、布丁粉搅拌直到混合物变成白色。

把牛奶和奶油倒在一起，加入蛋黄、砂糖、布丁粉（或玉米淀粉）的混合物，并继续加热1~2分钟，注意过程中需要轻晃锅底。

在锅里倒入巧克力碎并拌匀，之后把奶油酱倒入碗里冷藏，使用时装入裱花袋用以给泡芙填馅。

●主厨建议

泡芙表面的翻糖膏可以直接在甜品店买到。

制作6份修女泡芙

配料

泡芙面团

75克（约75毫升）清水

75克（约75毫升）全脂牛奶

2茶匙细砂糖

1茶匙盐

60克黄油

90克面粉

3个整鸡蛋

圭那亚甜品奶油酱

84克圭那亚纯黑巧克力（可可含量80%）

36克蛋黄

30克细砂糖

6克布丁粉（或玉米淀粉）

200克（约200毫升）全脂牛奶

40克全脂鲜奶油

装饰

翻糖膏(可在甜品用品店直接购买)

所需工具

裱花袋

烤盘

配料

巧克力饼底
4个鸡蛋（其中2个需要将蛋黄和蛋清分离）
75克细砂糖，30克红糖
25克面粉，20克纯可可粉

樱桃白兰地奶油
2克吉利丁片
1根香草荚
200克（约200毫升）全脂鲜奶油
15克细砂糖
20克（约20毫升）樱桃白兰地酒

罐头装酸樱桃(200克)

糖酒液
300克樱桃糖浆
40克（约40毫升）樱桃白兰地酒

黑巧克力甘纳许
135克可可含量60%的黑巧克力
150克（约150毫升）全脂鲜奶油

蛋糕装饰
巧克力瓦片（做法详见第49页）
糖霜

所需工具
烤盘
直径16厘米的圆形蛋糕模
甜品刷

黑森林蛋糕 ★ ★
Forêt-noire

制作6~8人份
准备时间：2 小时
烤制时间：10 分钟
冷藏时间：1 小时

制作巧克力饼底
在大碗中加入2个蛋黄、2个整鸡蛋并倒入砂糖打散，另取一只碗打发蛋清并加入红糖，之后将两者拌在一起，再倒入过筛后的面粉和可可粉，最后把面糊倒入烤盘并用180摄氏度（调节器6挡）烤制7~8分钟。

准备樱桃白兰地奶油
先将吉利丁片用冷水泡软。
切开香草荚并用刀背刮下香草籽。
往锅里舀3汤匙鲜奶油并加入沥干的吉利丁，再另外制作一些尚蒂伊奶油（即在打发奶油的过程中加入糖和香草籽）。
把吉利丁和奶油的混合物和樱桃白兰地酒倒进尚蒂伊奶油中，继续搅拌均匀即可。

制作糖酒液
用漏勺把樱桃罐头汁液沥干，并向樱桃糖浆中加入樱桃白兰地酒。

组装黑森林蛋糕
用圆形蛋糕模切出3块巧克力饼，将第1层饼底放在烤架上，并用甜品刷在表面涂上一层糖酒液，随后用刮刀把樱桃白兰地奶油堆在饼底上，再在奶油里放上一些樱桃。
在蛋糕表面盖上第2层巧克力饼，重复以上操作，最后在顶部盖上第3层巧克力饼底，并把蛋糕放入冰箱冷藏。

准备黑巧克力甘纳许蛋糕淋面（详见第96页）
使用配料表中的配料制作好巧克力甘纳许后，将甘纳许浇注在蛋糕表面，并把蛋糕放入冰箱冷藏1小时。
最后在蛋糕表面铺满巧克力瓦片并撒上糖霜即可。

●主厨建议
黑森林蛋糕可以提前较长时间准备，因为它可以冷冻保存。不过需要注意，一定要等到蛋糕解冻后才能在表面摆放装饰用的巧克力片。

技巧复习
巧克力瓦片 >> 第49页
挞馅或蛋糕甘纳许 >> 第96页

沙赫蛋糕 ★★
Sachertorte

制作6~8人份
有些配料需要提前1晚准备
准备时间：1小时10分钟
烤制时间：约10分钟
冷冻时间：12小时
冷藏时间：6小时

巧克力镜面淋面需要提前1晚制作(做法详见第66页)

制作巧克力/可可沙赫蛋糕饼底
用烤箱或微波炉烤软杏仁酱，再拌入70克糖和鸡蛋液（依次打入5个蛋黄和1个整鸡蛋）。
用65克砂糖打发蛋清，再将巧克力切碎后用隔水加热*或微波炉融化（注意在使用微波炉加热时须设定为解冻模式或最大不超过500瓦功率的加热模式，并不时搅拌），注意往融化后的巧克力中还要加入黄油。
取一点儿打发的蛋白倒进融化的巧克力浆中，再倒入一些刚开始做好的混合杏仁糖浆。
继续加入过筛*后的面粉和可可粉，再把前一步剩下的蛋白倒入混合物中拌匀。
把面糊倒在烤盘里（事先要在烤盘中铺上一层油纸），并用烤箱以180摄氏度（调节器6挡）烤制10分钟。

准备杏子酱
将杏干加水煮15分钟后沥干，随后向其中加入杏子利口酒，并用搅拌机把混合物打成泥。
制作黑巧克力甘纳许（做法详见第96页），并在混合物温度达到35~40摄氏度时加入黄油拌匀。

沙赫蛋糕的组装过程
先用蛋糕模具切出饼底，并将饼底切成等厚的三层；
将第一层饼底放在铺好烘焙纸的烤盘上，在其表面依次抹上约70克杏子酱和100克巧克力甘纳许。
盖上第二层蛋糕饼底，再抹上100克巧克力甘纳许，最后用第三层饼底封顶。
用刮刀将几层蛋糕间溢出的酱料抹平，放入冷柜冷冻12小时。
在制作蛋糕的当天，先将淋面酱加热至37摄氏度左右。
将冷冻的沙赫蛋糕放在烤盘上，并在其下方放一个大碗以接住留下来的淋面。浇好淋面后用刮刀把蛋糕表面刮平，再放上几片金箔作装饰。最后把蛋糕放回冰箱冷藏6小时，待其解冻后即可食用。

●主厨建议
沙赫蛋糕需要在室温下食用。

配料

巧克力/可可沙赫蛋糕饼底
200克杏仁酱(做法详见第41页)
135克细砂糖（分两次使用，分别使用75克和60克）
5个蛋黄
1个整鸡蛋（约75克）
2个鸡蛋蛋清（约75克）
50克可可含量70%的黑巧克力
50克黄油
50克面粉
25克纯可可粉

杏子酱
240克杏干
35克（约35毫升）杏子利口酒

黑巧克力甘纳许
150克可可含量70%黑巧克力
235克（约235毫升）全脂鲜奶油
25克蜂蜜
50克黄油

镜面淋面
12克吉利丁片
100克（约100毫升）清水
170克细砂糖
75克纯可可粉
90克（约90毫升）全脂鲜奶油

完成阶段
几片金箔

所需工具
6~8人份的方形模具
烤盘
厨房温度计
甜品刮刀
烤架

技巧复习
巧克力镜面淋面 >> 第66页
挞馅或蛋糕甘纳许 >> 第96页

皇家蛋糕 ★ ★
Royal

制作6~8人份
准备时间：2小时
烤制时间：10~12分钟
冷藏时间：6小时
冷冻时间：13小时

制作杏仁达克瓦兹饼底

将面粉、杏仁粉和糖霜过筛*后拌匀。

打发蛋清并加入细砂糖。

将混合粉末倒入打发蛋白并用刮刀*拌匀。

把面糊倒入树桩蛋糕烤盘或直接倒在硅胶垫上，并用烤箱以180/190摄氏度（调节器6/7挡）烤制8~10分钟。

制作榛仁脆片酱

将巧克力切碎后用隔水加热法*或微波炉融化（注意在使用微波炉加热时须设定为解冻模式或最大不超过500瓦功率的加热模式，并不时搅拌），加入果仁夹心酱和碾碎的法式薄脆饼，用力搅拌均匀后抹在达克瓦兹饼底上，并放入冰箱冷藏。

使用配料表中的配料制作英式蛋奶酱巧克力慕斯（做法详见第114页）

组装皇家蛋糕

将达克瓦兹饼底置于模具中央，把英式蛋奶酱巧克力慕斯浇在里面，注意留出一部分巧克力慕斯用于之后的装饰步骤。

将蛋糕放入冰箱冷冻室，待其稍稍冻硬后，用剩下的巧克力慕斯在蛋糕表面做装饰，随后再放回冰箱冷冻12小时左右。

将蛋糕脱模，用巧克力喷枪在其表面喷上巧克力喷砂，最后再在冰箱冷藏室内放置6小时，待其解冻后即可食用。

● 主厨建议

在制作巧克力慕斯时，注意时刻掌握巧克力混合物的温度。如果巧克力温度太低，在之后加入奶油时慕斯可能会"分层"，并伴有巧克力块析出，如果温度太高，则可能导致巧克力融化。

技巧复习

巧克力的融化 >> 第19页

杏仁（或榛仁）达克瓦兹饼干 >> 第86页

英式蛋奶酱巧克力慕斯 >> 第114页

配料

杏仁达克瓦兹饼底

35克面粉

100克杏仁粉

120克糖霜

6个鸡蛋蛋清（重约170克）

60克细砂糖

榛仁脆片酱

20克可可含量40%的牛奶巧克力

100克自制果仁夹心酱（做法详见第38页）

40克法式脆薄饼

英式蛋奶酱巧克力慕斯

110克可可含量70%的黑巧克力

1个蛋黄

10克细砂糖

50克（约50毫升）全脂牛奶

350克全脂鲜奶油

（分2次使用，分别使用150克和200克）

丝绒巧克力喷枪及喷砂

所需工具

直径16厘米的不锈钢蛋糕模

烤盘或硅胶垫

厨房温度计

巧克力泡芙 ★ ★
Profiteroles au chocolat

制作6~8人份
部分原料需要提前1晚准备
准备时间：1小时20分钟
烤制时间：20 分钟
冷藏时间：1晚
冷冻时间：根据所选配料得不同，从30分钟~3小时不等

注意：黑巧克力冰激凌需要提前1晚准备 （具体做法详见第120页）。

制作泡芙面团

先把牛奶、砂糖、食盐和黄油加入清水中煮开。

将面粉过筛后加到混合物中，用小火把面糊中的水分煮干，关火后再拌入蛋液。

在烤盘上铺一层油纸，并用裱花袋装填面糊，在油纸上挤出泡芙形状 （每颗泡芙需要约12克面糊）。

用叉子蘸蛋黄涂抹在泡芙表面，之后再撒上一层杏仁碎。

将泡芙面团放进烤箱，待其加热至250摄氏度 （调节器8/9挡） 后关火。

继续观察面团，当它们开始膨胀并变色时，重新将烤箱调至180摄氏度 （调节器6挡） 继续烤制10分钟左右。

制作巧克力酱

将两种巧克力切碎并用隔水加热法*或微波炉融化 （注意在使用微波炉加热时须设定为解冻模式或最大不超过500瓦功率的加热模式，并不时搅拌）。

把牛奶和奶油倒在一起煮沸，随后将1/3煮好的奶油混合物拌入融化的巧克力中，用刮刀*用力在容器中央画圆圈搅拌，直到巧克力出现 "弹性中心" 并散发光泽，再重复以上操作2次，每次分别取用1/3的混合物直到将它们全部拌入巧克力中即可。

将巧克力酱放入冰箱冷藏，需要时再取用。

制作尚蒂伊奶油

切开香草荚并用小刀刮下香草籽。

打发*奶油并向其中加入香草籽和砂糖，搅拌均匀即可。

取几个烤好的泡芙用面包刀切成两半，分别用尚蒂伊奶油和巧克力冰激凌填在中间，泡芙的顶部用糖霜或者巧克力小圆片 （详见第48页） 稍稍装饰，最后浇上热的巧克力酱即可。

●主厨建议

您也可以用此食谱制作巧克力冰激凌泡芙，但是这类泡芙需要冷藏，在食用前5分钟从冷柜中取出即可。

配料

泡芙面团
75克 （约75毫升） 清水
75克 （约75毫升） 全脂牛奶
3克精盐
3克细砂糖
60克黄油
90克面粉
3个整鸡蛋+1个蛋黄
一大把杏仁碎

巧克力酱
40克可可含量60%的黑巧克力
10克可可含量40%的牛奶巧克力
80克 （约80毫升） 全脂牛奶
80克 （约80毫升） 全脂鲜奶油

黑巧克力冰激凌
90克可可含量70%的黑巧克力
300克 （约300毫升） 全脂牛奶
35克 （约35毫升） 全脂鲜奶油
15克奶粉
40克细砂糖
30克蜂蜜

尚蒂伊奶油
1根香草荚
170克 （约170毫升） 全脂鲜奶油
15克细砂糖

所需工具
裱花袋
烤盘
厨房温度计
冰激凌机

技巧复习
法式泡芙 >> 第77页
巧克力冰激凌 >> 第120页
巧克力酱 >> 第127页

配料

沙布列杏仁挞皮

120克黄油
2克精盐
90克糖霜
15克杏仁粉
1个整鸡蛋
240克面粉（分两次使用，分别使用60克和180克）

黑巧克力甘纳许

350克可可含量70%的黑巧克力
250克（约250毫升）全脂鲜奶油
1茶匙洋槐蜂蜜
50克黄油

所需工具

挞皮模具
厨房温度计
烘焙纸

醇香巧克力挞 ★
Tarte extraordinairement chocolat

制作6~8人份
准备时间：1小时
烤制时间：20分钟
冷冻时间：30分钟
冷藏时间：2小时30分钟

制作沙布列杏仁挞皮

在大碗里加入软化黄油、精盐、糖霜、杏仁粉、鸡蛋以及60克面粉稍稍拌匀，之后再加入剩下180克面粉并揉成面团。

将面团压在两层烘焙纸之间并擀成约3毫米厚，之后放入冰箱冷藏30分钟。

当面团开始变硬后取下油纸并将面团入模*制成挞皮。

将挞皮放入冰箱冷藏30分钟，随后用烤箱以150/160摄氏度（调节器5/6挡）烤制15~20分钟，直到其表面变得焦黄即可。

制作黑巧克力甘纳许

将巧克力切碎后用隔水加热法*或微波炉融化（注意在使用微波炉加热时须设定为解冻模式或最大不超过500瓦功率的加热模式，并不时搅拌）。

把奶油和蜂蜜倒在一起煮沸，之后将1/3煮好的奶油和蜂蜜的混合物拌入融化的巧克力中，用刮刀*用力在容器中央画圆圈搅拌，直到巧克力出现"弹性中心"并散发光泽，重复以上操作2次，每次分别取用1/3的混合物直到将它们全部拌入巧克力中。

当甘纳许温度降到35摄氏度或40摄氏度时，加入黄油小块并充分搅拌，乳化均匀后迅速将其倒入烤好的挞皮中，最后把巧克力挞放在阴凉的环境下放置2小时，注意在室温下食用。

●主厨建议

为了保证挞皮的酥脆，最好在挞皮内部所有表面涂上一层融化的巧克力，这么做可以防止水分的渗入。

巧克力挞做好后必须当天食用，这样才能让巧克力挞在食用时既能做到外皮酥脆，又能做到内馅浓稠醇香。

✐技巧复习

沙布列杏仁面团 >> 第72页
挞馅或蛋糕甘纳许 >> 第96页

巧克力/香草大理石蛋糕 ★
Marbré chocolat/vanille

制作6~8人份
准备时间：20分钟
烤制时间：50分钟~1小时

准备香草面糊
在大碗中加入蛋黄、砂糖和奶油，切开香草荚并刮下香草籽。
继续加入过筛后的面粉和泡打粉，再倒入融化的黄油后拌匀。
将面糊静置备用。

准备巧克力面糊
将巧克力切碎并用隔水加热法*或微波炉融化（注意在使用微波炉加热时须设定为解冻模式或最大不超过500瓦功率的加热模式，并不时搅拌）。
把蛋黄、砂糖和奶油倒在一起，再将面粉、可可粉和泡打粉过筛后加入其中。
最后加入融化的巧克力和葡萄籽油拌匀即可。

制作大理石花纹的方法如下
先在蛋糕模表面包裹*一层烘焙纸。
将1/3的香草面糊倒进模具中，再沿着蛋糕模具中线挤入巧克力面糊，接着再倒入一层香草面糊，并用相同的方法挤入第二层巧克力面糊，交替进行这类操作直到把所有的面糊都倒进模具里。
用烤箱以150摄氏度（调节器5挡）烤制50分钟~1小时，用小刀插进蛋糕后取出并检查小刀切面，如果没有粘上面糊则说明蛋糕已经烤好。

●主厨建议
可以用蘸黄油的刮刀在面糊中央划一道痕，这样会使蛋糕膨发得更加充分。脱模后将蛋糕放在烤架上静置10分钟左右，这样可以最大限度地保持大理石蛋糕本来的形状。

技巧复习
巧克力的融化 >> 第19页
制作大理石花纹 >> 第132页

配料

香草面糊
8个蛋黄
220克细砂糖
120克（约120毫升）全脂鲜奶油
1棵香草荚
165克面粉
3克泡打粉
65克黄油

巧克力面糊
70克可可含量70%的黑巧克力
4个整鸡蛋
120克细砂糖
70克（约70毫升）全脂鲜奶油
80克面粉
5克纯可可粉
2克泡打粉
20克葡萄籽油

所需工具
尺寸为8厘米×30厘米×8厘米的蛋糕模
2个裱花袋

配料

125克可可含量70%的巧克力
100克黄油（还需预留一部分用来涂抹模具）
4个整鸡蛋
145克细砂糖
50克面粉

所需工具

直径6～8厘米的圆形蛋糕模具

巧克力熔岩蛋糕 ★
Coulant au chocolat

制作6~8人份
准备时间：20分钟
烤制时间：10~12分钟

在模具内壁抹上黄油。

将巧克力切碎后用隔水加热法*或微波炉融化（注意在使用微波炉加热时须设定为解冻模式或最大不超过500瓦功率的加热模式，并不时搅拌），并加入黄油。

在大碗中打发蛋液并加入砂糖，随后在其中倒入上一步中准备好的巧克力混合物。

把面粉过筛后拌入其中，最后将巧克力面糊灌入蛋糕模，并用烤箱以190摄氏度（调节器6/7挡）烤制大约10~12分钟。

脱模后无须冷藏，立即食用。

●**主厨建议**

您可以提前准备好熔岩蛋糕面糊并冷藏保存，在制作时直接用烤箱烤制即可。
巧克力熔岩蛋糕可以和各式果酱、英式奶油酱或冰激凌搭配食用。

技巧复习
巧克力的融化 >> 第19页

自制面包酱 ★
Pâte à tartiner maison

制作6~8人份

准备时间: 30分钟

烤制时间: 10分钟

烤制坚果

将烤箱调至150摄氏度（调节器5挡），将杏仁和榛仁烤10分钟左右，待其表面变焦黄后取出去皮即可。

把牛奶、奶粉和蜂蜜倒在一起煮开。

用搅拌机把烤过的杏仁和榛仁打成泥。

将巧克力切碎后用隔水加热法*或微波炉融化（注意在使用微波炉加热时须设定为解冻模式或最大不超过500瓦功率的加热模式，并不时搅拌）。

将融化的巧克力连同煮好的蜂蜜牛奶一起倒入坚果泥搅拌，最后将混合物过滤即可。

● 主厨建议

注意：这种自制面包酱只能冷藏保存1周左右，请尽快食用。

技巧复习

巧克力的融化 >> 第19页

烤制坚果 >> 第134页

配料

40克去皮杏仁

160克未去皮的榛仁

400克（约400毫升）全脂牛奶

60克奶粉

40克洋槐蜂蜜

150克可可含量40%的牛奶巧克力

或150克可可含量60%的黑巧克力

或140克可可含量70%的黑巧克力

配料

巧克力甜品奶油酱

85克可可含量70%的黑巧克力

10克玉米淀粉

30克细砂糖

2个蛋黄

220克（约220毫升）全脂牛奶

50克（约50毫升）全脂鲜奶油

泡芙面团

50克（约50毫升）清水

50克（约50毫升）全脂牛奶

1茶匙精盐

1茶匙细砂糖

40克黄油

60克面粉

2个整鸡蛋

超柔黑巧克力淋面

130克可可含量70%的黑巧克力

100克（约100毫升）全脂鲜奶油

所需工具

烤盘

烘焙纸*

厨房温度计

裱花工具

巧克力闪电泡芙 ★ ★
Éclairs au chocolat

制作6~8人份

准备时间：1小时

烤制时间：20分钟

冷藏时间：1小时

在做好巧克力甜品奶油酱（做法详见第103页）后，将其放入冰箱冷藏备用。

用配料表中的配料制作泡芙面团（详见第77页）

在烤盘上铺上一层油纸，用裱花袋装填面糊并挤出闪电泡芙的形状。

把泡芙放入烤箱，待烤箱温度达到250摄氏度（调节器8/9挡）后立即关火，并用余热继续烤10分钟左右。

制作超柔黑巧克力淋面酱

将巧克力切碎后用隔水加热法*或微波炉融化（注意在使用微波炉加热时须设定为解冻模式或最大不超过500瓦功率的加热模式，并不时搅拌）。

遵循3*1/3法则，把煮沸的奶油拌入巧克力中并冷藏，注意搅拌的时候不能拌入空气。

用小口裱花嘴把甜品奶油酱填入泡芙中。

把淋面酱放置在28摄氏度或30摄氏度的室温下，使其融化，最后浇在填好馅的闪电泡芙表面并冷藏。

●主厨建议

泡芙面团可以冷冻保存。不过需要注意：冷冻后的生面团在加工时需要烤制更长时间；而冷冻后的熟面团在加工前需要先用烤箱解冻，这样做出的成品才能够保有酥脆的口感。

⬗ 技巧复习

超柔黑巧克力淋面 >> 第67页

法式泡芙 >> 第77页

巧克力甜点奶油酱 >> 第103页

歌剧院蛋糕 ★ ★
Opéra

制作8人份
部分原料需要提前1晚准备
准备时间：2小时
烤制时间：8分钟
冷藏时间：9小时30分钟
冷冻时间：1晚

制作白巧克力/咖啡甘纳许酱

煮好约100克意式浓缩咖啡。

将巧克力切碎后用隔水加热法*或微波炉融化。

倒出1/3左右的咖啡拌入融化的巧克力中，用刮刀*用力在容器中央画圆圈搅拌，直到巧克力出现"弹性中心"并散发光泽，再重复以上操作2次，每次分别取用1/3直到将所有咖啡拌入巧克力中。

接着往甘纳许中倒入冰的奶油，搅拌均匀后放入冰箱冷藏至少3小时。

制作乔孔达饼底 （详见第87页）

把面糊倒进铺好一层烘焙纸的烤盘里，用烤箱以220摄氏度（调节器7/8挡）烤制8分钟。

用方形模具把烤好的蛋糕切成24厘米×34厘米大小的长方形，再沿着侧面将其切成等厚的三层饼底。

用配料表中的配料制作巧克力克林姆奶油酱 （详见第100页）

放入冰箱冷藏3小时待其结晶。*

制作咖啡糖浆

把意式浓缩咖啡与砂糖均匀混合即可。

组装歌剧院蛋糕

先把蛋糕模摆在烤盘上（事先在烤盘里铺上一层烘焙纸），并放入第一层饼底。在饼底表面涂抹一层咖啡糖浆和甘纳许酱（注意奶油酱做好后需要进行二次打发才能得到"打发甘纳许酱"）。放上第二层蛋糕饼底并重复以上步骤。接着放上第三层蛋糕饼底，并在蛋糕顶部浇上一层巧克力克林姆奶油酱。最后把蛋糕模边缘溢出的奶油酱刮净，并放入冰箱冷冻1晚。

歌剧院蛋糕冻好后脱去模具，为其淋上巧克力镜面淋面（做法详见第66页），再放入冰箱冷藏室解冻6小时后即可食用。

●主厨建议

注意在浇淋面酱之前要先把蛋糕边缘不规则的部分处理干净，这样会使最终的效果更加美观。

配料

巧克力乔孔达饼底

2个整鸡蛋
65克杏仁粉
65克糖霜
3个鸡蛋蛋清
25克细砂糖
25克面粉
20克纯可可粉
25克黄油

白巧克力 / 咖啡打发甘纳许酱

100克（约100毫升）意式浓缩咖啡
140克35%白巧克力
220克（约220毫升）全脂鲜奶油

巧克力克林姆奶油酱

110克可可含量70%的黑巧克力
2个蛋黄（重约45克）
20克细砂糖
110克（约110毫升）全脂牛奶
110克（约110毫升）全脂鲜奶油

咖啡糖浆

265克（约265毫升）意式浓缩咖啡
35克细砂糖

镜面巧克力淋面（做法详见 66 页）

所需工具

24厘米 × 34 厘米的长方形蛋糕模
烤盘
厨房温度计
烤架
甜品刮刀

技巧复习

巧克力镜面淋面 >> 第66页
巧克力乔孔达蛋糕 >> 第87页
打发甘纳许酱 >> 第97页
巧克力克林姆奶油酱 >> 第100页

●烘焙须知

咖啡甘纳许的做法和一般的打发甘纳许做法基本相同，只不过是把原料中的奶油换成了咖啡。

配料

足量黄油
适量砂糖
150克可可含量70%的黑巧克力
4个鸡蛋
100克细砂糖
200克（约200毫升）全脂鲜奶油
1茶匙玉米淀粉
1茶匙纯可可粉

所需工具

甜品刷
6支舒芙蕾专用模具（或陶瓷小烤碗）

巧克力舒芙蕾 ★ ★
Soufflé au chocolat

制作6人份
准备时间：20分钟
烤制时间：10~12分钟
冷藏时间：30分钟

用甜品刷仔细地给所有模具刷上黄油，再均匀地撒上一层砂糖，之后把模具放入冰箱冷藏。

将巧克力切碎后用隔水加热法*或微波炉融化（注意在使用微波炉加热时须设定为解冻模式或最大不超过500瓦功率的加热模式，并不时搅拌），同时打发蛋白备用。

往锅中倒入冰的奶油，再加入过筛后的玉米淀粉和可可粉，把混合物煮开，注意需要不停晃动锅底，防止粉状物粘连在一起。

取出1/3的奶油面糊加入巧克力中，用刮刀在容器中画圆圈搅拌，直至巧克力奶糊散发光泽并出现"弹性中心"，随后再重复以上操作2次，直到将所有面糊溶入巧克力中。

继续往奶糊里加入蛋黄，用力搅拌直到它变得光滑并散发光泽。

将打好的蛋白分两次拌入奶糊中（当第一次加入的蛋白被稍稍稀释后再倒入剩下的部分），再把奶糊倒入模具中冷藏，注意一定要倒满。

在食用前30分钟将舒芙蕾奶糊从冰箱中取出，将烤箱预热至210摄氏度或220摄氏度（调节器7/8挡）后烤制10~12分钟即可。

●主厨建议

将奶糊倒入模具后注意要把溢出的部分清理干净，以防止烤制的过程中面糊粘在烤架或模具上，这样做同时可以保证舒芙蕾沿着竖直的方向膨发，而不塌向某一边。

舒芙蕾烤好后需要立刻食用，这样才能最大限度地保留其风味。

技巧复习
巧克力的融化 >> 第19页

黑巧克力慕斯蛋糕 ★
Mousse au chocolat noir

制作6~8人份
准备时间: 15分钟
冷藏时间: 12小时

首先制作巧克力慕斯

将巧克力切碎后用隔水加热法*或微波炉融化（注意在使用微波炉加热时须设定为解冻模式或最大不超过500瓦功率的加热模式，并不时搅拌）。

把奶油煮沸并用刮刀将其拌入巧克力中（注意遵循3*1/3法则）。

在奶油酱中继续加入蛋黄并拌匀，此时的奶油酱表面会变得光滑。

在进行以上步骤的同时还需要打发蛋白：注意在打发蛋白的过程中需要一边搅拌一边缓缓地加入细砂糖。

当巧克力奶油酱温度降到45~50摄氏度时，先取1/4左右的蛋白倒入其中搅拌均匀，随后再拌入剩下的蛋白，并放入冰箱冷藏12小时以上。

提前30分钟左右做好巧克力酱（做法详见第127页），之后把慕斯蛋糕从冰箱里取出并佐以温或冷的巧克力酱食用即可。

● 主厨建议

由于原料中有生鸡蛋，这款慕斯蛋糕最多只能保存24小时。

技巧复习

巧克力的融化 >> 第19页
蛋白巧克力慕斯 >> 第110页
巧克力酱 >> 第127页

配料

黑巧克力慕斯
300克可可含量70%的黑巧克力
150克（约150毫升）全脂鲜奶油
3个蛋黄（重约60克）
6～7个鸡蛋的蛋清（重约200克）
50克细砂糖

巧克力酱
85克可可含量70%的黑巧克力
100克（约100毫升）全脂牛奶

所需工具
厨房温度计

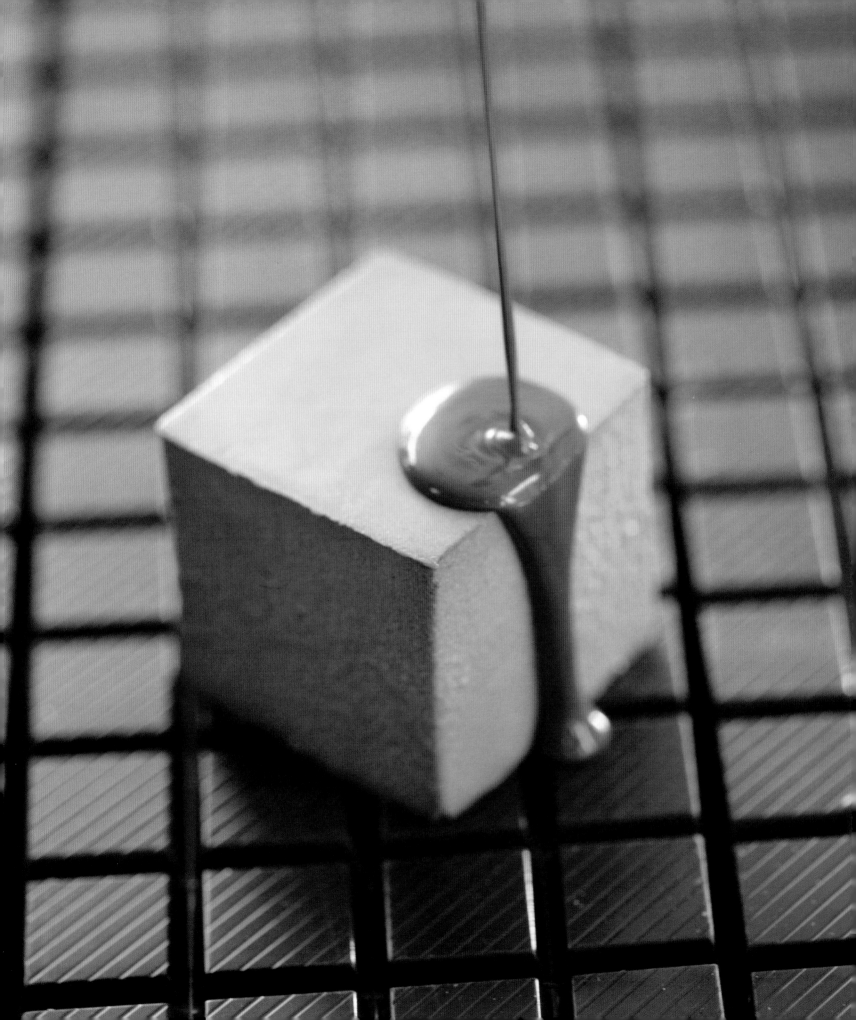

巧克力挞

埃里克·莱奥泰
Éric Léautey

推荐食谱

我爱巧克力，巧克力使我快乐。

巧克力是治疗抑郁的灵丹妙药，也是一种甜蜜的罪恶。它使人精神振作，但有时也令人沉迷其中不能自拔。

对巧克力的热爱还源自美好的童年回忆：记得那时候，每天放学后我都可以吃上一块巧克力。面包片的酥脆加上巧克力的甜香，每一口都仿佛是品尝到了甘甜的仙露！这些经历我至今难以忘怀，它们也自然成了我进行创作时的灵感源泉（就像这份巧克力挞一样）。

我十分热爱巧克力的多面性，并且在努力发掘它在口味和外观上的潜能：苦味、香甜味、果味、黑巧克力、白巧克力、牛奶巧克力等都是我工作的方向。

焦糖熔岩巧克力挞
Tarte chocolat moelleux au caramel

制作挞皮
先把面粉、糖霜、香草籽和盐倒在一起，再加入切成小块的黄油拌匀。
加入30克鸡蛋液，将混合物揉成面团，擀平面团并用保鲜膜封好后放入冰箱冷藏约30分钟。

制作焦糖酱
把糖霜倒入不粘锅中熬煮成金黄色的焦糖状。
倒入鲜奶油将焦糖融化，随后将混合物煮沸，关火后再加入黄油块拌匀。
另取两个小碗分别打发蛋黄和蛋清，注意各加15克细砂糖。
先往打发的蛋黄中加入温的焦糖，再往混合物中加打好的蛋白并用刮刀搅拌均匀。

制作巧克力甘纳许
将巧克力切小块并将其倒入热奶油中，用刮刀拌匀后再倒入冰牛奶降温，最后加入打发的鸡蛋液。

烤制焦糖熔岩巧克力挞
将烤箱预热至180摄氏度（调节器6挡）。
把无底蛋糕模具摆在铺有油纸的烤盘或硅胶垫上，将挞皮按入其中，再用叉子在表面插一些小孔。
往挞皮里倒一层焦糖并烤制10分钟。
把烤了一半的巧克力挞取出，借助汤匙引流，往挞皮中倒入甘纳许并将焦糖酱覆盖（这样分两次烤的目的是防止二者融合在一起）。
再将巧克力挞放回烤箱继续烤制15分钟后取出，在室温下放置30分钟即可。

装饰步骤
把糖霜倒入锅中熬煮，并用熬好的糖浆包裹杏仁。
将水晶杏仁从锅里迅速取出以制作出拉丝的效果，随后将其放在烘焙纸上，待其冷却后即可用作巧克力挞的装饰。

●主厨建议
注意要用加热后的刀切割这款巧克力挞。

6人份

配料

沙布列挞皮
125克面粉，60克糖霜
1根塔希提香草，盐之花
60克黄油
30克鸡蛋液（有机产品最佳）

焦糖酱
75克糖霜
40毫升（脂肪浓度）40%的鲜奶油
50克半盐黄油，1个鸡蛋
30克细砂糖（分两次使用，每次各用15克）

巧克力甘纳许
50克可可含量70%的黑巧克力
40克脂肪浓度为40%的鲜奶油
60毫升全脂牛奶
15克鸡蛋（有机产品最佳）

装饰
50克糖霜，10颗未去皮的杏仁

所需工具
直径18厘米的无底蛋糕模，硅胶垫

条形巧克力挞 ★★
Règles d'or

制作6~8人份
准备时间：1小时
烤制时间：20分钟
冷藏时间：3小时30分钟
冷冻时间：1小时

制作沙布列杏仁饼底
在一个大碗中分别加入软化黄油*、精盐、糖霜、杏仁粉、鸡蛋以及90克面粉，简单搅拌后再加入剩下的270克面粉揉成均匀的面团。

将面团压在两层油纸之间擀成约3毫米厚的长方形面饼，放入冰箱冷藏1小时。

当饼底开始变硬后将其从冰箱中取出，把面饼摆在两把不锈钢尺之间，握住两把尺子往内推，将其做成一个沟槽的形状。

把做好的饼底冷藏30分钟，随后用烤箱以150摄氏度或160摄氏度（调节器5/6挡）烤制15~20分钟直到表面焦黄即可。

待烤好的饼底冷却后，在凹槽内浇上橙子或柚子果酱，用保鲜膜或铝箔纸封住凹槽的两端，从而使果酱完全覆盖挞皮饼底而不会流出。

制作黑巧克力甘纳许
将巧克力切碎后用隔水加热法*或微波炉融化（注意在使用微波炉加热时须设定为解冻模式或最大不超过500瓦功率的加热模式，并不时搅拌）。

把奶油煮开，随后取出其中1/3拌入融化的巧克力中，用刮刀*用力在容器中央画圆圈搅拌，直到巧克力出现"弹性中心"并散发光泽，再重复以上操作2次，每次分别取用1/3的热奶油直到将它们全部拌入巧克力中。

当甘纳许温度降到35~40摄氏度时加入黄油小块并充分搅拌，以使其乳化均匀。

将巧克力甘纳许填进饼底的凹槽中，快要倒满时可以轻轻敲击边缘，使甘纳许液面高度和挞皮高度持平。

把条形挞放入冰箱冷藏3小时，取下两端用于封口的铝箔纸，并将其切成小条状，最后用金箔装饰即可。

●主厨建议
您可以使用不同口味的果酱和不同大小的模具制作出多种类型的巧克力挞。注意事先将挞冻硬的目的只是为了方便切割，食用前需要将其恢复至室温。

技巧复习
巧克力的融化 >> 第19页
沙布列杏仁面团 >> 第72页
挞馅或蛋糕甘纳许 >> 第96页

配料

沙布列杏仁饼底
180克黄油（还需预留一些用来涂抹模具）
1茶匙精盐
140克糖霜
50克杏仁粉
1个鸡蛋
360克面粉（分两次使用，第一次90克，第二次270克）
橙子或柚子果酱

黑巧克力甘纳许
150克可可含量70%的黑巧克力
或160克60%黑巧克力
150克（约150毫升）全脂鲜奶油
50克轻盐黄油

巧克力酱
85克可可含量70%的黑巧克力
100克（约100毫升）全脂牛奶

装饰
装饰用金箔

所需工具
2把1厘米厚的不锈钢钢尺
烤盘
裱花工具
防油烘焙纸*

配料

沙布列杏仁饼底

180克黄油（还需预留一些用来涂抹模具）

1茶匙精盐

140克糖霜

50克杏仁粉

1个鸡蛋

360克面粉

（分两次使用，第一次90克，第二次270克）

焦糖核桃巧克力酱

100克（约100毫升）全脂鲜奶油

70克细砂糖

30克黄油

60克脂肪浓度为40%的牛奶巧克力

50克核桃碎

咖啡甘纳许

80克可可含量60%黑巧克力

70克（约70毫升）全脂鲜奶油

10克洋槐蜂蜜

1茶匙速溶咖啡

15克黄油

所需工具

甜品挞模具

厨房温度计

防油烘焙纸

技巧复习

巧克力的融化 >> 第19页

沙布列杏仁面团 >> 第72页

挞馅或蛋糕甘纳许 >> 第96页

焦糖核桃巧克力挞 ★ ★
Tarte aux noix, caramel et chocolat

制作8人份

准备时间：45分钟

烤制时间：20分钟

冷藏时间：2小时30分钟

冷冻时间：1小时

制作沙布列杏仁饼底

在一个大碗中分别加入软化黄油*、精盐、糖霜、杏仁粉、鸡蛋以及90克面粉，简单搅拌后再加入剩下270克面粉，揉成均匀的面团。

将面团压在两层油纸之间擀成约3毫米厚，放入冰箱冷藏1小时。

当面饼开始变硬后取下油纸，将面饼切成想要的形状并按进甜品挞模具（注意事先要在模具表面抹上黄油）。

将挞皮连同模具放入冰箱冷藏30分钟后，再用烤箱以150/160摄氏度（调节器5/6挡）烤制20分钟直到其表面焦黄即可。

制作焦糖核桃巧克力酱

将奶油煮开后备用。

用厚底锅熬煮焦糖，注意砂糖需要分3次加入（每次融化一部分糖后再加入新的糖，不要一次性全部倒入）。

把黄油和热奶油一起倒进焦糖中并继续加热煮沸（注意防止液体溅出）。

在混合物中拌入巧克力碎和核桃碎，并将巧克力酱倒入烤好的挞皮里。

制作咖啡甘纳许

将巧克力切碎后用隔水加热法*或微波炉融化（注意在使用微波炉加热时须设定为解冻模式或最大不超过500瓦功率的加热模式，并不时搅拌）。

把咖啡加到奶油和蜂蜜里一起煮开，再取1/3煮好的咖啡奶油拌入融化的巧克力中，用刮刀*用力在容器中央画圆圈搅拌，直到巧克力出现"弹性中心"并散发光泽，再重复以上操作2次，每次分别取用1/3的咖啡奶油，直到将它们全部拌入巧克力中。

注意控制甘纳许的温度，当甘纳许温度达到35~40摄氏度时拌入黄油。

把咖啡甘纳许倒进挞皮中并将之前倒入的巧克力酱覆盖，最后冷藏2小时即可。

●主厨建议

最好在熬焦糖之前先把奶油煮好。如果后煮奶油，那么二者混合时，焦糖可能会因为放置太久而变硬。

巧克力太阳挞 ★ ★
Tarte soleil poires/chocolat

制作8人份
准备时间: 45分钟
烤制时间: 30分钟
冷藏时间: 1小时30分钟

制作沙布列杏仁挞皮

在一个大碗中分别加入软化黄油*、精盐、糖霜、杏仁粉、鸡蛋以及90克面粉，简单搅拌后再加入剩下270克面粉，揉成均匀的面团。

将面团压在两层油纸之间擀成约3毫米厚，放入冰箱冷藏1小时。

当面饼开始变硬后取下油纸，将面饼按进挞模（注意事先要在模具表面抹上黄油）。可以把剩下的面饼再次擀薄（至厚度2毫米左右），再用饼干模具或玻璃杯口切成小圆片用作装饰。

将挞皮连同模具放入冰箱冷藏30分钟后，再用烤箱以150/160摄氏度（调节器5/6挡）烤制20分钟，直到其表面焦黄即可。

制作水晶梨块

将梨子去皮并切成小块，注意要用小刀挖去梨籽。

在锅中加蜂蜜熬煮一会儿，随后倒入梨块并在其表面裹上一层浓稠的糖浆。

继续加热2~3分钟后关火，将水晶梨块保存备用。

制作巧克力布丁酱

把香草籽加到牛奶和奶油中，并把混合物煮开，放置直至其回到室温以后再加入鸡蛋、砂糖和巧克力碎拌匀。

将梨块依次摆在挞皮中，慢慢浇入布丁酱并用烤箱以150摄氏度（调节器5挡）继续烤制10~12分钟。

布丁烤熟后将太阳挞从烤箱里取出并放在室温下冷却，之后再放进冰箱冷藏1小时即可。

●主厨建议

在制作挞皮时，需要将饼底冷藏一段时间，这么做是为了防止挞皮在烤制时收缩。

注意这款水果挞需要在室温下食用。

▮技巧复习
沙布列杏仁面团 >> 第72页

配料

沙布列杏仁挞皮
180克黄油（注意还需要一部分黄油涂抹模具）
1茶匙精盐
140克糖霜
50克杏仁粉
1个鸡蛋
360克面粉（分两次使用，第一次90克，第二次270克）

水晶梨块
4个威廉斯梨或考密斯梨
100克蜂蜜

巧克力布丁酱
65克（约65毫升）全脂牛奶
125克（约125毫升）全脂鲜奶油
半根香草荚
1个鸡蛋
25克细砂糖
40克可可含量70%黑巧克力

所需工具
甜品挞模具
饼干模具或玻璃杯

夹心奶油挞 ★★
Tartelettes autrement

制作8人份
部分原料需要提前1晚准备
准备时间：45分钟
烤制时间：20分钟
冷藏时间：1晚
冷冻时间：30分钟

提前1晚准备好巧克力克林姆奶油酱

将巧克力切碎后用隔水加热法*或微波炉融化（注意在使用微波炉加热时须设定为解冻模式或最大不超过500瓦功率的加热模式，并不时搅拌）。

在蛋黄中加入砂糖拌匀，随后再将蛋液与牛奶、奶油一起倒入锅中，一边用文火加热一边轻晃锅底，最终使蛋奶酱达到浓稠状态*，此时蛋奶酱的温度应当在82~84摄氏度之间。

关火并将蛋奶酱倒入深碗中，用打蛋器稍稍搅拌，在观察到蛋奶酱变厚并散发光泽后停止搅拌。

取1/3的热的蛋奶酱倒入融化的巧克力中，用刮刀在容器中画圆圈搅拌，直至巧克力奶糊散发光泽并出现"弹性中心"，随后再重复以上操作2次将所有蛋奶酱溶入巧克力中。

用保鲜膜把奶油酱封好（用完全密封的方法，即保鲜膜和奶油酱间不要留有空隙），并放入冰箱冷藏1晚。

第二天开始制作沙布列杏仁饼底

在一个大碗中放入软化后的黄油*、精盐、糖霜、杏仁粉、鸡蛋以及90克面粉并稍稍搅拌，之后再加入剩下的270克面粉拌匀。

将面团压在两层油纸之间擀成约3毫米厚的面饼，再用饼干模具或玻璃杯口切出16个直径为5~6厘米的圆形，之后放入冰箱冷藏30分钟。

当面饼开始变硬后取下油纸，把它们摆在烤盘上，重新放回冰箱再冷藏30分钟。

最后把面饼放入烤箱用150/160摄氏度（调节器5/6挡）烤制直到其表面变焦黄即可。

取出烤好的沙布列饼底，使用开口较大的圆形裱花嘴在中央挤出一颗球状奶油，随后在奶油表面盖上另一块杏仁饼并轻轻压实，让奶油的边缘恰好与杏仁饼边缘重合。

用相同的方法把所有的杏仁饼都做成夹心奶油挞即完成。

●主厨建议

克林姆奶油酱在使用之前必须充分结晶，这样才能挤出好看的球状奶油。

配料

巧克力克林姆奶油酱
120克可可含量70%黑巧克力
3个蛋黄
25克细砂糖
130克（约130毫升）全脂牛奶
130克（约130毫升）全脂鲜奶油

沙布列杏仁饼底
180克黄油
1茶匙精盐
140克糖霜
50克杏仁粉
1个鸡蛋
360克面粉（分2次使用，第一次90克，第二次270克）

所需工具
厨房温度计
防油烘焙纸*
烤盘
饼干模具或玻璃杯
裱花工具（选用14齿或16齿裱花嘴）

技巧复习
巧克力的融化 >> 第19页
沙布列杏仁面团 >> 第72页
巧克力克林姆奶油酱 >> 第100页

配料

沙布列杏仁面团

120克黄油

2克精盐

90克糖霜

15克杏仁粉

1个整鸡蛋

240克面粉（分两次使用，第一次60克，第二次180克）

牛奶巧克力 / 柑橘甜品奶油酱

140克可可含量40%的牛奶巧克力

2个蛋黄

25克细砂糖

125克（约125毫升）牛奶

125克（约125毫升）全脂鲜奶油

新鲜橘皮

橙花尚蒂伊奶油

1/4根香草荚

250克（约250毫升）全脂鲜奶油

25克细砂糖

几滴橙花水

橘子干

100克（约100毫升）清水

100克细砂糖

2个橘子

所需工具

甜挞模具

裱花袋及平口裱花嘴

厨房温度计

烘焙纸

♀技巧复习

杏仁沙布列面团 >> 第72页

巧克力克林姆奶油酱 >> 第100页

巧克力 / 柑橘橙花挞 ★ ★
Tartelettes chocolat/clémentine et fleur d'oranger

制作6~8人份

准备时间：1小时

烤制时间：55分钟

冷藏时间：3小时40分钟

制作橘子干

在锅中倒入水和砂糖熬煮1分钟，随后把橘子连皮切成小块并放到糖水中一起再煮几分钟。

把煮过的橘子取出，放入烤箱并以120摄氏度（调节器4挡）烤制35分钟将其烤干。

制作沙布列杏仁面团（详见第72页）

随后将面团擀成3毫米厚的面饼，并按入抹好黄油的挞模，最后用烤箱以150/160摄氏度（调节器5挡）烤制15分钟直到其表面焦黄即可。

制作牛奶巧克力 / 柑橘甜品奶油酱

将巧克力切碎后用隔水加热法*或微波炉融化（注意在使用微波炉加热时须设定为解冻模式或最大不超过500瓦功率的加热模式，并不时搅拌）。

取一个大碗相继加入蛋黄、糖、牛奶、奶油和橘皮碎，搅拌均匀后用文火加热一会儿。

当奶油酱加热到浓稠状态*时（此时温度为82~84摄氏度）关火，把奶油酱过滤后倒在碗中，并用电动搅拌器稍稍搅拌。

待奶油酱变厚并且表面变得光滑时停止搅拌，从其中取出1/3倒入融化的巧克力中，借助刮刀*用力在中心画圆圈搅拌，直至巧克力出现散发光泽的"弹性中心"，再重复以上操作2次，直到将所有奶油酱溶入巧克力中。

最后把奶油酱注入烤好的挞皮中并冷藏至少2小时。

制作橙花尚蒂伊奶油

先切开香草荚刮下香草籽，再把冰的奶油、砂糖、香草籽和橙花水一起倒进一个大碗中打发。

把打发好的奶油霜装入裱花袋，在甜品挞表面挤出一个小奶油球，最后再放上一片橘子干作为装饰即可。

●主厨建议

可以在奶油酱中加入烤好的榛仁碎，这样可以给巧克力挞增添香脆的口感。

白巧克力圣特罗佩挞 ★ ★
Dans l'esprit d'une tropézienne au chocolat blanc

制作6~8人份
准备时间：30分钟
烤制时间：25分钟
静置时间：1小时30分钟
冷藏时间：至少3小时

提前3小时（能提前1晚更好）准备伊芙瓦/橙花甘纳许酱

将巧克力切碎后用隔水加热法*或微波炉融化（注意在使用微波炉加热时须设定为解冻模式或最大不超过500瓦功率的加热模式，并不时搅拌）。

在锅中倒入110克奶油煮开，从其中取出1/3倒入融化的巧克力中，借助刮刀*用力在中心画圆圈搅拌，直至巧克力出现散发光泽的"弹性中心"，再重复以上操作2次，直到将所有奶油溶入巧克力中。

继续加入270克冰奶油，并滴入几滴橙花水，最后用保鲜膜把奶油酱封好（注意需要完全密封，不要在保鲜膜和奶油酱之间留有空隙），冷藏至少3小时。

制作布里欧修面包

用生面团做出一块直径约22厘米的面饼，静置1小时30分钟左右待其膨发。

把蛋液刷在面团表面，撒上粗糖粒，并用170摄氏度（调节器5/6挡）烤制25分钟，随后从中间将面包切成两半。

制作糖浆

锅中加水、砂糖和橙花水煮沸即可。

组装圣特罗佩挞

在布里欧修面包表面刷上熬好的糖浆。

用搅拌器把奶油酱重新打发，再把变厚的奶油酱装进裱花袋并挤在两片面包之间，用刮刀将奶油酱抹平，最后在面包表面撒上一层糖霜即可。

●主厨建议

在糖类专卖店可以买到制作圣特罗佩挞所需的粗糖粒，您也可以用冰糖代替粗糖粒。

配料

400克布里欧修面包生面团（可以直接在面包店购买或用本书第78页所介绍的方法制作）
1个鸡蛋
粗糖粒或可可碎*
糖霜

伊芙瓦 / 橙花甘纳许酱

160克可可含量35%的白巧克力
380克全脂鲜奶油（分2次使用，分别使用110克和270克）
几滴橙花水

糖浆

30克（约30毫升）清水
30克细砂糖
几滴橙花水

所需工具

甜品刷
裱花袋

技巧复习

布里欧修面包 >> 第78页
打发甘纳许酱 >> 第97页

配料

牛奶巧克力甘纳许
225克可可含量40%的牛奶巧克力
150克（约150毫升）全脂鲜奶油
25克蜂蜜

杏仁沙布列面团
180克黄油（还需要另外准备一些黄油涂抹模具）
1茶匙精盐
140克糖霜
50克杏仁粉
1个整鸡蛋
360克面粉

香草甜点奶油酱
半根香草荚
1个蛋黄
30克细砂糖
8克面粉
5克玉米淀粉
125克（约125毫升）全脂牛奶

榛仁奶油
100克黄油
100克糖霜
10克玉米淀粉
100克榛仁粉
1个整鸡蛋

所需工具
烤盘
圣安娜花嘴及裱花袋

技巧复习
巧克力甘纳许 >> 第32页
杏仁沙布列面团 >> 第72页
香草甜点奶油酱 >> 第102页

波纹榛仁挞 ★ ★
Ondulés noisette

制作6~8人份
准备时间：1小时30分钟
烤制时间：40分钟
结晶*时间：3小时
冷藏时间：4小时

制作牛奶巧克力甘纳许
将巧克力切碎后用隔水加热法*或微波炉融化（注意在使用微波炉加热时须设定为解冻模式或最大不超过500瓦功率的加热模式，并不时搅拌）。
在锅中倒入蜂蜜和奶油煮沸，从其中取出1/3倒入融化的巧克力中，借助刮刀*用力在中心画圆圈搅拌，直至巧克力出现散发光泽的"弹性中心"，再重复以上操作2次，直到将所有奶油溶入巧克力中。
将混合物在室温下放置3小时。

制作杏仁沙布列面团（详见第72页）
将面团擀成3毫米厚并用烤箱以150/160摄氏度（调节器5/6挡）烤制20分钟左右。

制作香草甜点奶油酱（详见第102页）
用保鲜膜封好（注意需要完全密封）并放入冰箱冷藏1小时左右。

制作榛仁奶油
将黄油软化并倒入碗中，一边搅拌一边把糖霜、玉米淀粉和榛仁粉过筛并加入其中。
倒入鸡蛋液和香草甜点奶油酱，最后将混合物搅拌均匀。

待挞皮冷却后先把榛仁奶油均匀地抹在其表面，随后再用烤箱以190摄氏度（调节器6/7挡）继续烤制20分钟。
取出烤好的榛仁挞，放凉后使用圣安娜花嘴把牛奶巧克力甘纳许挤在其表面，注意要拿着裱花袋来回移动以制作出波纹的形状。
最后把榛仁挞放入冰箱冷藏3小时将其冻硬，再用加热后的小刀切成尺寸约为3厘米×8厘米的长方形即可。

●主厨建议
榛仁挞烤好后可以立刻在其表面铺上一层油纸并压上一个烤盘，这样可以确保做出的榛仁挞表面平整。
您也可以用巧克力甘纳许制作表面的波纹。

鲜橘巧克力挞 ★
Gourmandises de mandarine

制作20~30个迷你水果挞
准备时间：2小时
烤制时间：15分钟
静置时间：40分钟
冷藏时间：2小时

制作月桂焦糖面团
先将黄油在室温下放置几小时，用刮刀用力搅拌成膏状。

在黄油膏中加入红糖和细砂糖，之后再加入鸡蛋、肉桂咖啡粉和过筛后的面粉拌匀。

往混合物中倒入牛奶，反复揉搓面团直到配料与面团混合均匀。

将面团用保鲜膜包裹并在冰箱中冷藏1小时左右。

最后取出面团并将其擀成约2毫米厚，切出想要的形状并用烤箱以170摄氏度（调节器5/6挡）烤制15分钟即可。

制作黑巧克力甘纳许
将巧克力切碎后用隔水加热法*或微波炉融化（注意在使用微波炉加热时须设定为解冻模式或最大不超过500瓦功率的加热模式，并不时搅拌）。

在锅中倒入蜂蜜和奶油煮沸，从其中取出1/3倒入融化的巧克力中，借助刮刀*用力在中心画圆圈搅拌，直至巧克力出现散发光泽的"弹性中心"，再重复以上操作2次，直到将所有奶油溶入巧克力中。

最后将甘纳许注入烤好的挞皮中即可。

制作净橘瓣*
先将橘子去皮，再把橘瓣表面的薄膜去掉，具体做法如下：
将橘肉放在手心，五指稍稍捏紧将其固定，随后用小刀从中间向两边分别切掉橘瓣两边的薄膜，完成这两步之后，橘瓣背后的薄膜会自动脱落，此时将净橘瓣放在油纸上备用即可。

将4~5个净橘瓣叠在烤好的巧克力挞上，这样看起来的效果就像是巧克力挞上放了半个橘子一样。

最后用巧克力制作几片刨花放在橘肉顶部用作装饰。注意食用这款巧克力挞之前需要将其冷藏保存。

● 主厨建议
如果想要让巧克力挞显得更有档次，您可以用一些金箔放在顶部做装饰。

配料

月桂焦糖面团
125克黄油
125克红糖
40克细砂糖
半个鸡蛋
半茶匙肉桂咖啡粉
250克面粉
10克（约20毫升）全脂牛奶

黑巧克力甘纳许
100克可可含量60%黑巧克力
150克（约150毫升）全脂鲜奶油
25克蜂蜜

顶部装饰
10个去皮的橘子
1块60%黑巧克力

所需工具
迷你挞模具

技巧复习
巧克力的融化 >> 第19页
月桂焦糖面团 >> 第76页
挞馅或蛋糕甘纳许 >> 第96页

配料

巧克力酥饼

75克杏仁粉
75克面粉
10克纯可可粉
75克红糖
3克盐之花
75克黄油

白巧克力 / 百香果轻慕斯

3克吉利丁片
150克可可含量35%的白巧克力
90克（约90毫升）全脂牛奶
160克（约160毫升）全脂鲜奶油
半个百香果

装饰

半个菠萝
1个芒果
半把芫荽

所需工具

饼干模具（方形或其他形状）
烤盘
厨房温度计

技巧复习

杏仁/巧克力酥粒 >> 第88页
无蛋巧克力慕斯 >> 第111页

菠萝芒果挞佐鲜芫荽叶 ★ ★
Tarte ananas et mangue à la coriandre fraîche

制作6~8人份
准备时间：2小时
烤制时间：10~15分钟
冷冻时间：30分钟
冷藏时间：2小时30分钟

准备巧克力酥饼

在大碗中相继加入过筛后的粉状配料（杏仁粉、面粉、可可粉和红糖）并拌匀。

将黄油切成小块，用力拌入混合粉末中使之成为面团。

将面团冷冻30分钟，之后用饼干模具把面饼切成想要的形状，并把它们摆在铺好烘焙纸的烤盘。

在面饼表面撒上巧克力酥粒，再用150/160摄氏度（调节器5/6挡）烤制10~15分钟，烤好后在室温下放凉。

制作白巧克力/百香果轻慕斯

先用凉水把吉利丁泡软。

将巧克力切碎后用隔水加热法*或微波炉融化（注意在使用微波炉加热时须设定为解冻模式或最大不超过500瓦功率的加热模式，并不时搅拌）。

把沥干后的吉利丁加到牛奶里一起煮沸，从其中取出1/3倒入融化的巧克力中，借助刮刀*用力在中心画圆圈搅拌，直至巧克力出现散发光泽的"弹性中心"，再重复以上操作2次，直到将所有牛奶溶入巧克力当中。

另取一个大碗将鲜奶油打发至柔软的慕斯状，待巧克力奶糊温度降至约30摄氏度时，把奶油慕斯连同百香果籽一起倒入其中并拌匀。

用饼干模具套住巧克力饼底上，向其中倒入轻慕斯并冷藏1~2小时。

将菠萝和芒果去皮并把果肉切成小块，接着再把芫荽去叶切碎。

慕斯冻硬后取下模具，并把水果粒和芫荽撒在慕斯表面用作装饰，注意做好的水果挞在食用前需要放入冰箱冷藏。

●主厨建议

您可以事先用蒸汽熏一下巧克力酥粒，这样可以使烤好的甜酥挞皮更结实。

热巧克力挞 ★ ★
Tarte au chocolat servie chaude

制作6人份
准备时间：1小时
烤制时间：25分钟
冷藏时间：2小时30分钟

先做好杏仁沙布列面团

在一个大碗中分别加入软化黄油*、精盐、糖霜、杏仁粉、鸡蛋以及60克面粉，简单搅拌后再加入剩下的180克面粉，揉成均匀的面团。

将面团平铺在烘焙纸上并擀成约3毫米厚，接着把面团嵌入挞模成型。

把挞皮放入冰箱冷藏30分钟，最后用烤箱以150/160摄氏度（调节器5/6挡）烤制15分钟，直到其表面变焦黄即可。

制作焙烤黑巧克力甘纳许

将巧克力切碎后用隔水加热法*或微波炉融化（注意在使用微波炉加热时须设定为解冻模式或最大不超过500瓦功率的加热模式，并不时搅拌）。

在锅中加入牛奶、鲜奶油和砂糖煮开，从混合物中取出1/3倒入融化的巧克力中，借助刮刀*用力在中心画圆圈搅拌，直至巧克力出现散发光泽的"弹性中心"，再重复以上操作2次，直到将所有奶糊溶入巧克力中。

最后往甘纳许中打入蛋黄，搅拌均匀后放入冰箱冷藏1小时左右。

将黑巧克力甘纳许注入烤好的挞皮中，再用180/190摄氏度（调节器6/7挡）继续烤制5~7分钟，出炉后撒上可可粉并趁热食用。

● 主厨建议

甘纳许在使用前需要冷藏至少1个小时。

● 烘焙须知

可以把多余的挞皮面团擀好并冷冻保存，留到下次制作甜品时接着使用。

技巧复习

杏仁沙布列面团 >> 第72页
挞皮制作 >> 第133页

配料

杏仁沙布列面团
120克黄油
2茶匙精盐
90克糖霜
15克杏仁粉
1个整鸡蛋
240克面粉（分2次使用，第一次60克，第二次180克）

焙烤黑巧克力甘纳许
120克可可含量70%的黑巧克力
150克（约150毫升）牛奶
150克（约150毫升）全脂鲜奶油
40克细砂糖
2个蛋黄
可可粉（用于最后装饰）

聚会小点

西里尔·利尼亚克
Cyril Lignac

推荐食谱

　　我与巧克力的初次邂逅是在甜品店当学徒的时候，那时我接触到了包括阿拉瓜尼、昵安菠、曼特尼等顶级巧克力品种。也正是这段经历使我意识到：泛泛地谈论巧克力这一笼统的概念是没有意义的，我们需要更加具体地探究每一块巧克力的产地、香型、历史等元素——就像我们研究红酒那样。对于像我这样的甜品厨师来说，巧克力种类的多样化带来了创作的无限可能。从另一个角度来说，现如今消费者的要求越来越高，口味越来越多样，作为专业厨师也一定要对自己所用的原料来源了如指掌（法餐厨师需要能准确分辨出产自阿韦龙省的羊肉和产自卡庞特拉的樱桃也是同样的道理）。针对这些十分讲究的食客，我在每一份食谱中都对所用的材料进行了详细的介绍。

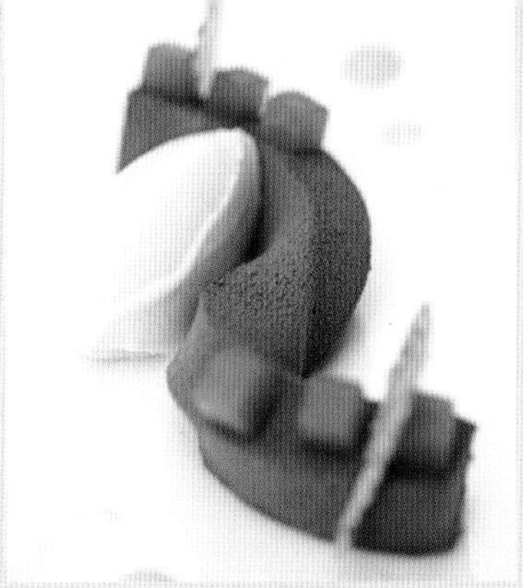

昵安菠巧克力甘纳许
佐芝麻糖脆片及西洋梨雪葩
Ganache tordue au chocolat Nyangbo,
tuiles de sésame grillées et sorbet poire williams

制作10人份

制作昵安菠巧克力甘纳许
将巧克力切碎后用隔水加热法*或微波炉融化。
在锅中相继加入山梨糖醇、食用琼脂、清水、泡软沥干后的吉利丁片和葡萄糖，并把混合物煮沸。
往锅中接着倒入鲜奶油，并继续加热，待混合物再次沸腾后将其拌进巧克力中。
把巧克力甘纳许倒入烤盘，用保鲜膜"完全密封"（即保鲜膜和液面不留空隙）后放在室温下，当液面逐渐稳定在一个平面后放入冰箱并冷冻保存1晚。

制作梨子雪葩
在清水中加糖熬煮，当糖浆沸腾后，将其再倒入西洋梨（即威廉梨）果酱中搅拌均匀。
将混合物倒入冰激凌机搅拌，并将搅拌好的半成品放入冰箱冷冻。注意自制雪葩不能冻得太久，否则其会迅速变硬。

制作芝麻糖脆片
在清水中加细砂糖和蜂蜜熬煮，随后将黏稠的糖浆倒在硅胶垫上并用刮刀抹平。
在糖浆表面均匀地撒上芝麻，再用烤箱以180摄氏度（调节器6挡）烤制14分钟即可，多余的糖脆片可以留着用来制作其他甜品。

准备梨子果泥
将梨和土豆淀粉一起煮沸放凉即可。

制作焦糖梨块
先熬焦糖，再往糖液里加清水将其融化。在焦糖酱中加入橙皮，再加入剥去外皮的梨块一起熬煮。捞出梨块并切成约5毫米×5毫米的小方块。

甜品的组装及最后的装饰步骤
将巧克力甘纳许从冷冻室取出，在室温下放置1小时使其软化，随后切成10块大小一样的长方形。用手把变软后的甘纳许扭成S型，再将其放回冰箱冷藏15分钟。
甘纳许重新冻硬后，在表面喷上巧克力喷砂，并进行最后的摆盘（如图示）：首先将甘纳许奶冻摆在甜品盘中央，在两边弯曲的部分上各放上三块焦糖梨方块，再分别在第一、第二个方块和倒数第一、第二个方块间插入一片芝麻糖脆片，最后在S形甘纳许的弯曲处放一颗冰激凌球，并在甜品盘的空白处滴上几滴梨子果泥作为点缀即可。

配料

昵安菠巧克力甘纳许
130克法芙娜昵安菠可可含量68%的巧克力
30克山梨糖醇（可以用这种糖醇代替在专门用品商店里售卖的专业原料）
1克食用琼脂，17克清水
0.75克吉利丁片，17克葡萄糖
300克（约300毫升）全脂鲜奶油

梨子雪葩
60克（约60毫升）清水
60克细砂糖
630克西洋梨果酱

芝麻糖脆片
100克（约100毫升）清水
100克细砂糖，40克蜂蜜
120克芝麻

梨子果泥
125克梨酱，2.5克土豆淀粉

焦糖梨块
30克细砂糖
125克（约125毫升）清水
2片鲜橙皮
1个康佛伦斯梨

装饰步骤
黑巧克力丝绒喷砂

所需工具
10厘米×20厘米的烤盘或蛋糕模具
冰激凌机硅胶垫

配料

布列塔尼小饼干
2个蛋黄
80克细砂糖
80克黄油
120克T55面粉
4克泡打粉
1茶匙精盐

英式蛋奶酱
8个蛋黄
80克细砂糖
380克（约380毫升）全脂牛奶
380克（约380毫升）全脂鲜奶油

咖啡奶油酱
500克英式蛋奶酱
10克速溶咖啡

巧克力克林姆酱
500克英式蛋奶酱
200克可可含量60%的黑巧克力

香草牛奶慕斯
6克吉利丁片
1/4根香草荚
20克糖霜
300克（约300毫升）冰牛奶

所需工具
烘焙纸
8个甜品杯
厨房温度计

▽ 技巧复习
布列塔尼巧克力沙布雷 >> 第74页
英式蛋奶酱 >> 第98页
巧克力克林姆奶油酱 >> 第100页

巧克力／咖啡／奶油甜品杯 ★ ★
Transparence chocolat/café/crème

制作6~8人份
准备时间：1小时
冷藏时间：3小时30分钟
烤制时间：15分钟

制作布列塔尼小饼干
在蛋黄中加入细砂糖将其打发*，再接着加入软化黄油*、面粉、泡打粉和过筛后的食盐拌匀。
将面团平铺在烘焙纸上并擀成约5毫米厚的饼皮，接着放入冰箱冷藏30分钟。
待面团冻硬后，将其取出并切成多个尺寸约为1厘米×1厘米的小方块，用烤箱以170摄氏度（调节器5/6挡）烤制15分钟至其表面焦黄即可。
把烤好的小方块放凉，之后撒在甜品杯里铺满底部。
用配料表中的原料制作英式蛋奶酱（详见第98页），这也是后面制作咖啡奶油酱和克林姆酱的配料之一。

制作咖啡奶油酱
首先称量500克热的英式蛋奶酱，加入速溶咖啡并搅拌均匀，之后放入冰箱冷藏备用。

制作巧克力克林姆酱
将巧克力切碎后用隔水加热法*或微波炉融化（注意在使用微波炉加热时须设定为解冻模式或最大不超过500瓦功率的加热模式，并不时搅拌）。
加热英式蛋奶酱，并取其中1/3倒入融化的巧克力中，用刮刀在容器中画圆圈搅拌，直至巧克力奶糊散发光泽并出现"弹性中心"，随后再重复以上操作2次，将所有蛋奶酱溶入巧克力中，继续搅拌以使乳化更加均匀。

装盘阶段
把克林姆酱倒入盛有面包粒的甜品杯中，并放入冰箱冷藏2~3小时。
待克林姆酱稍稍冻硬后在表面浇上一层咖啡奶油，重新放回冰箱继续冷藏。

制作香草牛奶慕斯（装饰）
先用冷水泡软吉利丁片，沥干后再用微波炉烤化。
在牛奶中加入糖霜和香草籽，之后再把混合液过滤以得到香草调味牛奶。
将香草牛奶缓缓倒进烤化的吉利丁中，不断搅拌至慕斯状。
食用前从冰箱中取出，在咖啡奶油表面挤上香草牛奶慕斯作为装饰即可。

●主厨建议
装饰步骤所使用的牛奶慕斯也可以用豆蔻和橙皮调味，不过使用前需要将它们磨成细小的碎粒。

配料

吉事果

185克（约185毫升）牛奶

3克食盐

4克细砂糖

75克黄油

150克面粉

3个整鸡蛋

姜味焦糖巧克力酱

110克可可含量40%的牛奶巧克力

235克（约235毫升）全脂鲜奶油

15克葡萄糖浆

1小块姜

120克细砂糖

40克黄油

柠檬糖粉

1个青柠檬

200克细砂糖

500克（约500毫升）煎炸油

所需工具

带有凹槽的裱花嘴及裱花袋

榨汁机或刨刀

油炸锅

技巧复习

焦糖巧克力酱 >> 第129页

为裱花袋填装馅料 >> 第132页

姜味巧克力吉事果 ★ ★
Churros du désert, chocolat au lait/gingembre

制作6~8人份

准备时间：1小时

烤制时间：10分钟

冷冻时间：3小时

制作吉事果

首先在锅中倒入牛奶、食盐、砂糖和黄油一起煮沸。

接着加入面粉并用大火将混合物煮干，关火后在面糊中打入鸡蛋并搅拌均匀。

在烤盘里铺上一层油纸（或者直接用硅胶垫），用带凹槽的裱花嘴在其中挤出类似仙人掌的形状，最后将吉事果面糊放入冰箱冷冻约3小时。

制作姜味焦糖巧克力酱

将巧克力切碎后用隔水加热法*或微波炉融化（注意在使用微波炉加热时须设定为解冻模式或最大不超过500瓦功率的加热模式，并不时搅拌）。

将奶油和葡萄糖浆倒在一起熬煮，同时给生姜去皮，并用榨汁机榨出姜汁（也可以用刨刀将其打成姜泥）备用。

另取一个锅，用细砂糖熬焦糖，注意不要加水。之后再往焦糖液中加入黄油和热奶油并搅拌均匀。

利用3*1/3法则将焦糖和奶油的混合物拌入巧克力中，最后加入姜汁或姜泥调味。

在所有的准备工作完成后就可以开始炸吉事果了。

先将青柠檬皮刨丝并和砂糖拌在一起备用。

把油加温至180摄氏度左右，每次放入2~3根冷冻吉事果，炸至金黄后取出，放在吸油纸上。

最后在吉事果表面撒上柠檬糖粉，并佐以姜味焦糖巧克力酱食用。

● 主厨建议

您可以根据喜好制作各种不同形状的吉事果。

配料

黑巧克力慕斯

300克可可含量70%黑巧克力
150克（约150毫升）全脂鲜奶油
3个蛋黄（重约60克）
6～7个鸡蛋的蛋清（重约200克）
50克细砂糖

什锦果仁

1个斑皮苹果
1个嫩梨
50克（约50毫升）全脂鲜奶油
80克细砂糖
30克（约30毫升）清水
25克核桃
25克未去皮杏仁
25克去皮榛仁
15克松子

奶油霜

200克（约200毫升）全脂鲜奶油

所需工具

厨房温度计
裱花工具

技巧复习

蛋白巧克力慕斯 >> 第110页
为裱花袋填装馅料 >> 第132页

花冠巧克力慕斯蛋糕 ★
Couronne de chocolat aux fruits d'hiver

制作8人份
部分原料需要提前1晚准备
准备时间：45分钟
冷藏时间：12小时

提前1晚准备黑巧克力慕斯

将巧克力切碎后用隔水加热法*或微波炉融化（注意在使用微波炉加热时须设定为解冻模式或最大不超过500瓦功率的加热模式，并不时搅拌）。

把奶油煮开，从其中取出1/3倒入融化的巧克力中，借助刮刀*用力在中心画圆圈搅拌，直至巧克力出现散发光泽的"弹性中心"，再重复以上操作2次直到将所有热奶油溶入巧克力中。

接着往巧克力奶油酱里加入蛋黄，并打发蛋白。

当巧克力奶油酱温度降到45~50摄氏度时，倒入约1/4的蛋白拌匀，之后再加入剩下的蛋白，最后把巧克力慕斯放入冰箱冷藏12小时。

到第二天开始制作什锦果仁

将苹果和梨子削皮，切成小块备用。

用厚底锅熬煮焦糖，关火后再倒入事先煮好的热奶油（关火是为了防止奶油溅出）；

重新开火并往奶油糖浆里加入苹果块、梨块以及磨碎的什锦坚果一起熬煮。

另取一个大碗用来打发奶油霜，打好的奶油霜要有慕斯的柔软质感。

装盘阶段

在甜品盘中央挤一团慕斯，再把果仁连同糖浆浇在慕斯表面，最后还可以用少许奶油霜作点缀。

● 主厨建议

您可以先把什锦果仁糖浆放入冰箱里冷藏一会儿再使用，再将坚果浸糖，这样既能让坚果稍稍软化，也可以使其更好地吸收焦糖的香味。

焦糖可以用肉桂、八角或其他混合香料调味，这样做出的蛋糕会更有圣诞风情。

这款蛋糕也很适合与产自鲁西荣的莫里葡萄酒或热的黑咖啡配合食用。

● 烘焙须知

尽量选用产自西班牙或黎巴嫩的松子，它们的口味更加浓郁。

巧克力/香草大理石华夫饼 ★ ★
Gaufres marbrées chocolat/vanille

制作6~8人份
准备时间：45~50分钟
烤制时间：每块华夫饼需要烤制大约4分钟

制作枫糖巧克力酱
将枫糖浆加热至120摄氏度，并加入温热的奶油拌匀。
将巧克力切碎后用隔水加热法*或微波炉融化（注意在使用微波炉加热时须设定为解冻模式或最大不超过500瓦功率的加热模式，并不时搅拌）。
用3*1/3法则将奶油酱拌入巧克力中。

制作香草华夫饼面糊
将面粉过筛备用。
加热牛奶并同时放入香草香精、砂糖、黄油和盐调味。
将混合物倒入面粉搅拌均匀，再往面糊里加入打发的蛋白。

制作巧克力华夫饼面糊
加热牛奶并同时放入香草香精、砂糖、黄油和盐，随后将融化后的巧克力分三次拌入其中（注意过程中要不停地摇晃锅底），最后将巧克力奶糊倒入面粉并拌入打发的蛋白。

预热华夫饼机，将香草面糊和巧克力面糊随机倒在各个蜂窝网格中，烤制4分钟左右。用这种方法烤出的华夫饼表面会有漂亮的大理石花纹，很适合搭配冰激凌或枫糖巧克力酱一起食用。

● 主厨建议
华夫饼可以提前烤好，不过重新加热的时候需要使用烤架，并且要在其表面撒上一层糖霜，这样烤出的华夫饼会更香脆。

● 烘焙须知
枫树糖浆在使用前需要加热至120摄氏度，这是为了让它变得更加浓稠，并让香味最大限度地散发出来。同样作为配料的奶油则需要放温了以后才能使用。

配料

香草华夫饼面糊
110克面粉
125克（约125毫升）全脂牛奶
20克（约20毫升）（液体）香草香精
25克细砂糖
125克黄油
2克食盐
3个鸡蛋蛋清

巧克力华夫饼面糊
110克面粉
50克70%黑巧克力
125克（约125毫升）全脂牛奶
20克（约20毫升）（液体）香草香精
25克细砂糖
130克黄油
2克食盐
3个鸡蛋蛋清

枫糖巧克力酱
300克枫树糖浆
150克（约150毫升）全脂鲜奶油
100克40%牛奶巧克力

巧克力熔岩蛋糕
佐香蕉巧克力冰激凌杯 ★ ★
Coulants de chocolat tiède, banane crousti-fondante

制作6~8人份
部分原料需要提前1晚准备
准备时间：1小时40分钟
冷藏时间：1晚
烤制时间：15分钟
冷冻时间：1晚

提前1晚做好巧克力熔岩蛋糕面糊
将巧克力切碎后用隔水加热法*或微波炉融化（注意在使用微波炉加热时须设定为解冻模式或最大不超过500瓦功率的加热模式，并不时搅拌），之后再往巧克力浆里拌入黄油。
另取一个碗，加入鸡蛋、砂糖和面粉拌匀。
将两份混合物倒在一起，搅拌成均匀的面糊后放入冰箱冷藏1晚。

制作巧克力冰沙（详见第123页），注意要将混合物充分搅拌。
将巧克力冰沙倒在盘子里，厚度保持在3厘米左右。之后将冰沙放入冰箱冷冻1晚，其间不时地拿出来稍稍摇晃一下，这样可以制作出好看的结晶效果。

第二天开始制作甜品杯中香蕉底
首先做好准备工作：熔化黄油、榨百香果汁、香蕉剥皮并切片（不宜太薄）；在熔化的黄油中加入红糖、百香果汁、橙汁和少许胡椒，再把调好的酱汁和香蕉片一起拌匀，最后将香蕉片铺在烤盘中，并用烤箱以200摄氏度（调节器6/7挡）烤制6~8分钟，烤好后在室温下放凉。
使用配料表中的配料制作杏仁酥粒（做法详见第88页）。
从冰箱中取出熔岩蛋糕面糊并用微波炉稍稍加热。
用黄油涂抹在模具表面，再将模具放在铺上油纸的烤盘中。
用裱花工具将面糊挤入模具，并用烤箱以190摄氏度（调节器6/7挡）烤制6~7分钟。
在烤制蛋糕的同时可以制作甜品杯：将烤好的香蕉片铺在甜品杯底部，再加入一层巧克力冰沙并撒上少许杏仁酥粒做装饰，最后将甜品杯放入冰箱冷冻室保存。
熔岩蛋糕出炉后稍微静置几十秒后即可脱模，之后就可以和香蕉巧克力甜品杯一起装盘食用了。

●烘焙须知

产自婆罗洲[注1]岛上的砂拉越地区[注2]的胡椒具有一种树木的鲜香，非常适合作为甜品调味料，并尤其适合与香蕉和巧克力搭配。

配料

巧克力熔岩蛋糕面糊
160克可可含量70%的黑巧克力
160克黄油（还另外需要一些黄油用来涂抹模具）
5~6个鸡蛋（重约280克）
130克细砂糖
80克面粉

巧克力冰沙
170克可可含量70%的黑巧克力
650克（约650毫升）清水
10克奶粉
125克细砂糖
25克蜂蜜

甜品杯的香蕉底
15克黄油
2个百香果
2~3根香蕉（约240克）
20克红糖
60克（约60毫升）橙汁
少许沙捞越胡椒

杏仁酥粒
80克面粉
80克黄油
80克杏仁粉
80克细砂糖
3克盐之花

所需工具
裱花工具
圆形蛋糕模
烤盘
甜品杯（若干）

技巧复习
杏仁/巧克力酥粒 >> 第88页
巧克力冰沙 >> 第123页

注1：婆罗洲岛即加里曼丹岛（Kalimantan Island），是世界第三大岛，属于热带雨林气候，植被繁茂，该岛分属于印度尼西亚、马来西亚和文莱三国。

注2：砂拉越州（Negeri Sarawak），旧称"沙捞越"，位于婆罗洲岛北部，是马来西亚面积最大的州。

牛奶夹心杏仁慕斯蛋糕
佐蜂蜜梨块 ★ ★ ★
Mousse amande, cœur lacté et poires fondantes au miel

制作6~8人份
部分原料需要提前1晚准备
准备时间：1小时30分钟
冷藏时间：3~4小时
冷冻时间：1晚

提前1晚准备好牛奶巧克力慕斯（做法详见第111页），配料见配料表。
将慕斯倒入制冰格中并放入冰箱冷冻2~3小时。
过几个小时后制作杏仁慕斯蛋糕：
先用凉水把吉利丁片泡软，沥干后再加到煮开的牛奶里拌匀。
将杏仁面糊用微波炉加热40秒左右，使其软化，随后将其倒进牛奶吉利丁液中。
将全脂奶油打发六成左右（这是最适合制作慕斯蛋糕的硬度），当牛奶杏仁面糊温度降到40~45摄氏度时，将打好的奶油霜拌入其中。
最后阶段先在模具中倒入约3/4的杏仁慕斯，再把冻好的牛奶巧克力慕斯夹心压入其中，最后把蛋糕放入冰箱冷冻4~5小时。

到第二天，先将梨子削皮、切块并去籽备用。
锅中加入蜂蜜熬煮糖浆并放入梨块翻炒，在其表面裹上薄薄的一层焦糖，随后取出并放置于室温下。
制作千层酥皮卷装饰（详见第61页）。
将慕斯蛋糕脱模后再放进冰箱冷藏室解冻3~4小时，最后用梨块和巧克力酥皮卷一起摆盘即可。

● 主厨建议
您在食用本款蛋糕时可以选用烧烤蜂蜜汁作为蘸酱。

配料

牛奶巧克力慕斯夹心
170克可可含量40%牛奶巧克力
1克吉利丁片
100克（约100毫升）全脂牛奶
200克（约200毫升）全脂鲜奶油

杏仁慕斯蛋糕
4克吉利丁片
170克（约170毫升）牛奶
140克杏仁面糊（做法详见第41页）
170克（约170毫升）全脂鲜奶油

蜂蜜梨块
2个嫩梨
75克栗树蜂蜜

千层酥皮卷
100克千层酥皮
50克细砂糖

所需工具
硅胶冰格
蛋糕模具（形状自选）
厨房温度计

技巧复习
杏仁酱 >> 第41页
千层酥皮装饰 >> 第61页
无蛋巧克力慕斯 >> 第111页

配料

巧克力海绵蛋糕饼底

35克可可含量60%的黑巧克力
60克黄油
3个鸡蛋
25克蜂蜜
110克细砂糖
50克杏仁粉
80克面粉
5克泡打粉
16克纯可可粉
80克（约80毫升）全脂鲜奶油

巧克力克林姆奶油酱

130克可可含量70%的黑巧克力
2个蛋黄（重约50克）
25克细砂糖
125克（约125毫升）全脂牛奶
125克（约125毫升）全脂鲜奶油

咖啡/白巧克力打发甘纳许

80克可可含量35%的白巧克力
50克（约50毫升）意式浓缩咖啡
110克（约110毫升）全脂鲜奶油

咖啡冰沙

50克细砂糖
300克（约300毫升）黑咖啡

巧克力糖脆片

225克翻糖膏
150克葡萄糖
20克可可含量70%的黑巧克力

巧克力酱

200克（约200毫升）全脂牛奶
170克可可含量70%的黑巧克力

所需工具

树桩蛋糕烤盘
直径50毫米的圆形模具
硅胶垫

● 主厨建议

注意这款甜品的"基座部分"（即海绵蛋糕和克林姆奶油酱）需要提前1晚做好。

孚羽蛋糕 ★ ★ ★
Éphémère chocolat blanc/café

制作6~8人份
部分原料需要提前1晚准备
准备时间：2小时30分钟
烤制时间：10分钟
冷藏时间：1晚
冷冻时间：1晚

提前1晚准备巧克力海绵蛋糕饼底

首先做好海绵蛋糕面糊（做法详见第85页）。

在树桩蛋糕模具内铺上一层油纸并倒入面糊，随后用烤箱以180摄氏度（调节器6挡）烤制10分钟。

将蛋糕饼底切成多个圆饼，并放在硅胶垫上，再用一样大小的圆形模具套在圆饼的外缘。

做好巧克力克林姆奶油酱（做法详见第100页）后，将其抹在模具中的海绵蛋糕饼底上，之后再将蛋糕放入冰箱冷藏1晚。

制作咖啡/白巧克力打发甘纳许

将巧克力切碎，黄油切小块，并将它们一起用隔水加热法*或微波炉融化（注意微波炉须设置为解冻模式或功率不超过500瓦的加热模式，并需要不停地搅拌）。煮好意式浓缩咖啡，并用3*1/3法则将其融入巧克力中。

向混合物中加入冰的奶油并搅拌均匀，将甘纳许静置1晚使其结晶*。

制作咖啡冰沙

把砂糖溶入煮好的咖啡中，随后将咖啡倒入深盘中冷冻1晚，第二天用叉子将冰咖啡捣碎即可。

所有准备时间好后到第二天即可开始制作甜品装饰和进行摆盘。

先制作巧克力糖脆片（做法详见第50页），并将其置于干燥处保存，再做好巧克力酱（做法详见第127页）备用。把甘纳许从冰箱里取出重新打发，使其变厚一些。装盘时先在盘子里挤一点儿巧克力酱，再把海绵蛋糕放在中间，最后挤上一些咖啡/白巧克力打发甘纳许，并插上少许糖脆片作装饰。

这款甜品可以搭配咖啡冰沙食用。

🥄 技巧复习

巧克力糖脆片 >> 第50页
巧克力海绵蛋糕 >> 第85页
打发甘纳许酱 >> 第97页
巧克力克林姆酱 >> 第100页
巧克力冰沙 >> 第123页
巧克力酱 >> 第127页

咖啡布丁佐巧克力奶油酱 ★ ★
Petits pots de crème au chocolat, gelée de café

制作8人份
准备时间：20分钟
烤制时间：12分钟
冷藏时间：2小时30分钟

制作巧克力奶油酱
将巧克力切碎后用隔水加热法*或微波炉融化（注意在使用微波炉加热时须设定为解冻模式或最大不超过500瓦功率的加热模式，并不时搅拌）。
将奶油煮沸，并遵循3*1/3法则将奶油拌入巧克力中。随后将巧克力奶油酱倒入甜品杯并用保鲜膜封口。
将巧克力奶油酱蒸10~12分钟，蒸好后将其放入冰水里冷却，最后再放进冰箱冷藏。

制作咖啡布丁
先用凉水把吉利丁片泡软。
泡10毫升意式浓缩咖啡，把吉利丁片沥干并将其溶解在咖啡中。
将咖啡吉利丁液倒入深度不超过1厘米的平盘中，并冷藏至少2小时。
将冻好的咖啡布丁切成小方块，放入甜品杯即制作完成。

●主厨建议
蒸巧克力奶油酱的时间依据所使用的甜品杯的大小会有所不同：使用口径5厘米、深度3厘米的甜品杯一般需要蒸10~12分钟。

技巧复习
巧克力的融化 >> 第19页

配料

巧克力奶油酱
140克可可含量60%的黑巧克力或
120克可可含量70%的黑巧克力
100克（约100毫升）牛奶
1个整鸡蛋+1个鸡蛋蛋黄

咖啡布丁
2克吉利丁片
10毫升意式浓缩咖啡

所需工具
8个玻璃甜品杯
蒸笼或古斯蒸锅

注：古斯锅是北非居民烹饪古斯古斯（一种类似于小米的主食）所使用的厨具，其原理和中国蒸锅相同，分为上下两层。

配料

青柠檬白巧克力克林姆酱

2个新鲜青柠檬的果皮
3克吉利丁片
5个蛋黄
50克细砂糖
250克（约250毫升）全脂牛奶
250克（约250毫升）全脂鲜奶油
225克可可含量35%的白巧克力

水果糖浆

1个新鲜青柠檬的果皮
半个新鲜橙子的果皮
70克（约70毫升）清水
50克砂糖
半个百香果

妃乐酥皮脆片

1袋冷冻妃乐酥皮
50克黄油
糖霜

水果杂烩

1根香蕉
半个柚子
半个菠萝
1个橙子
1个芒果

所需工具

厨房温度计
烤盘

● 主厨建议

要等到装盘的最后一步再摆上妃乐酥皮脆片，以防止其沾上糖浆后变软。

● 烘焙须知

妃乐酥皮薄如纸片，却比一般的酥皮还要香脆。

⚲ 技巧复习

巧克力的融化 >> 第19页
巧克力克林姆奶油酱 >> 第100页

异域水果杂烩配青柠檬白巧克力克林姆酱 ★ ★
Méli-mélo de fruits exotiques, crémeux de chocolat blanc au citron vert

制作6~8人份
部分原料需要提前1晚准备
准备时间： 1小时30分
冷藏时间： 1晚
烤制时间： 10分钟
静置时间： 15分钟

提前1晚做好青柠檬白巧克力克林姆酱

将青柠檬皮刨成细丝，并用凉水泡软吉利丁片。

取一个碗，加入蛋黄、砂糖和刨好的柠檬皮拌匀，再将混合物与牛奶和奶油一起文火加热，注意不断摇晃锅底，直到奶油酱变厚并达到浓稠状态*（此时奶油酱的温度应该在82~84摄氏度左右）。

关火后用打蛋器继续搅拌一会儿使奶油酱变得更加厚实，之后倒入沥干的吉利丁，待其完全溶解后用漏勺过滤。

将巧克力切碎后用隔水加热法*或微波炉融化（注意在使用微波炉加热时须设定为解冻模式或最大不超过500瓦功率的加热模式，并不时搅拌）。

遵循3*1/3法则，将青柠檬奶油酱完全拌入巧克力中，再把做好的克林姆酱冷藏1晚。

第二天开始制作水果糖浆

将橙子和青柠檬果皮刨成细丝。

清水加糖熬煮，接着往糖浆里加入橙皮碎和柠檬皮碎，关火后静置5~10分钟使其入味。

将糖浆用漏勺过滤后，加入百香果籽，并放入冰箱冷藏。

制作妃乐酥皮脆片

将粘在一起的妃乐酥皮分开成单张（先将一卷酥皮摊开并分简单成两部分，随后将它们靠在一起反复揉搓即可），再加热融化黄油。

将酥皮摆在烤盘中，并在表面涂抹黄油，撒上糖霜，最后以180摄氏度（调节器6挡）烤至金黄即可。

将所有水果削皮，切成小方块并混杂着放在深盘中，浇上一层水果糖浆，到食用前再舀1勺青柠檬白巧克力克林姆酱，盖在其表面，并用妃乐酥皮薄片装饰。

白巧克力奶冻配顿加豆及草莓酱 ★
Panacotta ivoire à la fève de tonka, coulis de fraise

制作8人份
部分原料需要提前1晚准备
准备时间：40分钟
冷藏时间：1晚

提前1晚做好白巧克力意式奶冻

将吉利丁片用凉水泡软，煮沸牛奶并将沥干后的吉利丁片溶在热牛奶里。

将巧克力切碎后用隔水加热法*或微波炉融化（注意在使用微波炉加热时须设定为解冻模式或最大不超过500瓦功率的加热模式，并不时搅拌）。

取出1/3的热奶油倒入融化的巧克力中，借助刮刀*用力在面糊中心画圆圈搅拌，直至巧克力出现散发光泽的"弹性中心"，随后再重复以上操作2次，将所有奶油溶入巧克力中。

加入冰的奶油并用打蛋器搅拌均匀，往奶冻里塞入香豆并将甜品杯放进冰箱冷藏1晚。

制作草莓酱

将新鲜草莓切成小块备用。

在清水中加细砂糖熬煮成糖浆，再把糖浆浇在草莓小块中拌匀。

将混合物放入冰箱冷藏1晚。

第二天用漏勺滤掉草莓果粒，并留下半透明状的草莓酱，注意不要将草莓果粒压碎。

将草莓酱浇在奶冻表面，切几块草莓并取几颗树莓作装饰，即完成摆盘。

●主厨建议

等待奶冻稍稍凝固以后再塞入香豆，这样可以防止香豆浮到奶油表面。

这款奶冻需要在冷的时候食用，您也可以配上一杯淡淡的绿茶，尽享它带来的清新滋味！

技巧复习

巧克力的融化 >> 第19页
巧克力意式奶冻 >> 第105页

配料

白巧克力意式奶冻

4克吉利丁片
175克可可含量35%的白巧克力
200克（约200毫升）牛奶
300克（约300毫升）全脂鲜奶油
半颗顿加香豆

草莓酱

130克草莓
250克（约250毫升）清水
25克细砂糖

所需工具

硅胶模具或甜品杯

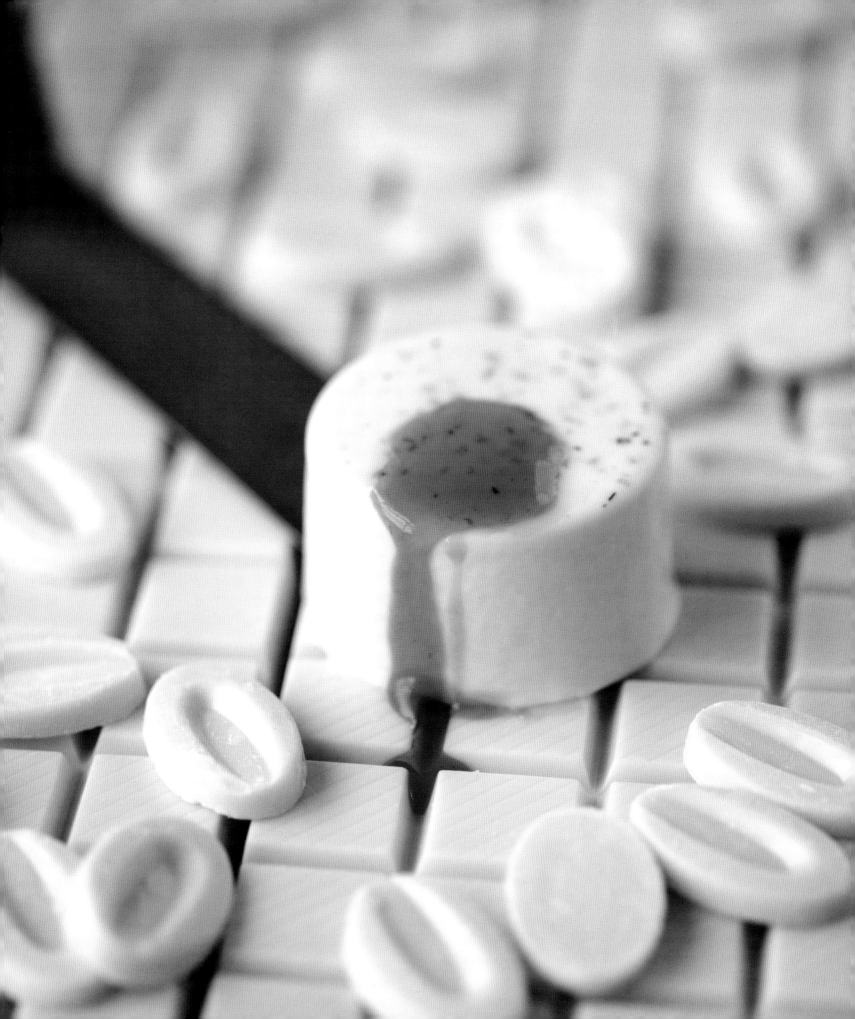

配料

黑巧克力意式奶冻

4克吉利丁片
130克可可含量60%的黑巧克力
200克（约200毫升）牛奶
300克（约300毫升）全脂鲜奶油

菠萝淋面

150克（约150毫升）菠萝汁
400克新鲜菠萝
20克红糖
15克（约15毫升）褐色的朗姆酒

香茅奶泡

500克（约500毫升）全脂牛奶
50克细砂糖
3根香茅草
半根香草荚
4克吉利丁片
120克（约120毫升）椰奶

所需工具

虹吸瓶（奶油发泡器）
甜品杯若干
厨房温度计

●主厨建议

配料中的菠萝也可以用芒果代替。

⌇技巧复习

巧克力的融化 >> 第19页
巧克力意式奶冻 >> 第105页

黑巧克力意式奶冻
配菠萝淋面及椰味香茅奶泡★★
Panacotta chocolat noir à l'ananas, écume coco/citronnelle

制作6~8人份
部分原料需要提前1晚准备
准备时间：1小时45分钟
烤制时间：25~30分钟
冷藏时间：1晚

提前1晚准备好黑巧克力意式奶冻

用凉水将吉利丁片泡软，随后将巧克力切碎并用隔水加热法*或微波炉融化（注意在使用微波炉加热时须设定为解冻模式或最大不超过500瓦功率的加热模式，并不时搅拌）。

把牛奶煮开并加入吉利丁片使其融化。

将1/3的热牛奶吉利丁混合物加入巧克力中，用刮刀在容器中画圆圈搅拌，直至巧克力奶糊散发光泽并出现"弹性中心"，随后再重复以上操作2次，直到将所有溶液拌入巧克力中。

接着用电动打蛋器继续搅拌一会儿使乳化更加均匀，最后将奶冻倒入甜品杯，并放入冰箱冷藏1晚。

第二天准备菠萝淋面

先将菠萝汁煮沸浓缩，再把菠萝去皮并切成小条状，接着往菠萝条里加入红糖、朗姆酒及浓缩菠萝汁。

用塑料袋包装菠萝果肉（及果汁），挤压出其中的空气并用橡皮筋扎紧袋口。

把菠萝淋面放入75~80摄氏度的隔水装置中加热25~30分钟。

制作柠檬奶泡

在牛奶中加糖煮开并浓缩至350毫升。

把香茅草切碎，刮下香草籽并把它们一起加到浓缩后的牛奶中（注意留下一点儿香茅草碎用作之后的装饰），将混合物静置30分钟待其入味后用漏勺过滤。

往调味热牛奶里加入泡软后的吉利丁片，随后再加入椰奶，并将混合物倒入虹吸瓶中冷藏3~4小时。

甜品装盘时先把菠萝淋面浇在奶冻上，随后用发泡器在甜品杯里喷上奶泡（奶泡高度要与甜品杯平齐），最后用香茅碎装饰即可。

红果巧克力焦糖布丁 ★ ★
Transparence chocolat, crème brûlée, confit de fruits rouges

制作6~8人份
准备时间：45分钟
烤制时间：20分钟
冷藏时间：35分钟

制作香草焦糖布丁
把牛奶煮沸，并加入细砂糖、香草籽，静置一会儿待其入味后过滤。
将蛋黄和冰奶油倒在一起，接着向其中加入调味热牛奶并拌匀。
将混合物倒入甜品杯，用烤箱以90~100摄氏度（调节器3/4挡）烤制17~20分钟。

制作红果焦糖酱
在锅中倒入树莓和砂糖熬煮1~2分钟，接着加入蓝莓继续熬煮一会儿，此时会观察到树莓和蓝莓在焦糖浆中颤动。煮好后将焦糖酱放入冰箱冷藏。

制作热巧克力慕斯
将巧克力切碎后用隔水加热法*或微波炉融化（注意在使用微波炉加热时须设定为解冻模式或最大不超过500瓦功率的加热模式，并不时搅拌）。
在砂糖里拌入琼脂，并加入牛奶一起煮沸，随后取1/3的混合物加入巧克力中，用刮刀在容器中画圆圈搅拌，直至巧克力奶糊散发光泽并出现"弹性中心"，随后再重复以上操作2次，直到将所有溶液拌入巧克力中。
将巧克力奶糊倒入虹吸瓶中并以45~50摄氏度用水浴法加热。

香草布丁烤好后放入冰箱冷藏30分钟左右，之后在布丁表面舀上一勺红果焦糖酱，并再次放回冰箱保存，食用时将其取出并挤上热的巧克力慕斯即可。

●主厨建议
琼脂必须要经过加热后才会具有凝胶的质感。您可以在慕斯表面撒上几片巧克力刨花，让绵软的慕斯和香脆的巧克力这两种不同口感相互碰撞！

🥄技巧复习
巧克力的融化 >> 第19页

配料

香草焦糖布丁
65克（约65毫升）全脂牛奶
50克细砂糖
1根香草荚
190克（约190毫升）全脂鲜奶油
4个蛋黄

红果焦糖酱
65克细砂糖
75克树莓
50克蓝莓

热巧克力慕斯
80克可可含量70%的黑巧克力
25克细砂糖
1克食用琼脂
135克（约135毫升）全脂牛奶

所需工具
甜品杯若干
虹吸瓶
厨房温度计

焦糖巧克力甜品匙 ★ ★
Spoon chocolat/caramel

制作6~8人份
部分原料需要提前1晚准备
准备时间：1小时30分钟
冷藏时间：1晚

提前1晚制作巧克力慕斯

将巧克力切碎后用隔水加热法*或微波炉融化（注意在使用微波炉加热时须设定为解冻模式或最大不超过500瓦功率的加热模式，并不时搅拌）。

用凉水泡软吉利丁片，沥干后和牛奶一起煮沸。取1/3的牛奶吉利丁溶液倒入巧克力中，用刮刀在容器中画圆圈搅拌，直至巧克力奶糊散发光泽并出现"弹性中心"，随后再重复以上操作2次，直到将所有溶液拌入巧克力中。

打发鲜奶油至慕斯状，当另一边巧克力的温度降到35~40摄氏度时，把奶油霜拌入其中并放入冰箱冷藏1晚即可。

第二天开始准备焦糖奶油酱

取一大一小两个深锅，在小锅中倒入鲜奶油煮沸，在大锅中先将蜂蜜煮化，随后一点一点地加入砂糖，并不断晃动锅底，直到锅内出现金色的焦糖酱。此时慢慢地把热奶油倒入熬好的焦糖酱中，并继续加热至103摄氏度，注意过程中防止奶油溅出，随后关火并将焦糖奶油在室温下放凉。

取一小块巧克力慕斯放在甜品匙里，再在其表面浇上焦糖奶油酱，接着撒上少许坚果碎即可。

✎ 技巧复习
无蛋巧克力慕斯 >> 第111页

配料

巧克力慕斯
180克60%黑巧克力
3克吉利丁片
170克（约170毫升）全脂牛奶
350克（约350毫升）全脂鲜奶油

焦糖奶油酱
200克（约200毫升）全脂鲜奶油
20克蜂蜜
90克细砂糖

自选坚果仁

所需工具
厨房温度计

甜蜜"魔法"

克里斯托弗·费尔德
Christophe Felder

推荐食谱

巧克力相比于其他甜品原料更易于把控，也更能带给人们愉悦的享受，它也因此成为许多简单食谱的主角。据我观察，绝大多数的人都能够熟练掌握甘纳许的制作方法，仅有一小部分十分精致的甜品装饰及切割操作需要更加专业的技巧。

在甜品制作中，我始终奉行口味至上和极简主义的原则，一块饼底配上奶油的组合是永恒的经典。此外，原料的品质也会对甜品的质量产生极其重要的影响。

在本章节的开头，我将为您介绍一款经典的巴斯克蛋糕，我曾经在这份食谱里融入了草莓、樱桃和杏仁等元素，而巧克力和杏仁酱，柠檬皮和橙皮的组合更给这份传统甜品带来了新的风味。原料方面，我使用的是法芙娜的可可粉和圭亚那黑巧克力，它们就是巧克力中的罗蒂干红！

巧克力巴斯克蛋糕
Gâteau basque au chocolat

制作杏仁蛋糕坯
先把烤箱预热至180摄氏度（调节器6挡）。
把软化黄油*、砂糖和杏仁粉倒进一个容器里并用刮刀拌匀，随后加入刨好的柠檬皮和鸡蛋液并持续搅拌，最后加入面粉、可可粉和盐揉成面团。将面团用保鲜膜封好后放入冰箱冷藏1小时。

制作巧克力奶油酱
将牛奶和奶油倒在一起用中火熬煮，另取一个容器加入蛋黄、砂糖和布丁粉拌匀备用。
当牛奶和奶油煮沸时，倒入蛋黄、砂糖、布丁粉以及可可粉的混合物，并用力搅拌，过程中需要继续加热直到奶油霜变厚。
奶油霜煮好后先关火，再加入黄油和巧克力碎，注意不断晃动锅底。
把奶油霜放凉，之后接着往里面加入软化的杏仁酱（可以用烤箱或微波炉低挡把杏仁酱烤软）、朗姆酒、杏仁粉和橙皮，并用打蛋器搅拌均匀，把做好的奶油酱用保鲜膜封口并置于室温下保存。

蛋糕的组装
将面团擀成约10毫米厚，并将其切成2块长约24厘米，宽约22厘米的长方形。
在蛋糕模具表面涂上黄油，并把第一片蛋糕饼底放在模具中央，用剩下的80克面团制作蛋糕边，并贴在模具的四个内面。
用叉子在蛋糕饼底上插出一些小孔，并用平口裱花嘴将巧克力奶油酱挤在蛋糕饼底内，并将其表面覆盖，随后再放上第二块饼底压实，注意两层蛋糕之间不要留有空气，最后将蛋糕放入冰箱冷藏10分钟。
为蛋糕上色：先将蛋黄打散并加入胭脂红色素，再将红色蛋黄浆涂抹在蛋糕表面，最后用刀尖划出想要做出的形状。
所有步骤完成后，将蛋糕放入烤箱，以180摄氏度（调节器6挡）烤制30分钟左右取出，放凉后脱模即可。

制作8人份

配料
杏仁蛋糕坯
175克软化黄油，125克细砂糖，85克杏仁粉
半个新鲜柠檬的果皮（刨丝）
1个整鸡蛋，200克面粉
20克法芙娜可可粉，1茶匙精盐

巧克力奶油酱
150克牛奶
80克全脂鲜奶油
2个蛋黄（约40克）
40克细砂糖，20克布丁粉
10克法芙娜可可粉，20克黄油
50克可可含量80%的圭亚那黑巧克力
80克杏仁酱，5克朗姆酒
50克极细杏仁粉，10克橙皮

（用于涂抹糕点的）红色蛋黄浆
0.4克胭脂红色素
2个蛋黄（约40克）

所需工具
尺寸为25厘米×25厘米的蛋糕模具
平口裱花嘴及裱花袋

碧根果巧克力手指饼 ★
Fingers au chocolat et noix de pécan

制作8人份
准备时间：35~40分钟
烤制时间：25分钟
冷藏时间：4小时

提前3~4小时准备黑巧克力甘纳许
将巧克力切碎后用隔水加热法*或微波炉融化（注意在使用微波炉加热时须设定为解冻模式或最大不超过500瓦功率的加热模式，并不时搅拌）。
在奶油里加蜂蜜煮沸，随后将1/3的热奶油倒入巧克力中，用刮刀在容器中画圆圈搅拌，直至巧克力奶糊散发光泽并出现"弹性中心"，随后再重复以上操作2次，直到将所有热奶油拌入巧克力中。
往巧克力奶糊中加入黄油，搅拌均匀后静置3~4小时即可。

制作手指饼
在大碗中加入蛋黄、黑糖、蜂蜜及45克细砂糖拌匀备用。
将巧克力切碎后用隔水加热法*或微波炉融化（注意在使用微波炉加热时须设定为解冻模式或最大不超过500瓦功率的加热模式，并不时搅拌），并向其中加入软化黄油，与此同时打发蛋白并在此过程中加入70克砂糖。
将第一步中打好的蛋黄加到巧克力中，再加入面粉、碧根果碎和腰果碎，最后倒入打发好的蛋白拌匀。

将饼干面糊倒在包裹*上烘焙纸的烤盘中，使高度保持在1.5厘米左右，撒上白芝麻并用烤箱以160摄氏度（调节器5/6挡）烤制25分钟。
将整块饼底烤好后静置5分钟，随后将其取出放在另一张烘焙纸上，并放入冷冻室保存几分钟，待其冻硬后再切成尺寸为8厘米×2厘米的手指饼。

最后将黑巧克力甘纳许用裱花工具挤在手指饼表面即可。

●主厨建议
把饼干面糊放入冰箱冻硬后再进行切割会更容易。

●烘焙须知
非洲黑糖是用产自毛里求斯的红甘蔗制作的，它的生产过程中没有经过高度提炼，含有很多糖蜜成分，因此口味较浓重。如果您没有这种黑糖，也可以用红糖代替。

配料

手指饼
3个蛋黄
45克黑糖
30克栗树蜂蜜或松树蜂蜜
115克细砂糖（分两次使用，分别用45克和70克）
90克可可含量70%的黑巧克力
150克黄油
3个鸡蛋蛋清
40克面粉
70克碧根果
70克腰果
少许白芝麻

黑巧克力甘纳许
130克可可含量70%的黑巧克力
90克（约90毫升）全脂鲜奶油
30克松树蜂蜜
50克黄油

所需工具
烤盘或硅胶垫
裱花工具

技巧复习
巧克力的融化 >> 第19页
原味甘纳许 >> 第33页

配料

杏仁茴香酥粒

10克红糖
10克杏仁粉
10克面粉
半茶匙精盐
1茶匙青茴香粉
10克黄油

开心果蛋糕

15克黄油
75克细砂糖
1个鸡蛋
1茶匙精盐
35克（约35毫升）全脂鲜奶油
60克面粉
1克泡打粉
30克开心果酱（做法详见第42页）

巧克力轻蛋糕

1个鸡蛋
50克细砂糖
20克杏仁粉
30克面粉
2克泡打粉
8克纯可可粉
35克可可含量60%或70%的黑巧克力
30克（约30毫升）全脂鲜奶油
20克黄油
1个鸡蛋的蛋清

几颗糖渍樱桃
（最好选用产自意大利的阿玛娜樱桃）

所需工具

烤盘或硅胶垫
蛋糕模

技巧复习

巧克力的融化 >> 第19页
开心果酱/榛仁酱 >> 第42页
杏仁/巧克力酥粒 >> 第88页

开心果巧克力蛋糕
配杏仁茴香酥粒 ★
Cake chololat/pistache, streuzel amandes/anis

制作6人份
准备时间：45分钟
烤制时间：1小时10分钟

制作杏仁茴香酥粒

在大碗中加入红糖、杏仁粉、面粉、精盐和青茴香粉拌匀。

将黄油切小块，加到混合粉末中，并将其揉成面团状。

把面团擀平放在烤盘里或硅胶垫上，用烤箱以150/160摄氏度（调节器5/6挡）烤制10分钟左右，直至其变焦黄即可。

制作开心果蛋糕

将黄油熔化后盛在碗里备用。

另取一个容器，倒入砂糖、鸡蛋、精盐和鲜奶油，再加入过筛*的面粉和泡打粉，搅拌后使混合物变成均匀的面糊。

将开心果酱稍稍烤软，往里面倒入一点儿蛋糕面糊拌匀，之后再将这份开心果酱倒回剩下的面糊中，并和黄油一起拌匀。

制作巧克力轻蛋糕

取一个容器，加入鸡蛋和砂糖，随后再加入杏仁粉、过筛的面粉、泡打粉和可可粉，不停搅拌直至得到均匀的面糊。

将巧克力切碎用隔水加热法*或微波炉融化（注意在使用微波炉加热时须设定为解冻模式或最大不超过500瓦功率的加热模式，并不时搅拌）。

另取一个深锅加热，将奶油煮开并将熬好的热奶油倒进巧克力中拌匀，随后再将巧克力奶糊倒进蛋糕面糊里，最后加入融化的黄油以及打发的蛋白即可。

烤制开心果巧克力蛋糕

将开心果蛋糕面糊倒在模具底部，加入几颗糖渍樱桃（注意不要让樱桃碰到蛋糕模具的边缘）。

再倒入巧克力蛋糕面糊，并在其表面撒上烤好的杏仁茴香酥粒。

最后以150摄氏度（调节器5挡）烤制约1小时即可（可以用小刀切面的方法检验蛋糕是否烤好，如果刀切面不粘面糊则说明已经烤好）。

●主厨建议

这款蛋糕放置1晚后口味更佳。您可以用保鲜膜将其封存：如果喜欢吃口感脆一些的，可以在蛋糕放凉后再封上保鲜膜；如果喜欢吃软糯一些的，则可以在蛋糕刚烤好时就立刻封上保鲜膜。

朗姆酒香蕉软蛋糕 ★ ★
Cake chocolat/banane, raisins au rhum blanc

制作6人份
部分原料需要提前1晚准备
准备时间: 20 分钟
烤制时间: 40~50分钟
冷藏时间: 1晚

将葡萄干洗净并加到朗姆酒里用文火熬煮, 葡萄干吸入朗姆酒后体积膨胀, 待朗姆酒蒸发1/4左右后关火, 并将葡萄干捞出备用。

制作蛋糕面糊

将巧克力切碎后用隔水加热法*或微波炉融化 (注意在使用微波炉加热时须设定为解冻模式或最大不超过500瓦功率的加热模式, 并不时搅拌), 随后在其中加入熔化的黄油。

把融化后的巧克力和黄油的混合物倒入大碗中并加入细砂糖和黑糖拌匀, 继续搅拌并同时加入蛋黄和鸡蛋液, 注意要把混合物拌匀, 直至其表面拥有光滑的质感。

接着往混合物里加入香蕉果泥、榛仁粉、可可碎、面粉和泡打粉, 最后将蛋糕面糊放入冰箱冷藏15分钟。

第二天开始烤制蛋糕

将可可碎倒入牛奶, 取出蛋糕面糊并加入朗姆酒葡萄干和可可碎牛奶拌匀。
将拌好的面糊倒入包上烘焙纸的蛋糕模中 (也可以不用烘焙纸而改用黄油涂抹模具或用面粉覆盖模具表面), 再将其放入烤箱以180摄氏度 (调节器6挡) 烤制约45分钟。

用朗姆酒把烤好的蛋糕浸湿并撒上肉豆蔻, 随后趁热用保鲜膜将其仔细封好, 这样做可以使朗姆酒的香味浸透整个蛋糕而不会流失, 最后把蛋糕放在冰箱冷藏室保存1晚即可。

● 主厨建议

将蛋糕面糊放入冰箱冷藏的步骤十分重要。因为将面糊冻硬后可以防止葡萄干和可可碎沉入底部。
由于加入了香蕉, 这款蛋糕的烤制时间相比其他甜品更长一些, 具体的烤制时间还会依据香蕉的成熟度而有所不同。

● 烘焙须知

这款蛋糕的原材料中由于基本上没有干料成分, 所以整体的质感非常柔软。

配料

白朗姆酒葡萄干
60克葡萄干 (干重)
50毫升白朗姆酒
清水

蛋糕面糊
80克可可含量60%的黑巧克力
100克黄油 (注意还需要留出一部分涂抹模具)
40克细砂糖
20克黑糖或红糖
1个蛋黄
3个整鸡蛋
200克香蕉果泥 (注意要选用熟透发黑的香蕉)
40克榛仁粉
40克可可碎*
50克面粉
4克泡打粉
150克可可含量40%的牛奶巧克力
少许朗姆酒
去皮肉豆蔻少许

所需工具

蛋糕模

技巧复习
巧克力的融化 >> 第19页

椰子百香果巧克力夹心饼 ★ ★ ★
Biscuit choco/coco/passion

制作6~8人份
部分原料需要提前1晚准备
准备时间：50分钟
烤制时间：10分钟
冷藏时间：2小时
冷冻时间：1晚

提前1晚准备杏仁牛轧糖

将黄油加热熔化，依次加入葡萄糖浆、砂糖、苹果果胶、可可粉及杏仁碎并揉成面团。

将面团放在两张油纸之间擀平并放入冰箱冷冻室保存约30分钟。

制作百香果软糖

在锅中倒入百香果果酱、葡萄糖浆、黄果胶、20克细砂糖及蜂蜜一起加热，接着加入剩下的100克砂糖并继续熬煮至105摄氏度。

加入柠檬酸溶液，并将混合物倒入包*上一层油纸的方形模具中（将液面高度保持在1厘米左右），最后将混合物放入冰箱冷冻室保存1晚。

第二天制作椰味巧克力软饼

在大碗中加入砂糖、蜂蜜、牛奶、鸡蛋、椰子粉及过筛*后的面粉和泡打粉。

将巧克力切碎后用隔水加热法*或微波炉融化（注意在使用微波炉加热时须设定为解冻模式或最大不超过500瓦功率的加热模式，并不时搅拌）。

往巧克力里倒入融化的黄油，再倒入第一步中的混合物拌匀，最后把面糊放入冰箱冷藏2小时备用。

将杏仁牛轧糖切成和模具口相同的大小，并将其摆在模具底部，接着抹上一层巧克力软饼面糊。

在面糊上放一片百香果软糖，接着再抹上第二层面糊。

用烤箱以170/180摄氏度（调节器5/6挡）烤制10分钟即完成。

● 主厨建议

在这份食谱中，苹果果胶是使牛轧糖具有嚼劲的必备原料。

● 烘焙须知

您可以在甜品用品商店以或网络上购买到烘焙所需的苹果果胶、黄果胶及柠檬酸。

配料

杏仁牛轧糖

60克黄油
25克（约25毫升）葡萄糖浆
75克细砂糖
1克苹果果胶
8克纯可可粉
90克杏仁碎

百香果软糖

175克百香果果酱
45克（约45毫升）葡萄糖浆
1克黄果胶
120克细砂糖（分2次使用，分别使用20克和100克）
20克蜂蜜
1克柠檬酸溶液

椰味巧克力软饼

50克细砂糖
45克蜂蜜
60克（或60毫升）全脂牛奶
1个鸡蛋（约60克）
60克椰子粉
40克面粉
2克泡打粉
50克可可含量70%的黑巧克力
45克黄油

所需工具

厨房温度计
方形硅胶模具
方形糖果模
烤盘
裱花工具

技巧复习

巧克力的融化 >> 第19页
法式水果软糖 >> 第45页

巧克力甜饼 ★
Cookies

该食谱可制作30余个巧克力甜饼
准备时间：15分钟
烤制时间：每烤一炉饼干需要约12分钟

在大碗中将软化黄油和红糖拌匀，再加入鸡蛋、过筛*后的面粉和泡打粉打成面糊。

在面糊中加入巧克力碎、核桃碎及焦糖块并搅拌均匀。

在烤盘里铺上一层烘焙纸，把巧克力面糊挤入其中并压成饼状。

用烤箱以170摄氏度（调节器5/6挡）烤制12分钟即可。

●主厨建议

注意压制面糊时不要用太大力气，这样烤出来的饼干才能外表酥脆，内部蓬松柔软。

●烘焙须知

配料中的巧克力碎也可以用巧克力豆代替。

配料

180克黄油
120克粗红糖
1个鸡蛋
180克面粉
半袋泡打粉（约5克）
150克巧克力碎
150克混合果仁
（碧根果、夏威夷果、腰果、核桃等）
3根焦糖条（切成小块）

所需工具

烤盘

配料

牛奶巧克力热内亚蛋糕

75克可可含量40%的牛奶巧克力
50克黄油
160克杏仁酱（做法详见第41页）
3个鸡蛋
30克面粉
2克泡打粉
10毫升茴香酒

1个澳洲青苹果
70克粗糖粒

所需工具

厨房温度计
12个硅胶小蛋糕模
水果切片器

巧克力苹果软心蛋糕 ★ ★
Petits moelleux choco/pomme

制作12块蛋糕
准备时间：20分钟
烤制时间：14分钟

制作牛奶巧克力热内亚蛋糕

将巧克力切碎后用隔水加热法*或微波炉融化（注意在使用微波炉加热时须设定为解冻模式或最大不超过500瓦功率的加热模式，并不时搅拌），随后再加入熔化的黄油。

先用微波炉稍稍加热使杏仁酱软化，再将鸡蛋放在隔水加热装置里打发，当温度达到50摄氏度时把打发的鸡蛋液倒入杏仁酱中并用力搅拌均匀。

往蛋液和杏仁酱里相继加入过筛后的面粉、泡打粉、茴香酒及巧克力黄油。

最后将拌好的面糊灌入蛋糕模具。

制作巧克力蛋糕的苹果抹面

苹果洗净削皮，再用切片器切成细丝。

将苹果丝放入柠檬水中浸泡一会儿，随后沥尽水分并放在吸水纸上晾干。

将苹果丝撒在蛋糕面糊上，再撒上一层粗糖粒，最后用烤箱以160/170摄氏度（调节器5/6挡）烤制14分钟左右即可。

● 主厨建议

在蛋糕面糊里可以适当加入几滴茴香酒。
蛋糕冷却后可以冷冻保存，但注意需要尽快食用。

技巧复习

巧克力的融化 >> 第19页
杏仁酱 >> 第41页
巧克力热内亚蛋糕 >> 第89页

巧克力坚果曲奇饼 ★ ★ ★
Sablés croquants, fruits secs au chocolat

制作6~8人份
部分原料需要提前1晚准备
准备时间：45分钟
烤制时间：20分钟
冷冻时间：1~2小时
结晶*时间：12小时

制作杏仁牛轧糖

将黄油加热熔化，依次加入葡萄糖浆、砂糖、苹果果胶、可可粉及杏仁碎，并揉成面团。

将面团放在两张油纸之间擀平并放入冰箱冷冻室保存约30分钟。

用小型饼干模具将杏仁牛轧糖切成直径约3厘米的圆片备用。

准备曲奇饼面糊

在大碗里加入软化黄油及过筛后的糖霜，接着加入鸡蛋、奶油、过筛后的面粉、玉米淀粉与精盐和香草粉拌匀，注意不宜搅拌过度。

在硅胶模中先用面糊挤出曲奇饼的形状，接着放上一片冻好的杏仁牛轧糖，撒上开心果碎后用烤箱以150/160摄氏度（调节器5/6挡）烤制15~20分钟。

选用适合的方法对巧克力进行调温（详见第20页）。曲奇饼冻好后将其脱模，最后再拿住曲奇饼干平滑的那一面蘸上巧克力，并静置12小时，待其结晶即可。

● 主厨建议

如果想要让曲奇饼的巧克力底厚一点，可以在饼干脱模后把模具重新利用起来，先向其中挤入巧克力，再把烤好的曲奇放在其中，待巧克力结晶后再次脱模即可。

● 烘焙须知

您可以在甜品用品商店以或网络上购买到烘焙所需的苹果果胶和葡萄糖浆。

技巧复习

巧克力调温 >> 第20页
巧克力果仁牛轧糖 >> 第59页
裱花曲奇 >> 第73页

配料

曲奇饼面糊

150克黄油
100克糖霜
1个鸡蛋
15克（约15毫升）全脂鲜奶油
200克面粉
20克玉米淀粉
1茶匙精盐
1茶匙香草粉

杏仁牛轧糖

75克细砂糖
1克苹果果胶
60克黄油
25克葡萄糖浆
8克纯可可粉
90克杏仁碎

几颗开心果仁
300克可可含量60%或70%的黑巧克力

所需工具

直径约7厘米的硅胶迷你挞模具
12毫米裱花嘴（带凹槽）及裱花袋
直径3厘米的饼干模具

黑巧克力费南雪蛋糕
配橙香杏仁酥粒及糖渍橙片 ★ ★
Financiers au chocolat noir,
streuzel agrumes et oranges confites

制作6~8人份
准备时间：30分钟
烤制时间：30分钟
冷藏时间：2~3小时

首先准备黑巧克力费南雪蛋糕
在大碗中加入杏仁粉、糖霜、玉米淀粉和可可粉，随后加入打发的蛋白和奶油拌匀。

将巧克力切碎后用隔水加热法*或微波炉融化（注意在使用微波炉加热时须设定为解冻模式或最大不超过500瓦功率的加热模式，并不时搅拌）。

将第一步中的混合物倒出一部分到融化的巧克力中，再将巧克力奶油糊倒回剩下的混合物中拌匀，并放入冰箱冷藏2~3小时。

再制作橘香杏仁酥粒
在大碗里加入红糖、杏仁粉、面粉、刨丝的橙皮和柠檬皮，再将黄油切小块加入，用力按揉成面团。

将面团摆在烤盘或硅胶垫上按平，并用烤箱以150/160摄氏度（调节器5/6挡）烤制约10分钟，直到其表面变焦黄。

将费南雪蛋糕面糊倒入蛋糕模具，撒上糖渍橙块以及烤好的杏仁酥粒。

将蛋糕放入烤箱，以175摄氏度（调节器5/6挡）烤制15~20分钟，放凉后脱模即可。

●主厨建议
为了让酥粒和橙块能够紧密地附着在蛋糕表面，您可以分两次进行烘烤：先将蛋糕面糊烤4分钟使其稍稍成型后再撒上装饰，随后继续烤十几分钟完成制作。

●烘焙须知
使用硅胶制的模具不需要在其表面涂抹黄油。如果脱模的时候出现了困难，可以将其放凉或干脆冷冻后再进行脱模。

技巧复习
巧克力的融化 >> 第19页
巧克力费南雪蛋糕 >> 第83页
杏仁/巧克力酥粒 >> 第88页

配料

黑巧克力费南雪蛋糕
190克杏仁粉
150克糖霜
10克玉米淀粉
10克纯可可粉
9个鸡蛋清
75克（约75毫升）全脂鲜奶油
50克可可含量60%的黑巧克力

橘香杏仁酥粒
50克红糖
50克杏仁粉
50克面粉
半个鲜橙的果皮
半个柠檬的果皮
50克黄油

240克糖渍橙片

所需工具
裱花工具
蛋糕模具盘
烤盘或硅胶垫

配料

100克糖渍柠檬皮（或橙皮）
150克细砂糖
50克蜂蜜
160克（约160毫升）全脂鲜奶油
50克松子
100克杏仁薄片
400克可可含量70%的黑巧克力

所需工具

厨房温度计
12个直径约10厘米的不锈钢或硅胶制甜品挞模具
硅胶垫

法式焦糖杏仁脆饼 ★ ★ ★
Florentins

制作10~12人份
准备时间：10分钟
烤制时间：15分钟

先将烤箱预热至150摄氏度（调节器5挡）。

将柠檬皮切成小块备用。

在厚底锅中加入细砂糖、蜂蜜和奶油，加热至118摄氏度左右，再倒入松子、杏仁薄片和糖渍柠檬皮拌匀。

在硅胶垫上摆好甜品挞模具，将上述步骤中做好的混合物倒入模具并用烤箱烤制10~15分钟，直到其变焦黄即可。

将焦糖杏仁脆饼从模具中取出并放凉。

对巧克力进行调温

先用面包刀切出300克考维曲巧克力碎，用隔水加热*法将其融化，注意如果是用小火加热则不能把水煮开，如果用的是微波炉加热则需要调至解冻模式或最高不超过500瓦的加热模式。

用刮刀不断搅拌使巧克力完全融化，同时注意控制温度，当巧克力温度达到55摄氏度或58摄氏度时，将巧克力从加热装置中取出。

倒出约1/3融化的巧克力，随后在剩下的热巧克力中加入事先准备好的100克巧克力碎，待巧克力温度降至28摄氏度或29摄氏度时，再缓缓倒入之前保存的1/3份的热巧克力，并最终使巧克力的温度升至31摄氏度或32摄氏度。

用甜品抹刀将调温巧克力均匀地抹在焦糖杏仁脆饼的表面即可。

● 主厨建议

刚出炉的脆饼具有较强延展性，应当趁热用小刀将其脱模。如果焦糖脆饼已经变硬，则可以放回烤箱重新加热一会儿。

● 主厨建议

焦糖杏仁脆饼在条件适宜（密封且环境干燥）的情况下可以保存2～3天。

技巧复习
巧克力调温 >> 第20页

纸杯蛋糕 ★ ★
Cupcakes

制作18个纸杯蛋糕
准备时间：40分钟
烤制时间：15分钟
冷藏时间：3小时

制作巧克力纸杯蛋糕

将巧克力切碎并用隔水加热法*或微波炉融化（注意在使用微波炉加热时须设定为解冻模式或最大不超过500瓦功率的加热模式，并不时搅拌），随后再往融化的巧克力中加入黄油。

把鸡蛋液打入大碗中，加入蜂蜜和砂糖打发，接着加入过筛*后的杏仁粉、面粉、可可粉和泡打粉，最后再加入鲜奶油、巧克力浆及融化的黄油拌匀。

把面糊挤入纸杯约2/3处，并用烤箱以160摄氏度（调节器5/6挡）烤制约15分钟。

如果想制作其他口味的纸杯蛋糕，可以先将鸡蛋、砂糖、盐和奶油倒在一起，加入过筛的面粉和泡打粉，再加入融化的黄油和自选的调味剂（果皮、各类香料等）拌成面糊，最后挤到纸杯中并用相同的方法烤制。

制作甘纳许酱 （用于调味或装饰）

将巧克力切碎后用隔水加热法*或微波炉融化（注意在使用微波炉加热时须设定为解冻模式或最大不超过500瓦功率的加热模式，并不时搅拌）。

在锅中加110克奶油煮开，从其中取出1/3倒入融化的巧克力中，借助刮刀*用力在中心画圆圈搅拌，直至巧克力出现散发光泽的"弹性中心"，再重复以上操作2次直到将所有奶油溶入巧克力中.

取270克冰奶油加入巧克力奶糊中，这一过程您还可以用自己喜好的香料或色素给甘纳许调味、上色。

将做好的甘纳许酱放入冰箱冷藏至少3小时，取出后搅拌打发即可。

装盘阶段您可以用甘纳许酱在烤好的纸杯蛋糕上挤出花环的形状，您也可以给纸杯蛋糕加上水晶花、糖珠、巧克力丝、水果等装饰。

● 主厨建议

您可以用不同口味的纸杯蛋糕面糊和甘纳许酱进行自由搭配，不过需要注意甘纳许酱的赏味时限仅有2天。

技巧复习

香浓海绵蛋糕 >> 第84页
巧克力海绵蛋糕 >> 第85页
打发甘纳许酱 >> 第97页

配料

巧克力纸杯蛋糕

50克可可含量70%的黑巧克力
80克黄油
5个鸡蛋
75克洋槐蜂蜜
125克细砂糖
75克杏仁粉
120克面粉
25纯可可粉
8克泡打粉
120克（约120毫升）全脂鲜奶油

或其他口味纸杯蛋糕

310克细砂糖
5个鸡蛋
1茶匙精盐
135克（约135毫升）全脂鲜奶油
240克面粉
4克泡打粉
80克黄油
自选调味料（橙皮或其他香料）

自调口味甘纳许酱

160克可可含量35%的白巧克力
380克全脂鲜奶油（分2次使用，分别使用110克和270克）
自选调味料（橙皮、各类香料、精油等）

或巧克力甘纳许酱

310克全脂鲜奶油（分2次使用，分别使用110克和200克）
90克可可含量70%的黑巧克力

蛋糕装饰

水晶花、糖珠、巧克力丝、水果等

所需工具

齿形裱花嘴及裱花袋
麦芬纸杯

巧克力圣杰尼克斯面包 ★ ★ ★
Saint-génix aux amandes et noisettes enrobées de chocolat

制作8人份
部分原料需要提前1晚准备
静置时间：约24小时
准备时间：1小时30分钟
烤制时间：40分钟

早上（7点左右）开始制作鲁邦种：在小碗里加入鲜酵母、牛奶和50克面粉，稍稍搅拌后将其放在室温下静置5~6小时。

制作巧克力浸渍坚果仁
先烤制杏仁和榛仁（做法详见第135页），并对巧克力进行调温。
待坚果凉下来后用它们浸渍调温巧克力，沥干后再摆在烘焙纸上待其结晶。
注意不要同时浸渍多颗坚果，要一个一个地进行操作。

制作圣杰尼斯面包
把所有配料以及鲁邦种一起倒入和面机里用1挡搅拌20分钟。
静置20分钟等待面包慢慢膨发，随后再用2挡搅拌30分钟。
把面团盖住等待其膨发至2倍大小，这一过程依据环境温度的不同一般需要3~5个小时。
用力挤压面团释放其中的空气，加入坚果仁并把面团揉成球状，最后把面团放在烤盘里盖住静置1晚，等待其膨发（注意烤盘里要铺上一层烘焙纸）。
第二天一早，将盖在面团表面的布取下并给面团刷上蛋液，之后将面团切块，撒上糖霜并用烤箱以160/170摄氏度（调节器5/6挡）烤制40分钟即可。

● 主厨建议
圣杰尼斯面包要放凉以后吃，这样才能使其香味完全地释放出来。

技巧复习
巧克力调温 >> 第20页
烤制坚果 >> 第134页

配料

鲁邦种
10克新鲜酵母
60克（或60毫升）牛奶
50克面粉

圣杰尼克斯面包
2个整鸡蛋
90克细砂糖
10毫升橙花水
30毫升朗姆酒
90克黄油
盐少许
250克T55面粉

巧克力浸渍坚果仁
150克去皮坚果仁（杏仁和榛仁）
150克可可含量60%的黑巧克力

1个整鸡蛋（用于涂抹面团）
糖霜少许

所需工具
和面机
厨房温度计
浸渍叉
甜品刷

热巧克力 ★
Chocolats chauds

传统热巧克力
Chocolat chaud traditionnel

制作6人份
准备时间：10分钟
烤制时间：10分钟

在牛奶中溶入可可粉并加热煮沸。

将巧克力切碎后用隔水加热法*或微波炉融化（注意在使用微波炉加热时须设定为解冻模式或最大不超过500瓦功率的加热模式，并不时搅拌）。

从煮开的可可牛奶里倒出1/3到巧克力中，同时不断搅拌，直到得到光滑、有弹性且散发光泽的巧克力奶糊。

重新加热并继续搅拌混合物，待巧克力变成稠密的慕斯状即可。

杏仁热巧克力
Chocolat chaud à l'amande

制作6人份
准备时间：15分钟
烤制时间：10分钟

先将牛奶煮沸，并把杏仁酱放入微波炉加热40秒左右，使其软化，将杏仁酱拌入热牛奶中。

将巧克力切碎后用隔水加热法*或微波炉融化（注意在使用微波炉加热时须设定为解冻模式或最大不超过500瓦功率的加热模式，并不时搅拌）。

从煮开的杏仁牛奶里倒出1/3到巧克力中，同时不断搅拌，直到得到光滑、有弹性且散发光泽的巧克力奶糊。

将剩下的杏仁牛奶倒进巧克力中，重新加热并继续搅拌，直到巧克力变为稠密的慕斯状即可。

肉桂热巧克力
Chocolat chaud aux épices

制作6人份
准备时间：20分钟
烤制时间：10分钟

在牛奶中加入肉桂及混合香料并加热煮沸，关火后静置一会儿使其入味，再用漏勺过滤掉固体杂质。

将巧克力切碎后用隔水加热法*或微波炉融化（注意在使用微波炉加热时须

配料
传统热巧克力
850克（约850毫升）全脂或半脱脂牛奶
1汤匙纯可可粉
185克可可含量70%的黑巧克力

杏仁热巧克力
840克（约840毫升）全脂或半脱脂牛奶
50克杏仁酱（做法详见第41页）
160克可可含量60%或70%的黑巧克力

肉桂热巧克力
1升全脂或半脱脂牛奶
2克混合草本香料（可以自己调配，也可以从商店直接购买）
2根肉桂
100克可可含量60%的黑巧克力
100克可可含量40%的白巧克力

设定为解冻模式或最大不超过500瓦功率的加热模式，并不时搅拌）。

从热牛奶里倒出1/3到巧克力中，同时不断搅拌，直到得到光滑、有弹性且散发光泽的巧克力奶糊。

将剩下的牛奶倒进巧克力，重新加热并继续搅拌，直到巧克力变为稠密的慕斯状即可。

●烘焙须知

如果您选择自己调制草本香料，可以选用八角茴香、肉豆蔻（更准确地说是肉豆蔻衣）、小豆蔻、丁香、肉桂以及生姜作为配料。

伯爵红茶热巧克力
Chocolat chaud au thé Earl Grey

制作6人份
准备时间：20分钟
烤制时间：10分钟

牛奶中加入奶油和红茶并加热煮沸，关火后静置一会儿，使其入味，再用漏勺过滤掉固体杂质。

将巧克力切碎后用隔水加热法*或微波炉融化（注意在使用微波炉加热时须设定为解冻模式或最大不超过500瓦功率的加热模式，并不时搅拌）。

从热牛奶里倒出1/3到巧克力中，同时不断搅拌，直到得到光滑、有弹性且散发光泽的巧克力奶糊。

将剩下的牛奶倒进巧克力，重新加热并继续搅拌，直到巧克力变为稠密的慕斯状即可。

榛仁热巧克力
Chocolat chaud noisette

制作6人份
准备时间：10分钟
烤制时间：10分钟

往牛奶中倒入奶油和榛仁酱，加热煮沸后搅拌均匀。

将巧克力切碎后用隔水加热法*或微波炉融化（注意在使用微波炉加热时须设定为解冻模式或最大不超过500瓦功率的加热模式，并不时搅拌）。

从榛仁牛奶里倒出1/3到巧克力中，同时不断搅拌，直到得到光滑、有弹性且散发光泽的巧克力奶糊。

将剩下的牛奶倒进巧克力，重新加热并继续搅拌，直到巧克力变为稠密的慕斯状即可。

●主厨建议

搅拌过程中可以使用打蛋器，这样得到的巧克力饮品口感会更加细腻。

配料

伯爵红茶热巧克力

800克（约800毫升）全脂牛奶或半脱脂牛奶
200克全脂鲜奶油
10克伯爵红茶
180克可可含量65%的黑巧克力

榛仁热巧克力

800克（约800毫升）全脂牛奶或半脱脂牛奶
200克全脂鲜奶油
20克榛仁酱（做法详见42页）
10克伯爵红茶
250克可可含量40%的牛奶巧克力

技巧复习

巧克力的融化 >> 第19页
杏仁酱 >> 第41页
开心果酱/榛仁酱 >> 第42页

配料

100克可可含量70%的黑巧克力
40克可可含量40%的牛奶巧克力
500克（或500毫升）全脂牛奶
300克（或300毫升）意式浓缩咖啡
冰块少许

所需工具

漏勺
摇酒器

巧克力冰咖啡 ★
Cafe con choco

制作6~8人份
准备时间：15分钟
烤制时间：10分钟
冷藏时间：1~2小时

将巧克力切碎用隔水加热法*或微波炉融化（注意在使用微波炉加热时须设定为解冻模式或最大不超过500瓦功率的加热模式，并不时搅拌）。

将牛奶煮沸，随后从中取1/3倒入巧克力中，用刮刀在容器中画圆圈搅拌，直至巧克力奶糊散发光泽并出现"弹性中心"，随后再重复以上操作2次，直到将所有热牛奶拌入巧克力中。

用漏勺过滤巧克力奶糊，并将留下的液体放入冰箱冷藏。

准备好意式浓缩咖啡，倒入摇酒器与冰块一起摇匀，随后继续加入冷藏后的巧克力奶糊并重新摇匀。在饮用时加入冰块即可。

●主厨建议

这款冰饮会在炎炎夏日为您带来前所未有的冰爽体验，您可以在早餐的时候，像平时喝冰欧蕾咖啡那样饮用。

技巧复习
巧克力的融化 >> 第19页

巧克力拉茶 ★
Chocolat thé tarek

制作6人份
准备时间：20分钟
烤制时间：10分钟

配料
140克可可含量70%的黑巧克力
500克（约500毫升）清水
25克普洱茶（或红茶）
60克（约60毫升）炼乳

将巧克力切碎后用隔水加热法*或微波炉融化（注意在使用微波炉加热时须设定为解冻模式或最大不超过500瓦功率的加热模式，并不时搅拌）。

将清水烧沸，并将沸水倒入茶叶中，泡5分钟后滤掉茶渣。

先将1/3左右的茶水倒入巧克力中不断搅拌，直到得到光滑、有弹性且散发光泽的混合物，随后再加入剩下的茶并继续搅拌。

最后向巧克力中加入炼乳并用搅拌器打成慕斯状，注意做好后尽快饮用。

●主厨建议

如果想要喝冰镇的巧克力拉茶，就不需要在其中加入炼乳。

●烘焙须知

"拉茶"是用两个杯子远距离地以较细的水流倒来倒去，看似拉来拉去，故名拉茶。"拉"的目的是让茶饮产生更多的泡沫，味道也就更好。

普洱茶产自中国云南的普洱市，越陈的普洱茶价值越高。冷的普洱茶会突出巧克力中的苦味。

技巧复习
巧克力的融化 >> 第19页

配料

800克（约800毫升）全脂牛奶
200克（约200毫升）全脂鲜奶油
300克细砂糖
150克葡萄糖浆
半根香草荚
50克蜂蜜
100克可可含量40%的牛奶巧克力

所需工具

厨房温度计
小玻璃罐

牛奶巧克力甜品杯 ★ ★
Confiture très choco-lactée

制作6~8人份
准备时间：40~60分钟
烤制时间：30分钟

将牛奶、奶油、砂糖、葡萄糖浆、香草荚和蜂蜜一起倒入锅中熬煮约30分钟左右，待混合物稍稍变得黏稠后，滤出固体杂质（主要是香草荚），此时混合物的温度应该是102/103摄氏度左右。

将巧克力切碎后用隔水加热法*或微波炉融化（注意在使用微波炉加热时须设定为解冻模式或最大不超过500瓦功率的加热模式，并不时搅拌）后加入上一步的混合物中。

将巧克力奶糊倒入小罐中，并放入冰箱冷藏（最多可以保存8天）。

●主厨建议

在使用玻璃罐之前，可以将其先放入烤箱用90～95摄氏度（调节器3挡）烤制20分钟，以对其杀菌消毒。

技巧复习
巧克力的融化 >> 第19页

牛奶/焦糖巧克力脆饼 ★ ★
Palets chocolat au lait/caramel

制作6~8人份
准备时间：45分钟
烤制时间：9分钟
静置时间：4小时30分钟

制作焦糖糖果

在锅中倒入清水和240克细砂糖熬煮糖浆，用甜品刷蘸水将锅边缘的糖粒扫进糖浆中。

与此同时另取一口锅，加入奶油、葡萄糖浆、精盐和80克砂糖煮沸。

当第一步中的糖浆温度达到180摄氏度左右后，小心地往糖浆中加入黄油并摇匀，随后再把热奶油连同巧克力碎倒入其中，继续加热并不停晃动锅底，直到混合物温度达到120摄氏度左右关火。

将糖果模具摆在硅胶垫或裹上烘焙纸的烤盘上，再将焦糖酱倒入涂抹了黄油的糖果模具中，在室温下放置4小时后脱模，并将整块糖果馅切成多个尺寸约为2厘米×2厘米的小方块。

制作饼干底

将巧克力切碎后用隔水加热法*或微波炉融化（注意在使用微波炉加热时须设定为解冻模式或最大不超过500瓦功率的加热模式，并不时搅拌）。

另取一个大碗，将黄油软化*（做法详见第134页），随后加入融化的巧克力并搅拌均匀，此时的巧克力表面应当具有光润的色泽。

向巧克力中一点一点地加入鸡蛋液并不停搅拌，注意要始终保持混合物表面光滑。

称量115克焦糖糖果，将其融入热牛奶中，再将焦糖牛奶加入前一步的混合物里，最后倒入过筛的面粉拌匀。

装盘阶段

先在硅胶模具的每一格中分别放一块焦糖糖果，再挤入饼干面糊将其覆盖，最后用烤箱以180摄氏度（调节器6挡）烤制约9分钟，出炉后静置约30分钟，待其冷却后脱模即可。

● 主厨建议

如果没有糖果模具，可以用4根靠尺围成一个正方形代替，注意也要在靠尺表面抹上黄油。

▌技巧复习

巧克力的融化 >> 第19页
太妃糖夹心 >> 第43页

配料

饼干底
50克可可含量40%的牛奶巧克力
120克黄油
2个鸡蛋
115克焦糖糖果（配料表在下方）
10克（约10毫升）全脂牛奶
60克T55面粉

焦糖糖果
50克（约50毫升）清水
320克细砂糖（分2次使用，分别使用240克和80克）
180克（约180毫升）全脂鲜奶油
75克葡萄糖浆
2茶匙精盐
30克黄油
100克可可含量40%的牛奶巧克力

所需工具
甜品刷
厨房温度计
硅胶饼干模具
框型糖果模具或4把不锈钢靠尺
烤盘或硅胶垫
裱花工具

配料

3个鸡蛋
120克细砂糖
120克红糖
90克可可含量60%的黑巧克力
170克黄油
40克面粉
10克纯可可粉
格勒核桃仁或碧根果
巧克力豆

所需工具

烤盘和无底蛋糕模具
或直径约20厘米的甜品挞模具

布朗尼蛋糕 ★
Brownie

制作8人份
准备时间：10分钟
烤制时间：20分钟

在大碗中加入鸡蛋液、砂糖和红糖并稍稍拌匀，注意不用打发。

将巧克力切碎后，加入黄油用隔水加热法*或微波炉融化（注意在使用微波炉加热时须设定为解冻模式或最大不超过500瓦功率的加热模式，并不时搅拌）。

往巧克力中加入第一步做好的鸡蛋和糖类的混合物。

将面粉和可可粉过筛后加到巧克力中并简单搅拌。

先在烤盘表面铺*上一层烘焙纸，放上蛋糕模具后将面糊倒入其中（也可以直接使用有底的甜品挞模具）。

在面糊表面撒上核桃碎和巧克力豆，最后用烤箱以160摄氏度（调节器5/6挡）烤制20分钟左右即可。

布朗尼蛋糕需冷藏后食用。

●主厨建议

可以将布朗尼蛋糕放入冰箱冷冻室稍稍冻硬，这样更加方便切割。

香草冰激凌球、黄油焦糖酱或者尚蒂伊奶油慕斯和布朗尼蛋糕都是绝佳搭配。

技巧复习
巧克力的融化 >> 第19页

方块巧克力可颂 ★ ★ ★
Croissants au chocolat

制作8~10个可颂
准备时间：5小时
静置时间：3小时30分钟
冷藏时间：2小时
冷冻时间：5分钟
烤制时间：14分钟

准备好可颂酥皮（做法详见第79页），将其冷藏1小时后再取出擀平。
在可颂酥皮冷藏期间，制作巧克力甜点奶油酱（做法详见第103页）。
在保鲜膜上将奶油酱抹成4片长28厘米，宽7厘米，厚3毫米的条状，并放入冰箱冷藏至少1小时。

制作方块可颂
将可颂酥皮擀成约3毫米厚，28厘米长，7厘米宽的条状（准备4条这样的可颂饼皮）。
将可颂酥皮和结晶后的巧克力甜品奶油酱一层叠一层摆好，再放入冰箱冷冻室冷冻5分钟，待其稍稍冻硬后取出。
把拼接好的巧克力可颂切成4厘米长的小段，再将小段一分为二，并将它们放入正方形模具中醒发*约2小时30分钟（注意要放在温暖的房间里，温度以25摄氏度左右为宜）。
用蛋黄涂抹可颂表面，最后用烤箱以175摄氏度（调节器6挡）烤制14分钟即可。

●主厨建议
注意可颂面团要切得比模具稍稍小一点，防止烤制时面团膨胀而溢出模具。

●烘焙须知
用这个食谱也可以制作普通的巧克力可颂：
先将可颂饼皮擀成长15～20厘米的条状，再切成长8～10厘米的长方形。
在饼皮中放上一根巧克力棒并对折将其包住，随后再放上一根巧克力棒，并将饼皮完全卷起来。
让可颂自然醒发2小时，涂上蛋黄浆后以1/5摄氏度（调节器6挡）烤制15分钟即可。

技巧复习
可颂酥皮 >> 第79页
巧克力甜品奶油酱 >> 第103页

配料

可颂酥皮
600克T55面粉
10克食盐
70克细砂糖
12克新鲜酵母
200克（约200毫升）冰水
320克冷黄油

巧克力甜品奶油酱
85克可可含量70%的黑巧克力或
95克可可含量60%的黑巧克力
10克玉米淀粉
30克细砂糖
2个蛋黄
220克（约220毫升）全脂牛奶
50克（约50毫升）全脂鲜奶油

1个蛋黄（用于制作蛋黄浆涂抹面团）

所需工具
和面机
尺寸为5厘米×5厘米的正方形模具

配料

原味马卡龙外壳

150克杏仁粉
150克糖霜
150克细砂糖
50克（约50毫升）清水
100克（分2次使用，每次50克）蛋清
食用色素

巧克力马卡龙外壳

125克杏仁粉
25克纯可可粉
150克糖霜
100克（分2次使用，每次50克）蛋清
150克细砂糖
50克（约50毫升）清水

白巧克力甘纳许夹馅

80克可可含量35%的白巧克力
160克全脂鲜奶油（分2次使用，分别使用50克和110克）

可用调味料

1茶匙开心果酱或榛仁酱、芝麻酱
或1茶匙橙花水
或新鲜柠檬果皮
或新鲜橙皮
或香草籽
或各类酒精饮料
或各类精油等

香豆黑巧克力甘纳许

100克可可含量70%的黑巧克力
120克（约120毫升）全脂鲜奶油
1颗顿加香豆

所需工具

裱花工具
厨房温度计
烤盘或硅胶垫

技巧复习

巧克力的融化 >> 第19页
马卡龙面糊 >> 第82页
巧克力马卡龙面糊 >> 第82页
打发甘那许酱 >> 第97页

马卡龙拼盘 ★ ★ ★
Assortiment de macarons

可制作约40个马卡龙
部分原料需要提前1晚准备
准备时间：1小时
烤制时间：每批马卡龙需要12分钟
冷藏时间：15小时

您可以用不同的马卡龙壳和甘纳许填馅进行自由组合。

黑巧克力甘纳许的制作方法

用隔水加热*装置或微波炉将巧克力融化（注意如果用微波炉需要调至解冻模式或功率不超过500瓦的加热模式，而且需要不时取出摇晃碗底）。
将加入顿加豆的鲜奶油煮沸，并遵循3*1/3法则将热奶油完全融入巧克力中（见第95页），随后将混合物放置在室温下结晶45分钟。

白巧克力甘纳许的制作方法

详见本书第97页，注意可以在原料中的50克奶油里加入自选调味料。
将甘纳许用保鲜膜封好后放入冰箱冷藏至少3小时，之后用打蛋器搅拌，直至得到稠密的甘纳许即可。

制作马克龙外壳

先将杏仁粉与糖霜混合备用。
在清水中加入150克砂糖并加热至110摄氏度，同时打发约50克蛋清。
将糖浆倒入打发好的蛋白中，并不停搅拌使其降温，待其温度降至45摄氏度左右时，停止搅拌，并向其中加入50克未打发的蛋清、食用色素以及之前准备好的杏仁粉，用刮刀用力搅拌，直至可以拉出绸缎状的面糊时即完成。
用裱花工具将马卡龙面糊挤在包裹*油纸的垫板上。再用烤箱以140摄氏度（调节器4/5挡）烤制12分钟左右（这个时间也可以依据您所制作的马卡龙的大小调整），最后将马卡龙在室温下放凉。
如果要制作巧克力马卡龙外壳，只需要在第一部的杏仁粉和糖霜里再加入可可粉，其余步骤不变。

"组装"马卡龙

在做好的马卡龙外壳的底部挤上各类甘纳许酱，随后再用另一片外壳贴上去，将甘纳许夹在中间，轻轻压实（注意不要压碎外壳），放入冰箱冷藏1晚后即可食用。

●主厨建议

在这份食谱中，对各类配料，尤其是鸡蛋的用量进行准确称量是必须的，每种配料之间的比例直接关系到马卡龙的制作是否能够成功。
做好的马卡龙可以放入冰箱冷冻室保存。

榛仁巧克力夹心玛德琳蛋糕 ★ ★
Madeleines fourrées au gianduja

可制作约20个玛德琳蛋糕
准备时间：15分钟
烤制时间：10分钟
冷藏时间：4小时

在大碗中加入鸡蛋、香草粉、砂糖及蜂蜜拌匀。

继续加入过筛*后的面粉和泡打粉以及融化好的黄油，最后把面糊放入冰箱冷藏3~4小时。

将面糊挤入事先涂抹好黄油的玛德琳蛋糕模具中，放入烤箱以200摄氏度（调节器6/7挡）烤制8~10分钟。

用隔水加热*装置或微波炉将榛仁牛奶巧克力融化（注意如果用微波炉需要调至解冻模式或功率不超过500瓦的加热模式，而且需要不时取出摇晃碗底），当巧克力慢慢变厚时，就可以用裱花袋搭配细口裱花嘴给玛德琳蛋糕填馅。

待玛德琳蛋糕完全放凉后就可以食用了！

● **主厨建议**

在烤制前，最好先将面糊放入冰箱冷藏几小时，这样有助于玛德琳蛋糕更好地膨发。

技巧复习
榛仁牛奶巧克力 >> 第40页

配料

5个鸡蛋
半茶匙香草粉
250克细砂糖
15克蜂蜜
250克面粉
8克泡打粉
250克黄油（另外还需要一部分黄油用来涂抹模具）
200克榛仁牛奶巧克力
（做法详见第40页）

所需工具

玛德琳蛋糕模具
细口裱花嘴及裱花袋

爽口冰品

吉勒·马夏尔
Gilles Marchal

推荐食谱

对烹饪事业的热情似乎天生就流淌在我的血液里，追求美食和生活品位对身为厨师的我来说至关重要，也正是它们不断激发着我的创作灵感。

我对巧克力甜品制作有着独特的体会，甚至可以说巧克力陪伴了我的整个成长历程。我的祖父曾是蒲兰巧克力工厂的经理，而直到今天，我依旧会把自己的童年记忆融入我所做的甜品中。就像我忘不了我祖母制作的巧克力慕斯一样——那令人难以置信的稠密质感与甜香口味，无论是直接吃还是和其他甜点配在一起吃，都是令人难以忘怀的极致享受。

我所制作的每份甜品的背后都有一个独特的故事：就拿这款巧克力红果冰激凌杯来说，我曾经进行过无数次的实验，为的只是找到配料中巧克力与红果的最佳比例，从而达到酸甜口味的完美平衡。我常常想，如果把创作甜品比作栽培花朵，那么创作的灵感就好比种子的萌芽，之后还需要不停地浇水和爱护，才能最终让花朵绽放。可以毫不夸张地说，与我前期漫长的创作过程相比，制作这款冰激凌杯实际所花费的时间不值一提。

黑巧克力红果冰激凌杯
Transparence glacée au chocolat noir et fruits rouges

制作6~8人份

首先制作加勒比巧克力冰奶油

先将巧克力切成细小的碎片，并将奶油煮沸备用。

往热奶油中加入红果茶，并静置15分钟使其入味，随后过滤掉固体杂质。

加入香草籽并再次把奶油煮沸，接着加入蛋黄、蜂蜜、红糖以及可可膏，继续加热至83摄氏度（直到奶油达到浓稠*的状态）。

将热奶油倒入巧克力碎和可可块中，轻轻搅拌，使它们相互乳化在一起，静置6小时后再用冰激凌机搅拌成型。

制作红果山胡椒雪葩

在锅中倒入草莓酱、醋栗、树莓、砂糖、葡萄糖浆以及山胡椒并煮沸。

将混合物放凉并简单拌匀，随后按照操作说明的指示用冰激凌机进行搅拌。

制作巧克力杏仁饼

用电动打蛋器搅拌杏仁膏和蛋黄至慕斯状，同时在蛋清里加入砂糖打发后备用。

用隔水加热装置加热融化巧克力和可可粉，随后用刮刀*将蛋白和融化的巧克力拌入杏仁酱鸡蛋慕斯中。

将面糊倒入裹*上烘焙纸的烤盘里约1厘米厚，用烤箱以200摄氏度（调节器6/7挡）烤制约5分钟即可。

制作黄香李（产自洛林地区的一种李子）芭菲

将蛋黄打发，并将吉利丁片用凉水泡软备用。

另取一口锅，加水和砂糖并加热煮至125摄氏度左右，随后将糖浆倒入打发的蛋黄中并加入沥干后的吉利丁片。

继续加热让吉利丁片溶解，关火后把混合物放凉，随后再加入李子酒。同时打发奶油并用刮刀*将其拌入这一混合物中。

将芭菲倒入圆形模具中并放入冰箱冷冻。

装盘阶段将不同甜品原料依次加入甜品杯中

首先浇入一层加勒比巧克力冰奶油，接着加入一层巧克力杏仁饼，之后再加入一层黄香李芭菲，最后用一层巧克力冰奶油覆盖顶部即可。您还可以浇上一层巧克力酱或者撒上几颗红果装饰，当然巧克力圆片也是不错的选择。

最后在甜品盘里舀上一块红果山胡椒雪葩即完成。

配料

加勒比巧克力冰奶油
200克可可含量66%加勒比黑巧克力
50毫升全脂牛奶
250毫升全脂鲜奶油
20克混合红果茶　半根波本香草荚　120克蛋黄
70克洋槐蜂蜜
70克红糖
15克可可粉
20克可可含量70%的可可膏

红果山胡椒雪葩
700克佳丽格特草莓酱
100克醋栗
200克鲜树莓
150克细砂糖
50克葡萄糖浆（或蜂蜜）　1克日本山胡椒

巧克力杏仁饼
140克普罗旺斯杏仁膏
125克蛋清
200克蛋白
150克细砂糖
90克可可含量70%的圭那亚巧克力　25克可可粉

黄香李芭菲
100克蛋黄　2克吉利丁片　120克细砂糖　40克清水
60毫升李子酒
500毫升全脂鲜奶油
可选配料：巧克力淋面酱、自选红果、
巧克力圆片等

所需工具
厨房温度计
冰激凌机烤盘和圆形蛋糕模具

杏仁花生碎巧克力雪葩 ★★
Esquimaux au grué enrobés de chocolat aux éclats d'amandes et de cacahuètes grillées

制作10人份
需要提前1晚准备
准备时间: 40分钟
冷冻时间: 依据所使用原料的不同从2小时30分钟~5小时不等
烤制时间: 20分钟
冷藏时间: 1晚

可可碎奶油冰激凌

将可可碎放入烤箱以150摄氏度（调节器5挡）烤制约5分钟。

在锅中倒入牛奶、鲜奶油、奶粉、砂糖、蛋黄和蜂蜜并加热，当温度达到85摄氏度左右时，倒入烤好的可可碎。

将混合物倒入隔水冷却装置中迅速冷却，再放入冰箱冷藏保存1晚，使所有原料入味。

第二天将混合物中的固体杂质过滤，并根据操作说明使用冰激凌机搅拌。

冰奶油做好后，用裱花袋挤入雪糕模具中，插入木棍并冷冻2小时。

制作雪糕的巧克力外壳

先将坚果烤好（详见第134页）：将杏仁或花生碎用烤箱以150摄氏度（调节器5挡）烤制约10分钟。

用隔水加热*装置或微波炉将巧克力融化（注意如果用微波炉需要调至解冻模式或功率不超过500瓦的加热模式，而且需要不时取出摇晃碗底），再加入葡萄籽油和烤好的坚果拌匀。

将冻好的雪葩取出浸渍在巧克力浆中并迅速取出，随后将其放回冰箱冷冻保存，待食用时取出。

● 主厨建议

您可以制作"冰碗"，用来盛装做好的雪葩，以呈现更加华丽的观感：先在大碗中倒满水，再放入小碗使其浮在中央，冷冻1晚后将冰碗"脱模"即可。

● 烘焙须知

在制作巧克力外壳的时候，加入葡萄籽油，一是为了给巧克力降温，另一方面也可以让巧克力外壳更薄脆并赋予其入口即化的口感。

配料

可可碎奶油冰激凌
（也可以选用其他口味的冰激凌）

150克可可碎*
750克（约750毫升）全脂牛奶
225克（约225毫升）全脂鲜奶油
55克奶粉
170克细砂糖
2个蛋黄
15克蜂蜜

巧克力外壳

150克杏仁及烤花生碎
500克可可含量60%或70%的黑巧克力
50克（或50毫升）葡萄籽油

所需工具

厨房温度计
冰激凌机
裱花工具
雪糕模具
小木棒

技巧复习

巧克力的融化 >> 第19页
可可碎奶油冰激凌 >> 第121页
烤制坚果 >> 第134页

巧克力芭菲配卡布奇诺酱 ★ ★
Parfait glacé au chocolat, sauce cappuccino

制作6~8人份
准备时间：30分钟
冷冻时间：6小时
冷藏时间：2小时

制作巧克力冰芭菲

首先做好瑞士风味蛋白霜：在大碗中加入蛋白和糖，随后用隔水加热装置将混合物加热至55~60摄氏度，关火后将蛋白打发直至其冷却。

用隔水加热*装置或微波炉将巧克力融化（注意如果用微波炉需要调至解冻模式或功率不超过500瓦的加热模式，而且需要不时取出摇晃碗底），再将淡奶油打发成慕斯状的奶油霜备用。

从奶油霜中取出1/4加入巧克力，不停搅拌直到混合物具有弹性并散发光泽，此后再加入第一步中做好的瑞士蛋白霜和剩下的奶油霜并一起拌匀，最后将混合物倒入甜品杯并放在冰箱冷冻室保存约6小时即可。

制作卡布奇诺酱

煮好意式浓缩咖啡，根据自身喜好决定用量。

将咖啡、砂糖、葡萄糖浆和果酱专用糖一起倒入锅中煮开，随后放入冰箱冷藏。

约在食用前1小时从冷冻室取出做好的巧克力芭菲，并浇上卡布奇诺酱即可。

●主厨建议

· 在卡布奇诺酱里还可以加一些苦杏酒调味。
· 这款芭菲适合与曲奇饼或者巧克力蛋卷（详见第60页）配合食用，不同口感之间的相互碰撞会带来奇妙的味觉体验！

技巧复习
巧克力芭菲 >> 第122页

巧克力芭菲 >> 第122页

配料

巧克力冰芭菲

3个鸡蛋蛋清
160克细砂糖
165克可可含量70%的黑巧克力
310克（约310毫升）全脂鲜奶油

卡布奇诺酱

85克（约85毫升）意式浓缩咖啡
35克细砂糖
10克果酱专用糖
20克葡萄糖浆

所需工具

厨房温度计

配料

榛仁黑巧克力冰慕斯

75克可可含量60%的黑巧克力

3个鸡蛋蛋黄

65克细砂糖

100克（约100毫升）全脂牛奶

85克葡萄糖浆

170克（约170毫升）冰奶油

柠檬奶油酱

1个柠檬

半根香草荚

50克（约50毫升）清水

130克细砂糖

2个鸡蛋蛋清

125克（约125毫升）全脂鲜奶油

50克青柠檬果酱

25克葡萄糖浆

25克糖渍柠檬

烤榛仁

柠檬酒淋面

1个柠檬

125克柠檬果酱

100克细砂糖

10克（或10毫升）柠檬酒

所需工具

厨房温度计

甜品杯

●主厨建议

注意食用时提前将甜品杯从冰箱里取出，这样可以让甜品的口感稍稍软化。

●烹饪须知

青柠檬果酱可以在甜品用品专门店买到，这种果酱含糖量约为10%并且都是冷冻保存的。我们也可以用搅拌机自制青柠檬果酱，注意在搅拌前要先去除柠檬籽，并往其中加少许砂糖。

技巧复习
开心果酱/榛仁酱 >> 第42页

英式蛋奶酱巧克力慕斯 >> 第114页

榛仁巧克力冰激凌杯
配柠檬轻奶油 ★ ★
Transparence glacée noisette/chocolat noir, crème légère aux deux citrons

制作6~8人份

需要提前1晚准备

准备时间：45分钟

冷冻时间：1晚

制作榛仁黑巧克力冰慕斯

首先用隔水加热*装置或微波炉将巧克力融化（注意如果用微波炉需要调至解冻模式或功率不超过500瓦的加热模式，而且需要不时取出摇晃碗底）。

接着准备英式蛋奶酱：在大碗里加入蛋黄和细砂糖拌匀，随后将混合物倒入锅中，与牛奶及葡萄糖浆一起熬煮，直到达到浓稠状态*（此时蛋奶酱的温度应当是82~84摄氏度，蛋奶酱也会慢慢变厚）。

取出1/3的热奶油酱倒入融化的巧克力和榛仁酱中，用力在混合物中心画圆圈搅拌，直至巧克力出现散发光泽的"弹性中心"，随后再重复以上操作2次，将所有奶油酱溶入巧克力当中即可。

把淡奶油打发，随后将蛋奶酱加到奶油霜中即可。

制作柠檬奶油酱

挤50克左右的柠檬汁，并将其与香草籽、清水和细砂糖倒在一起熬煮成糖浆（温度应达到121摄氏度）。

在熬煮糖浆的同时打发蛋清，随后将煮好的糖浆倒入打发好的蛋白中（此时所做的就是意式奶油霜），继续搅拌直至其冷却。

将鲜奶油打发成慕斯备用。

稍稍加热青柠檬果酱，倒入一些葡萄糖浆，将青柠檬果酱溶解后再加入一些糖渍柠檬。

最后将做好的柠檬果酱加到意式奶油霜中，并往混合物里加入奶油慕斯拌匀即可。

将榛仁巧克力冰慕斯倒入甜品杯中，并放入冰箱冷冻室保存，待其稍稍冻硬后撒上少许烤榛仁，并浇上一层柠檬奶油酱，然后再放回冰箱冷冻室。

制作柠檬酒淋面

挤50克柠檬汁与柠檬果酱、细砂糖和柠檬酒混合拌匀，冷藏后将其浇在甜品杯中的柠檬奶油酱的表面。

最后再撒上少许烤榛仁，并将甜品杯放入冰箱冷冻1晚即可。

树莓冰心烤蛋白霜 ★ ★
Fraîcheur de framboises meringuées, sauce au chocolat chaud

制作6~8人份
准备时间：1小时
冷冻时间：至少4小时
烤制时间：2小时

制作树莓雪葩

先在清水中加细砂糖并熬煮糖浆，待焦糖冷却后再加入树莓和柠檬汁，随后滤掉混合物中的固体杂质，并将其倒入雪糕模具，放入冰箱冷冻至少4小时。

制作烤蛋白霜

一边加糖一边打发*蛋白，随后用刮刀拌入过筛后的糖霜。

先在烤盘上铺*一层烘焙纸，再用裱花袋或浸过冷水的甜品匙（经过浸水处理后可以让蛋白霜更容易脱落）将蛋白霜挤在或舀在烤盘里。

以110摄氏度（调节器3/4挡）烤制2小时，烤好的蛋白霜外表酥脆但内层依旧柔软。

制作巧克力酱

首先用隔水加热*装置或微波炉将巧克力融化（注意如果用微波炉需要调至解冻模式或功率不超过500瓦的加热模式，而且需要不时取出摇晃碗底）。

将牛奶煮沸并从其中取出1/3倒入融化的巧克力中，用力在混合物中心画圆圈搅拌，直至出现散发光泽的"弹性中心"，随后再重复以上操作2次，将所有牛奶溶入巧克力中即可。

树莓雪葩冻好后切成小块，并用搅拌器搅成泥状。
装盘时用2块烤蛋白霜把树莓冰泥夹在中间，最后浇上一层巧克力酱即可。

●主厨建议

这款冰点和传统的冰激凌有所不同，它制作简便，不需要使用冰激凌机，却有着十分浓郁的口感。注意这款甜品做好以后需要立即食用，不可重新冷冻。

●烘焙须知

您也可以在冷冻过程中不时把树莓雪葩取出，用叉子将其捣碎成冰沙状。

配料

树莓雪葩
300克细砂糖
300克（约300毫升）清水
500克新鲜树莓
半个柠檬

烤蛋白霜
3个鸡蛋蛋清
100克细砂糖
100克糖霜

巧克力酱
180克可可含量60%的黑巧克力
200克（约200毫升）全脂牛奶

装饰
250克树莓

所需工具
制冰格
烤盘
裱花工具（可选）

技巧复习 🥄
巧克力冰沙 >> 第123页

配料

黑巧克力奶油冰激凌

180克可可含量70%的黑巧克力
660克（约660毫升）全脂牛奶
20克（约20毫升）全脂鲜奶油
30克奶粉
70克细砂糖
60克蜂蜜

巧克力杏仁脆饼

200克杏仁
200克糖霜
15克纯可可粉
2个鸡蛋蛋清

百香果焦糖巧克力酱

110克可可含量40%的牛奶巧克力
235克（约235克）全脂鲜奶油
10克葡萄糖浆
120克细砂糖
40克黄油
50克（约50毫升）百香果汁

所需工具

冰激凌机
厨房温度计
烤盘

▼ 技巧复习

巧克力冰激凌 >> 第120页
焦糖巧克力酱 >> 第129页

巧克力冰激凌脆饼
配百香果焦糖酱 ★ ★ ★
Croquant glacé au chocolat, caramel, passion

制作6~8人份
部分原料需要提前1晚准备
准备时间：2小时
烤制时间：1小时
冷冻时间：根据所用配料不同从30分钟~3小时30分钟不等
冷藏时间：1晚

制作黑巧克力冰奶油（详见第120页）并在冰箱中冷藏1晚，使巧克力入味。根据操作说明将巧克力冰奶油放入冰激凌机搅拌并放入零下18摄氏度的冷冻室保存。

制作巧克力杏仁脆饼

将杏仁捣碎并用烤箱以160摄氏度（调节器5/6挡）烤几分钟，之后将杏仁碎与糖霜、可可粉及打发的蛋白混合，一边隔水加热*一边搅拌，直到混合物达到80摄氏度。
用甜品匙将巧克力面糊舀到烤盘里（注意先要在烤盘里铺上一层烘焙纸），并将面糊摊成直径约7厘米的饼状，用烤箱以140摄氏度（调节器4/5挡）烤制1小时左右。

制作百香果焦糖巧克力酱

用隔水加热*装置或微波炉将巧克力融化（注意如果用微波炉需要调至解冻模式或功率不超过500瓦的加热模式，而且需要不时取出并摇晃碗底）。
将奶油加葡萄糖浆一起煮开备用，之后另取一只锅熬煮焦糖（将细砂糖加热至180摄氏度或185摄氏度），并小心地加入黄油，最后再把热奶油和葡萄糖浆倒进焦糖里。
从上述混合物中取出1/3倒入融化的巧克力中，用力在混合物中心画圆圈搅拌，直至出现散发光泽的"弹性中心"，随后再重复以上操作2次，将所有混合物溶入巧克力中。
最后加入百香果汁拌匀即可。

装盘时用2片杏仁脆饼将巧克力冰激凌夹在中间，再把百香果焦糖巧克力酱淋在甜品表面即可。

● 主厨建议

杏仁既不能碾得太粗也不能碾得太碎，只有用大小适中的杏仁碎才能做出好看的脆饼。

晚会宴饮

克里斯托弗·迈克拉克
Christophe Michalak

推荐食谱

我对颜色和图案十分敏感，对于它们之间的自由组合更是抱有极大的热情。孩童时期的我曾梦想成为一位艺术家，虽然最后我选择了将甜品厨师作为我的职业，但是这份创意的热忱在我的心中始终没有磨灭。

我喜欢用新的配方重新诠释那些经典的食谱，这其中就包括了我自创的咸黄油焦糖修女泡芙、梅尔芭蜜桃马卡龙以及致敬童年的棉花小熊软糖等。

薄脆底榛仁巧克力蛋糕
Tarte croc choc

制作林茨饼底
将蛋黄用微波炉煮熟，碾碎后和面粉及土豆淀粉拌在一起，并过一次筛。
将黄油软化，随后再加入糖霜、精盐、盐之花、柠檬果皮以及上一步中的混合物一起按揉成面团。将面团擀至厚约2毫米，并切成尺寸为10厘米×40厘米的长条，用烤箱以150摄氏度或160摄氏度（调节器5/6挡）烤至焦黄即可。

制作巧克力饼底
先将面粉、土豆淀粉和可可粉过筛，并融化黄油。将蛋白打发并用隔水加热装置稍稍加热，随后相继向打发的蛋白中加入上一步里的混合粉末、砂糖、蛋黄和融化的黄油拌匀。将拌好的面糊倒进烤盘里（事先在烤盘里铺上一层烘焙纸），并用200摄氏度（调节器6/7挡）烤制几分钟。将待烤好的巧克力饼放凉后切成一条尺寸为8厘米×37厘米的长条，并将剩下的巧克力饼切成小块备用。

制作巧克力烤奶油
将牛奶、砂糖、蛋黄和鸡蛋液混合备用。将奶油煮开并倒入巧克力中，随后加入上一步里的混合物拌匀。将烤箱预热至120摄氏度（调节器4挡）后关掉电源，利用烤箱余热把蛋糕面糊烤制约30分钟，随后放入冰箱冷冻室保存；

制作榛仁巧克力淋面
将黑巧克力和榛仁巧克力切碎并用隔水加热装置*或微波炉加热融化。
将奶油、30°B波美糖浆和葡萄糖浆一起煮沸并倒入融化的巧克力中，搅拌均匀后再加入葡萄籽油和色素。

制作吉瓦娜尚蒂伊奶油
将吉瓦娜巧克力切碎融化，向其中倒入煮开的热奶油拌匀，之后放入冰箱冷藏至少4小时即可。

制作黑松露巧克力
将巧克力切碎并用隔水加热装置*或微波炉加热融化，同时把淡奶油煮开备用。
将煮开后的奶油倒入巧克力中，再加入黄油、转化糖浆拌匀，静置几小时待其结晶后挤成松露状，并在其表面裹上一层可可粉即可。

最后进行装盘
先将巧克力饼底摆在林茨饼底上，抹上一层冻好的巧克力烤奶油，之后再浇上一层榛仁巧克力淋面。
把巧克力饼切成小方块，蘸上红色食用闪粉并摆在蛋糕四周。

配料

林茨饼底
10克熟蛋黄
250克面粉，50克土豆淀粉
275克黄油，90克糖霜
6克精盐+3克盐之花
2个新鲜的柠檬的果皮

巧克力饼底
50克面粉
50克土豆淀粉（或玉米淀粉）
55克可可粉，10克黄油
250克蛋清 240克细砂糖
240克蛋黄 红色食用闪粉

巧克力烤奶油
175克（约175毫升）全脂牛奶 85克细砂糖
30克蛋黄，60克鸡蛋液
375克全脂鲜奶油
275克可可含量70%的圭那亚黑巧克力

榛仁巧克力淋面
300克可可含量72%的阿拉瓜尼黑巧克力
750克榛仁牛奶巧克力（详见第40页）
700克（约700毫升）全脂鲜奶油
160克30° B波美糖浆
120克葡萄糖浆
100克（约100毫升）葡萄籽油
5克红色食用色素

吉瓦娜尚蒂伊奶油
500克吉瓦娜牛奶巧克力
1千克（约1升）淡奶油

黑松露巧克力
280克可可含量66%的加勒比黑巧克力
280克可可含量64%的曼特尼黑巧克力
500克（约500毫升）全脂鲜奶油
100克黄油
87克转化糖浆
纯可可粉

装饰
巧克力薄片

配料

香草白巧克力甘纳许酱
1根塔希提香草
45克可可含量35%的白巧克力
220克全脂鲜奶油（分2次使用，分别使用90克和130克）

沙布列杏仁饼
120克黄油
2克精盐，90克糖霜
15克杏仁粉，1个鸡蛋
240克面粉（分2次使用，分别使用60克和180克）

香草杏仁奶油
30克糖霜
半个鸡蛋（约35克）
45克杏仁粉，半根香草荚
35克黄油，3克玉米淀粉

梨子果冻
200克新鲜梨块
少许柠檬汁
80克梨子果酱
30克果酱专用糖

栗蓉细条
75克栗子泥
60克栗子
40克黄油
25克（约25毫升）全脂鲜奶油

装饰
冷冻栗子
梨

所需工具
圆形无底蛋糕模和烤盘
或硅胶蛋糕烤盘
小号圆孔裱花嘴或蒙布朗蛋糕专用裱花工具
厨房温度计

技巧复习
沙布列杏仁面团 >> 第72页
打发甘纳许酱 >> 第97页

新式蒙布朗蛋糕 ★ ★ ★
Une autre idée du mont-blanc

制作6至8人份
部分原料需要提前1晚准备
准备时间：1小时30分钟

烤制时间：20分钟
冷冻时间：1晚
冷藏时间：至少3小时

准备香草白巧克力甘纳许酱
切开香草荚刮下香草籽，并将巧克力融化备用（详见第19页）。
在锅中倒入90克淡奶油和香草籽一起煮开，随后遵循3*1/3法则，将热奶油溶入巧克力中。
继续加入130克冰奶油拌匀，并放入冰箱冷藏3小时，待甘纳许结晶后用打蛋器搅拌，使其变得更厚并且具有入口即化的质感。

制作沙布列杏仁饼（详见第72页）
将沙布列面团擀成厚约4毫米、直径约18厘米的饼底，并将其放在铺*上一层烘焙纸的烤盘上。
用烤箱以150摄氏度（调节器5挡）烤制10分钟至焦黄即可。

制作香草杏仁奶油
在大碗中相继加入糖霜、鸡蛋液、杏仁粉、香草籽和软化黄油*，轻轻搅拌后再加入玉米淀粉。
将混合物均匀地抹在杏仁饼底上，并用烤箱以170摄氏度（调节器5/6挡）烤制7~8分钟。

制作梨子果冻
将梨子切成小块并浸泡在柠檬汁中。
在锅中加入梨子果酱和果酱专用糖，熬煮2分钟后，把糖浆倒入一个容器放凉，待温度降到50摄氏度左右时加入柠檬梨块，并把混合物浇在烤好的蛋糕底上，再放入冰箱冷冻1小时。

制作栗蓉细条并进行装盘
在搅拌机中加入栗子泥、栗子奶油和黄油并将混合物搅拌均匀。
往混合物中拌入鲜奶油并将其装入裱花袋，装上小号圆孔裱花嘴（或蒙布朗蛋糕专用裱花嘴）。
将圆形蛋糕模放在铺好烘焙纸的烤盘上，倒入香草白巧克力甘纳许酱，再加入梨子果冻并镶嵌上一层杏仁饼。
把蛋糕放入冰箱冷冻1晚，待其完全冻硬后再翻转过来，用裱花工具在蛋糕表面来回地挤上栗蓉，并用冻栗子和梨块装饰即可。

●主厨建议
这款甜品中的梨可以用苹果代替，这会别有一番风味。

榛仁树桩蛋糕 ★ ★
Bûche praliné noisette

制作6~8人份
准备时间：1小时
烤制时间：7分钟
冷藏时间：3小时

制作蛋糕卷

在碗中打入2个鸡蛋及额外的2个蛋黄，并加入80克细砂糖打发。

另取一个碗打发蛋白并拌入30克的细砂糖，随后将打好的蛋白霜加入第一步中的蛋液里，继续加入过筛*后的面粉拌匀。

将面糊倒入树桩蛋糕烤盘并用210摄氏度（调节器7挡）烤制5~7分钟，取出后放在室温下备用。

制作巧克力榛仁甘纳许酱

将巧克力切碎后用隔水加热法*或微波炉融化（注意在使用微波炉加热时须设定为解冻模式或最大不超过500瓦功率的加热模式，并不时搅拌），随后加入杏仁夹心。

在锅里倒入160克奶油煮开，遵循3*1/3法则，将热奶油完全溶到巧克力中。

往混合物中倒入400克冰奶油，用力搅拌使乳化过程更加均匀，将混合物放入冰箱冷藏3小时。

将甘纳许酱从冰箱中取出后继续搅拌，使其稍稍变厚即可。

将蛋糕饼底从模具中取出，取1/3的甘纳许酱抹在饼底上，并撒上少许榛仁碎。

将蛋糕底卷起来，把剩下的甘纳许酱均匀地抹在表面，最后再撒上一层榛仁碎和糖霜即可。

●主厨建议

注意打发甘纳许酱时需要使用中速，搅拌过快会导致甘纳许迅速变厚变硬，从而失去顺滑的口感。

🥄技巧复习
巧克力的融化 >> 第19页
果仁夹心 >> 第38页
原味蛋糕卷 >> 第90页
打发甘纳许酱 >> 第97页

配料

蛋糕卷
4个鸡蛋（2个整鸡蛋+2个蛋黄、蛋清分离的鸡蛋）
110克细砂糖（分2次使用，分别使用80克和30克）
50克面粉

巧克力榛仁甘纳许酱
150克可可含量40%的牛奶巧克力
120克杏仁夹心（做法详见38页）
560克全脂鲜奶油（分2次使用，分别用160克和400克）

200克去皮榛仁
糖霜

所需工具
树桩蛋糕烤盘

热带风情巧克力软蛋糕 ★ ★
Klemanga

制作6~8人份
准备时间：1小时20分钟
烤制时间：10分钟
冷冻时间：4小时

制作椰子软蛋糕饼底
将软蛋糕面糊（做法详见第90页）倒入包裹*有烘焙纸的树桩蛋糕烤盘中，用烤箱以180摄氏度（调节器6挡）烤制10分钟。
用无底圆形蛋糕模切出2块饼底备用。

制作芒果/百香果甜品酱
用凉水泡软吉利丁片，并把芒果切成小块备用。
将芒果果酱和百香果果酱加热至50摄氏度，可以适当加一些细砂糖。
把沥干后的吉利丁片加在果酱中，并把混合物和芒果块混合，随后将甜品酱放入冰箱冷藏。

在模具中放入第一层蛋糕饼底，抹上一层芒果/百香果甜品酱后，再放上第二块饼底，将边缘抹平后放入冰箱冷冻1小时。
使用配料表所示的配料制作尚蒂伊黑巧克力慕斯（详见第113页），随后把冻好的蛋糕取出并在表面挤出球形慕斯，接着再把蛋糕放回冰箱冷冻3小时。
将蛋糕脱模并装盘，撒上少许可可粉并用融化后的芒果/百香果甜品酱浇在表面即可。

● 主厨建议
巧克力慕斯做好后需要立刻使用，这样才能挤出好看的球状慕斯。

● 烘焙须知
这款甜品需要常温食用，因此需要提前6小时将其从冰箱冷冻室转入冷藏室，使其解冻。

▌技巧复习
巧克力的融化 >> 第19页
杏仁（或椰子）软蛋糕 >> 第90页
尚蒂伊巧克力慕斯 >> 第113页

配料

椰子软蛋糕饼底
55克椰子粉
25克面粉
55克糖霜
6个鸡蛋蛋清
15克（约15毫升）全脂鲜奶油
70克细砂糖

芒果/百香果甜品酱
1.5克吉利丁片
165克鲜芒果
85克芒果酱
50克百香果酱
细砂糖（可选）

尚蒂伊黑巧克力慕斯
130克可可含量70%的黑巧克力
220克全脂鲜奶油
（分两次使用，分别用140克或80克）

纯可可粉

所需工具
直径18厘米或20厘米的圆形蛋糕模具
硅胶垫或烤盘
树桩蛋糕烤盘
厨房温度计
裱花袋

多种巧克力薄脆蛋糕 ★ ★ ★
Gâteau craquant aux trois chocolats

制作6~8人份
部分原料需要提前1晚准备
准备时间：1小时45分钟
冷藏时间：1晚
烤制时间：15分钟

提前1晚准备好香草巧克力甘纳许

将巧克力切碎后用隔水加热法*或微波炉融化（注意在使用微波炉加热时须设定为解冻模式或最大不超过500瓦功率的加热模式，并不时搅拌）。

将60克奶油和香草籽一起煮开并滤掉固体杂质。

将1/3的香草奶油加入巧克力中，用刮刀在容器中画圆圈搅拌，直至巧克力奶糊散发光泽并出现"弹性中心"，随后再重复以上操作2次，直到将所有热奶油拌入巧克力中。

向巧克力奶糊中再加入100克冰奶油并继续搅拌，最后将甘纳许放入冰箱结晶*1晚。

使用对页所示的配料制作英式蛋奶酱 （详见第98页）

制作黑巧克力及牛奶巧克力克林姆酱 （详见第100页）并放入冰箱冷藏。

第二天开始准备布朗尼蛋糕饼底

将杏仁去皮并用烤箱以160摄氏度 （调节器5/6挡）烤好，另取一个大碗，加入红糖和鸡蛋打散备用。

将巧克力切碎、融化并加入软化黄油*搅拌均匀，随后一边搅拌，一边一点一点地往里面加入红糖蛋液，注意让混合物表面在整个过程中保持光滑。

继续加入过筛*后的面粉，和烤好的杏仁碎拌匀。

将无底蛋糕模具放在硅胶垫或铺*上油纸的烤盘里，向其中倒入蛋糕面糊并用175摄氏度 （调节器6挡）烤制约14分钟，烤好后再将其切割成边缘光滑的小块。

组装

在布朗尼蛋糕底的表面摆上一片薄薄的调温巧克力，随后用裱花工具挤上一层黑巧克力克林姆酱。

再摆上第二片调温巧克力，并在其表面挤上白巧克力甘纳许酱，最后插上几片巧克力薄片做装饰即可。

注意这款蛋糕在食用前需要冷藏保存。

配料

香草白巧克力甘纳许酱
35克可可含量35%的白巧克力
1根香草荚
160克全脂鲜奶油

英式蛋奶酱
3个蛋黄
30克细砂糖
150克（约150毫升）牛奶
150克（约150毫升）全脂鲜奶油

黑巧克力克林姆酱
225克（约225毫升）英式蛋奶酱
85克可可含量70%的黑巧克力

牛奶巧克力克林姆酱
100克（约100毫升）英式奶油酱
50克可可含量40%的牛奶巧克力

杏仁布朗尼蛋糕饼底
50克黄油
45克杏仁
60克红糖
1个鸡蛋（约45克）
25克可可含量70%的黑巧克力
25克面粉

装饰
2片16厘米×16厘米的调温巧克力 （详见第19页）
几片巧克力薄片

所需工具
14厘米×14厘米的无底蛋糕模具
烤盘
厨房温度计
2副裱花工具

技巧复习

巧克力的融化 >> 第19页
巧克力调温 >> 第20页
打发甘纳许酱 >> 第97页
英式蛋奶酱 >> 第98页
巧克力克林姆奶油酱 >> 第100页

配料

威士忌酒渍葡萄干
100毫升威士忌
120克无核白葡萄干

杏仁达克瓦兹饼干
30克面粉
85克杏仁粉
100克糖霜
3个鸡蛋蛋清
50克细砂糖

黑巧克力慕斯（英式蛋奶酱做底）
165克可可含量70%的黑巧克力
75克（约75毫升）全脂牛奶
300克全脂鲜奶油（分2次使用，分别使用75克和225克）
1个蛋黄
15克细砂糖

威士忌尚蒂伊奶油
200克（约200毫升）全脂鲜奶油
20克糖霜
25克（约25毫升）威士忌

所需工具

16格小蛋糕模具
厨房温度计
烤盘或硅胶垫

♨技巧复习

杏仁（或榛仁）达克瓦兹饼干 >> 第86页
英式蛋奶酱巧克力慕斯 >> 第114页

格拉斯哥蛋糕★★
Glasgow

可制作16个格拉斯哥卵形蛋糕
部分原料需要提前1晚准备
准备时间：45分钟
烤制时间：45分钟
威士忌浸渍时间：1小时30分钟
冷冻时间：1晚

提前1晚准备威士忌酒渍葡萄干
将威士忌酒煮开并倒入葡萄干中，将容器封口并静置1小时30分钟左右。

制作杏仁达克瓦兹饼干（详见第86页）
预留大约2汤匙面糊，并用刮刀将剩下的面糊均匀地抹在烤盘或硅胶垫上，用烤箱以180摄氏度/190摄氏度（调节器6/7挡）烤制8~10分钟。
用剩下的面糊在烤盘里画成"泪痕"状，并用120摄氏度（调节器4挡）烤制约35分钟，之后把烤好的饼干装饰放在干燥环境下保存。

使用配料表所示的配料制作黑巧克力慕斯（详见第114页）
将慕斯倒入蛋糕模具并撒上少许葡萄干。随后在每一格慕斯表面压上一层达克瓦兹饼底（注意饼底的尺寸要略小于模具口的直径），最后将蛋糕放入冰箱冷冻1晚。

到第二天制作蛋糕表面的威士忌奶油
先将奶油加糖霜打发，随后加入威士忌，如果此时奶油霜太稀则可以多搅拌一会儿。
将慕斯蛋糕和达克瓦兹饼底脱模，在表面浇上威士忌奶油，最后再撒上少许葡萄干和之前做好的饼干碎即可。

●主厨建议

可以用凹槽模具制作蛋糕表面的泪痕状饼干装饰，如果您没有这种模具，也可以用两边开口的储藏罐代替。在罐子内壁铺上一层烘焙纸，抹上面糊后用烤箱以120摄氏度烤制35分钟左右即可。

巧克力火锅 ★
Fondue au chocolat noir

制作6~8人份
准备时间：40分钟
冷冻时间：3小时

制作黑巧克力火锅底
先将牛奶和奶油、葡萄糖浆及蜂蜜一起煮开并加入香草籽调味。
用隔水加热*装置或微波炉将巧克力融化，随后遵循3*1/3法则，将第一步当中的混合物融入巧克力中（详见第95页）。
将巧克力奶糊倒入大碗中冷藏保存或立即食用（注意食用时温度要保持在42~45摄氏度之间）。

树莓棉花糖
先用凉水把吉利丁片泡软备用。
将280克树莓果酱、砂糖、葡萄糖浆以及45克蜂蜜倒在一起煮开。
将另外35克蜂蜜连同糖浆和沥干的吉利丁一起放入搅拌机中搅拌，待混合物冷却后（温度降至30摄氏度左右）继续加入树莓果酱和利口酒拌匀。
将保鲜膜平铺在桌面上，接着在保鲜膜上抹一层黄油。摆上木签，用裱花袋将棉花糖霜挤在木签上，最后把棒棒糖冷藏待其凝固即可。

甘纳许油炸棒棒糖
用凉水泡软吉利丁片，沥干后和牛奶一起煮开。
将巧克力切碎后融化（详见第19页）并按照3*1/3法则将热牛奶完全融入巧克力中（详见第95页）。
先在烤盘里铺上一层烘焙纸，再将无底方形模具摆在烤盘上，之后倒入约1.5厘米厚的巧克力甘纳许，待甘纳许结晶后将其切成长约5厘米的条形。
在甘纳许中插入木棍并放入冰箱冷冻3小时，随后给甘纳许蘸上蛋液并裹上一层面包屑，在150/170摄氏度的油锅中稍微炸制。

最后用草莓、树莓棉花糖、甘纳许棒棒糖、水果软糖及马卡龙等食材蘸着巧克力锅底食用即可。

●主厨建议
您可以根据自身喜好对巧克力火锅底进行调味：如果制作的是草本香料巧克力锅，则可以在热牛奶和奶油混合物中加入4克混合草本香料；如果制作的是茶味巧克力锅，则可以在奶油和牛奶中加入20克蓝叶伯爵红茶。注意冷藏1晚后还要再向巧克力奶糊中加入10毫升橙花水，并滤掉固体杂质。

●烘焙须知
葡萄糖浆并不是这份食谱中必需的配料，但它的存在可以增加成品的黏稠度。

配料

黑巧克力火锅底
210克（约210毫升）牛奶
150克（约150毫升）全脂鲜奶油
20克葡萄糖浆
20克蜂蜜
半根香草荚
375克可可含量70%的黑巧克力

树莓棉花糖
10克吉利丁片
300克无糖树莓果酱（分2次使用，分别使用280克和20克）
70克细砂糖
80克蜂蜜（分2次使用，分别使用45克和35克）
35克葡萄糖浆
10克（约10毫升）30°树莓利口酒

甘纳许油炸棒棒糖
8克吉利丁片
160克（约160毫升）牛奶
250克可可含量40%的牛奶巧克力
80克黄油
1个鸡蛋
面包屑
煎炸油

其他配料
树莓水果软糖（详见第45页）
新鲜草莓
马卡龙（详见第283页）

所需工具
厨房温度计
方形蛋糕模具
烤盘
裱花袋
木签若干
棒棒糖木棍

技巧复习
巧克力的融化 >> 第19页
法式水果软糖 >> 第45页

配料

2袋方形饼干

咖啡牛奶巧克力甘纳许酱

80克 （约80毫升） 意式浓缩咖啡
110克可可含量40%的牛奶巧克力
190克 （约190毫升） 全脂鲜奶油

咖啡糖浆

300克 （约300毫升） 意式浓缩咖啡
50克细砂糖

烤杏仁碎若干

所需工具

硅胶垫或烘焙纸*

卡布奇诺曼哈顿蛋糕 ★ ★
Manhattan cappuccino

制作6至8人份
准备时间：1小时
冷藏时间：至少3小时

制作咖啡牛奶巧克力甘纳许酱

煮好意式浓缩咖啡，并将巧克力切碎、融化后备用（注意在使用微波炉加热时须设定为解冻模式或最大不超过500瓦功率的加热模式，并不时搅拌）。

将1/3的热咖啡倒入巧克力中，用刮刀在容器中画圆圈搅拌，直至巧克力散发光泽并出现"弹性中心"，随后再重复以上操作2次，直到将所有咖啡拌入巧克力中。

往巧克力甘纳许中加入冰奶油，搅拌均匀后放入冰箱冷藏至少3小时（最好冷藏1晚）使其结晶。

制作咖啡糖浆

煮一壶非常浓的咖啡再拌入大量砂糖，随后将其放在室温下保存即可。

把每一块饼干都蘸满咖啡糖浆，随后摆在烘焙纸或硅胶垫上晾干。

取出甘纳许酱再次搅拌使其变厚，之后在蘸满咖啡的饼干表面抹上薄薄的一层。

将饼干两两粘在一起（也可以用不同数目的饼干堆在一起，以丰富甜品的层次）做成小蛋糕，用剩下的甘纳许酱涂抹蛋糕块的四周，并在缝隙处撒上杏仁碎，随后把做好的蛋糕放入冰箱冷藏一会儿。

装盘时可以将每一块小蛋糕横放或竖放，也可以把它们推起来。错落有致的摆盘让人联想起纽约曼哈顿街区的高楼大厦，这款甜品也因此得名。

●主厨建议

这款甜品非常适合蘸巧克力酱（详见第127页）或焦糖酱（详见第129页）食用。

技巧复习

巧克力的融化 >> 第19页
打发甘纳许酱 >> 第97页

夹心白巧克力慕斯蛋糕 ★ ★
Mousse ivoire fleur d'oranger, cœur praliné

制作12人份
准备时间：40分钟
烤制时间：12分钟
冷藏时间：2小时
冷冻时间：6小时

制作杏仁饼底

将鸡蛋液、蜂蜜和砂糖混合，然后加入果仁夹心以及过筛*的杏仁粉、面粉和泡打粉拌匀。

将奶油熬至45~50摄氏度后加入黄油，随后再把热奶油倒入上一步的混合物中，把面糊放入冰箱冷藏2小时。

在烤盘上铺上油纸（或者直接使用硅胶垫），将面糊倒入烤盘里并用烤箱以180摄氏度（调节器6挡）烤制约12分钟，烤好后用饼干模具切出多个蛋糕饼底。

制作果仁克林姆夹心酱

用凉水把吉利丁片泡软，煮沸奶油并加入沥干的吉利丁片。

利用3*1/3法则（详见第94页），把混合物融入果仁夹心中。

用裱花袋将做好的果仁克林姆夹心酱挤入硅胶冰格中，并用冰箱冷冻至少3小时。

制作橙花巧克力慕斯

把巧克力切碎并用隔水加热法*或微波炉融化（注意在使用微波炉加热时须设定为解冻模式或最大不超过500瓦功率的加热模式，并不时搅拌），用凉水泡软吉利丁片备用。

将牛奶煮开后关火。

遵循3*1/3法则（详见第95页），把热奶油融入巧克力当中。

另取一个大碗，打发奶油至"慕斯状"（此时的奶油霜比较软并含有较多泡沫），待巧克力奶糊温度降至35~40摄氏度时，用刮刀将其拌入奶油慕斯中，最后加入橙花水调味即可。

在烤盘上铺一层油纸并摆好模具，分别在其中放入切好的杏仁饼底和冻好的克林姆块，浇上橙花巧克力慕斯后再放进冰箱中冷冻3小时。

将蛋糕脱模，在表面撒上少许榛仁碎和巧克力珠即可。

●主厨建议

您还可以在这款蛋糕表面浇上橘子酱，甚至可以直接搭配几瓣橘子一起食用。

配料

杏仁饼底
2个鸡蛋
25克多花种蜂蜜
30克细砂糖
45克果仁夹心（详见第38页）
30克杏仁粉
25克面粉
3克泡打粉
50克（约50毫升）全脂鲜奶油
30克黄油

果仁克林姆夹心酱
1克吉利丁片
100克（约100毫升）全脂鲜奶油
150克果仁夹心（详见第38页）

橙花巧克力慕斯
130克可可含量35%的白巧克力
4克吉利丁片
70克（约70毫升）全脂牛奶
150克（或150毫升）全脂鲜奶油
5克（约5毫升）橙花水

榛仁若干
巧克力珠

所需工具
厨房温度计
烤盘或硅胶垫
直径3厘米的饼干模具
裱花袋
硅胶制冰格

技巧复习
果仁夹心 >> 第38页
无蛋巧克力慕斯 >> 第111页

配料

沙布列杏仁饼底
120克黄油
90克糖霜
2克精盐
15克杏仁粉
1个鸡蛋
240克面粉（分2次使用，分别用60克和180克）

香草/焦糖/巧克力慕斯
100克可可含量40%的牛奶巧克力
2克吉利丁片
30克细砂糖
250克全脂鲜奶油（分2次使用，分别用50克和200克）
2个蛋黄
半根香草荚

柠檬梨子果泥
1个鲜梨
半个柠檬挤汁
少许细砂糖

焦糖白巧克力淋面
265克可可含量35%的白巧克力
4克吉利丁片
175克（约175毫升）全脂鲜奶油
40克（约40毫升）清水
30克葡萄糖浆
50克细砂糖
25克（约25毫升）葡萄籽油

所需工具
厨房温度计
方形硅胶小蛋糕模具
烤盘

技巧复习
巧克力的融化 >> 第19页
沙布列杏仁面团 >> 第72页
尚蒂伊巧克力慕斯 >> 第113页

奶香迷纳兹小蛋糕
配焦糖梨酱 ★ ★
Mignardises poire/caramel lactées

制作6~8人份
准备时间：1小时30分钟
烤制时间：10分钟
冷冻时间 ：3小时30分钟

制作沙布列杏仁饼底 （详见第72页）
把面团切成比模具口稍小一些的方块状，并放置在铺好油纸的烤盘上，用烤箱以150摄氏度/160摄氏度（调节器5挡）烤制10分钟。

制作香草/焦糖/巧克力慕斯
把巧克力切碎并融化，并把吉利丁泡软备用。

把砂糖倒入锅中加热，当砂糖融化并呈现金黄色的焦糖状时，倒入50克奶油，接着加入打发的蛋黄和香草籽，继续加热（就像制作英式蛋奶酱那样）。往焦糖奶油酱中加入沥干的吉利丁，再把混合物倒入大碗中用搅拌机拌匀，此时会观察到混合物变厚，之后按照3*1/3法则（详见95页），将混合物融入巧克力中。

另取一个大碗，将200克奶油打发至慕斯状，等到巧克力混合物温度降到45~50摄氏度时，先向其中倒入1/3的奶油霜拌匀，随后再次把剩下的奶油霜全部拌入巧克力中。

把慕斯倒入硅胶模具中，并在表面放上一块烤好的杏仁饼底，最后把蛋糕模放入冰箱冷冻3小时。

制作柠檬梨子果泥
将梨子削皮、去籽并切成小块，接着和柠檬汁一起用搅拌机打碎，可以适当加入少许细砂糖增加甜度。

慕斯蛋糕冻好以后将其脱模并翻面，在表面浇上柠檬梨子果泥，之后放回冰箱继续冷冻30分钟。

制作焦糖白巧克力淋面
将巧克力切碎并融化（详见第19页），再把吉利丁片用凉水泡软。

将奶油、清水和葡萄糖浆倒在一起加热，关火后加入吉利丁片拌匀。

另取一口深锅熬煮焦糖，把上一步的混合物加到焦糖中，再利用3*1/3法则，将焦糖和奶油的混合物融入巧克力里（详见第95页）。

往巧克力奶糊中继续加入葡萄籽油并搅拌，注意不要混入空气。

最后将迷那兹蛋糕从冰箱取出并为其浇上淋面即可。

配料

巧克力海绵蛋糕饼底

120克黄油（还需要预留一些用于涂抹模具）

70克可可含量70%的黑巧克力

6个鸡蛋

100克洋槐蜂蜜

170克细砂糖

100克杏仁粉

160克面粉（需要预留一部分）

10克泡打粉

30克纯可可粉

160克（或160毫升）全脂鲜奶油

黑巧克力甘纳许

300克（约300毫升）全脂鲜奶油

50克蜂蜜

200克可可含量70%的黑巧克力

镜面淋面

12克吉利丁片

100克（约100毫升）清水

170克细砂糖

75克纯可可粉

90克（约90毫升）全脂鲜奶油

装饰

食用金箔

所需工具

直径20厘米的圆形活底蛋糕模

直径22厘米的圆形无底蛋糕模

烤盘

烤架

技巧复习

巧克力镜面淋面 >> 第66页

巧克力海绵蛋糕 >> 第85页

挞馅或蛋糕甘纳许 >> 第96页

金箔巧克力蛋糕 ★ ★
Entremets palet or

制作6人份

部分原料需要提前1晚准备

准备时间：1小时

烤制时间：40分钟

冷藏时间：1晚（准备阶段）+ 6小时（制作阶段）

冷冻时间：1晚

提前1晚准备镜面淋面酱（详见第66页）和蛋糕坯。

用黄油涂抹模具并在其中撒上面粉，倒入巧克力海绵蛋糕面糊（做法详见第85页）并用烤箱以160摄氏度（调节器5或/6挡）烤制40分钟。

用小刀切面检查蛋糕是否烤好，之后将蛋糕静置放凉，并横着切成3片。

将圆形蛋糕模具放在烤盘上（注意要在烤盘中铺上一层烘焙纸），先放入第一层蛋糕饼底，注意蛋糕底的尺寸要稍稍小于蛋糕模具。

倒入1/3的黑巧克力甘纳许（做法详见第96页），随后摆上第二层饼底并轻轻压实，注意让甘纳许酱与蛋糕边缘对齐。

重复以上操作，在第三层蛋糕表面倒上最后一层甘纳许酱并抹平。

第二天取出冻好的蛋糕体放在烤架上，在烤架下面放上一个烤盘以收集滴下来的淋面酱。

将淋面酱用水浴法加热或微波炉加热（注意要使用解冻模式或功率不超500瓦的加热模式），稍稍搅拌后浇在蛋糕上，抓住烤盘两边，稍稍摇晃几下，把多余的淋面酱滴尽。

在蛋糕表面放上一片金箔，然后装盘并放入冰箱冷藏6小时。

注意这款蛋糕是在室温下食用的，因此在食用前1小时需要把蛋糕从冰箱取出使其稍稍回温。

●主厨建议

烤好的蛋糕放凉后更容易切割，注意要使用切面包用的锯齿刀。

●烘焙须知

在为蛋糕浇淋面之前，需要先把淋面酱重新搅拌一下以除掉里面的气泡。

花神蛋糕 ★ ★ ★
Flore

制作6~8人份
部分原料需要提前1晚准备
准备时间：1小时30分钟
冷冻时间：1晚（准备阶段）+ 3小时（制作阶段）
冷藏时间：6 小时

提前1晚准备好巧克力海绵蛋糕底（做法详见第85页），注意切割蛋糕底的大小要稍稍小于模具的尺寸（直径22厘米）。

制作茉莉花茶奶油慕斯蛋糕
在冰奶油中加入茉莉花茶，放置3~4小时，使其入味。如果想要加快这一过程可以改用热奶油。
滤掉奶油中的固体杂质，加入蛋黄、砂糖和泡软的吉利丁片，过程中不停搅拌，直到奶油呈现浓稠*状态（此时奶油的温度应当在82~84摄氏度，并且可以观察到奶油变厚）。
将奶油酱倒入18厘米的蛋糕模，并放入冰箱冷冻3小时，直到其完全冻硬。

使用配料表所示的配料制作黑巧克力慕斯（详见第111页）并放入冰箱冷藏。

组装阶段
先把巧克力蛋糕底放在模具中央，再把冻好的奶油慕斯蛋糕摆在蛋糕底的中央，之后在蛋糕和模具之间的空隙里放上一些树莓，并用巧克力慕斯把空隙填满，最后把蛋糕放入冰箱冷冻1晚。
到第二天将蛋糕脱模后，为蛋糕浇上白巧克力淋面（做法详见第69页），再放上水晶茉莉花和糖珠做装饰，放入冰箱冷藏至少6小时后即可食用。

● 主厨建议
多出来的海绵蛋糕可以切成小块放在冷冻室保存，下次可以用它们制作甜品杯。

● 烘焙须知
最好能够将茉莉花茶在奶油中放置1晚，这样可以最大限度地留住茶的香味，并去除其中的涩味。

配料

巧克力海绵蛋糕底
3个鸡蛋
50克洋槐蜂蜜
85克细砂糖
50克杏仁粉
80克（约80毫升）全脂鲜奶油
80克面粉
5克泡打粉
15克纯可可粉
60克融化的黄油
35克（约35毫升）朗姆酒
35克可可含量70%的黑巧克力

茉莉花茶奶油慕斯蛋糕
10克茉莉花茶
250克（约250毫升）全脂鲜奶油
2克吉利丁片
3个蛋黄
50克细砂糖

黑巧克力慕斯
170克60%黑巧克力
2克吉利丁片
125克（约125毫升）全脂牛奶
250克（约250毫升）全脂鲜奶油
125克树莓

白巧克力淋面（做法详见第 69 页）

装饰
水晶茉莉花
装饰用小糖珠

所需工具
厨房温度计
直径18 厘米的蛋糕模
直径22 厘米的蛋糕模

技巧复习 🥄
白巧克力淋面 >> 第69页
巧克力海绵蛋糕 >> 第85页
克林姆奶油酱 >> 第99页
无蛋巧克力慕斯 >> 第111页

配料

巧克力海绵蛋糕

35克可可含量60%的黑巧克力

60克黄油

3个鸡蛋

50克蜂蜜

80克细砂糖

50克杏仁粉

80克面粉

5克泡打粉

15克纯可可粉

80克（约80毫升）全脂鲜奶油

尚蒂伊黑巧克力慕斯

180克可可含量60%的黑巧克力

300克全脂鲜奶油（分2次使用，分别用200克和100克）

巧克力杏仁脆皮

70克杏仁碎

300克可可含量60%的黑巧克力

30克（约30毫升）葡萄籽油

黑巧克力和白巧克力

不同颜色的果酱

所需工具

厨房温度计

24厘米 × 34 厘米的无底蛋糕方模

烤盘或硅胶垫

8个直径7.5厘米的圆形饼干模具

小丑先生 ★
Mister Clown

制作8人份

准备时间：1小时30分钟

烤制时间：10分钟

冷冻时间：4小时

用配料表所示的配料制作巧克力海绵蛋糕（见第85页）

将24厘米×34厘米大小的蛋糕模具放在硅胶垫或铺*好油纸的烤盘上，并往其中倒入蛋糕面糊，随后用烤箱以180摄氏度（调节器6挡）烤制8~10分钟。

用饼干模具压出8个直径为7.5厘米的圆形小蛋糕。

用配料表所示的配料制作尚蒂伊巧克力慕斯（详见第113页）

将切好的圆形蛋糕放回模具，在蛋糕表面倒上2~3厘米厚的尚蒂伊黑巧克力慕斯并抹平。

把装有蛋糕的模具摆在铺*上油纸的烤盘里，并放入冰箱冷冻4小时左右，随后取下模具再放回冰箱继续冷冻。

为蛋糕裹上巧克力杏仁脆皮

将杏仁碎用烤箱以160摄氏度（调节器5/6挡）烤制几分钟后放凉备用。

用隔水加热*装置或微波炉将巧克力融化（注意如果用微波炉需要调至解冻模式或功率不超过500瓦的加热模式，而且需要不时取出，摇晃碗底），往巧克力中加入葡萄籽油和烤好的杏仁碎。

用刀尖插着冻好的小蛋糕浸入杏仁巧克力浆，待其表面浸满巧克力后迅速取出沥干，并放在空盘中备用。

为杏仁脆皮蛋糕添加装饰

将融化后的巧克力装入圆锥纸袋，先用白巧克力在蛋糕表面画上眼睛和嘴巴，再用黑巧克力在盘中画出身体部分，您也可以准备好刷子、滴管和果酱，并和孩子们一起完成这款"小丑先生"的创作。

●主厨建议

在为蛋糕裹巧克力脆皮前，需要确保其已经完全冻好。

技巧复习

巧克力裱花 >> 第53页

巧克力海绵蛋糕 >> 第85页

尚蒂伊巧克力慕斯 >> 第113页

糖果蜜饯

让·保罗·埃万
Jean-Paul Hévin

推荐食谱

　　从某种意义上说，我就是一个不折不扣的"巧克力控"。我无法想象没有巧克力的一天将怎样度过。品鉴巧克力既是我的职业要求，更是我获取快乐的方式。对我来说巧克力是世界上最完美的食材，它能够满足甜品创作中对于艺术性的一切要求，并且其本身丰富的口味层次更是带来了与不同食材搭配的无限可能。我的职业生涯启蒙于拉瓦尔甜品厨师学校，我在那里考取了甜品厨师资格证，后来我到日本学习，对甜品制作也有了新的认识。我觉得对于甜品的审美标准应当是"简约但不简单"，只有在熟稔了基本技巧之后才能尝试更加复杂的创作，从而玩转巧克力的"魔法"，像我那样做出诸如"卢浮宫""现代艺术雕塑""高跟鞋""晚礼裙"等作品！

惊喜巧克力棒棒糖
Sucettes étonnantes

制作巧克力圆片

将黑巧克力或牛奶巧克力切碎，取其中2/3用隔水加热装置*融化（注意使用文火，并将温度控制在50摄氏度左右）。

将融化的巧克力浆从加热装置中取出，随后加入剩下的巧克力碎使其温度降至29摄氏度左右，用刮刀将混合物拌匀。

再对容器进行加热，当其温度达到32~33摄氏度时，即完成巧克力的调温。

用裱花袋将调温巧克力挤在烘焙纸或自带图案的巧克力转印纸上，轻轻敲击桌面，使得巧克力表面塌陷，从而形成一个圆形平面。

调温巧克力在室温下结晶*后表面会散发光泽，您也可以把巧克力放在冰箱里稍稍冷藏一会儿，从而使凝固的过程更加迅速。

制作巧克力甘纳许

把巧克力切成小块，并将转化糖浆与鲜奶油一起煮沸备用。

待奶油糖浆温度降到75摄氏度左右时，将巧克力倒入其中并轻轻搅拌，等到巧克力和奶油混合均匀后加入黄油并继续搅拌，在这一步骤中也可以加入几滴精油调味。

将甘纳许倒进烤盘并放入冰箱冷藏（也可以放置在室温下，但是这样的话就需要更长的时间才能让甘纳许凝固）。

最后开始组装棒棒糖

将一小块甘纳许捏成球状放在巧克力圆片上，插入棒棒糖木棍，再放上第二片巧克力轻轻压实即可，甘纳许在棒棒糖的制作中主要是起到黏合两块巧克力圆片的作用。

注意棒棒糖需要放在低温的环境下保存。

●主厨建议

注意融化巧克力的时候温度不能超过55摄氏度。

配料

巧克力圆片

700克黑巧克力或牛奶巧克力
巧克力转印纸（可选）

巧克力甘纳许

115克（约115毫升）全脂鲜奶油
20克转化糖浆
215克可可含量63%的黑巧克力
55克软化黄油
几滴精油，可以从下列口味中选择：
佛手柑、香橙、橙花、鲜薄荷、酸橙、玫瑰
或某些混合口味（如薄荷酸橙精油）等

所需工具

厨房温度计
裱花工具
烤盘
棒棒糖木棍

甜咸风味杏仁巧克力棒 ★ ★ ★
Barres au chocolat noir, caramel au beurre salé et amandes cristallisées

可制作15根巧克力棒
准备时间：3小时30分钟
烤制时间：35分钟
冷藏时间：30分钟
冷冻时间：30分钟

使用配料表所示的配料制作黑巧克力甘纳许（详见第33页）

制作水晶杏仁
先往清水中加入细砂糖熬煮1分钟，再把杏仁用烤箱以150摄氏度（调节器5挡）烤好，放凉备用。
把烤杏仁加到糖浆中，接着往锅里磨一些长胡椒，反复翻炒让杏仁表面均匀地裹上一层糖浆。
将水晶杏仁摆在烤盘里（注意先要铺一层烘焙纸），并用以烤箱90摄氏度（调节器3挡）烤干（大约需要20分钟）。烤好的杏仁口感酥脆，需要放在干燥的地方保存。

制作咸黄油焦糖
在烤盘里铺上一层烘焙纸，再将无底方形模具摆在其中。将奶油煮开备用，另取一只锅，倒入葡萄糖浆，一点一点地加砂糖熬煮。
等到锅中的糖浆变为金黄色的焦糖状后，加入有盐黄油和热奶油，继续加热至118摄氏度。
将混合物倒入模具中静置。

使用对页所示的配料制作杏仁沙布列饼底（详见第72页）
将面团擀成约3毫米厚，并放在两层烘焙纸之间冷冻30分钟，面团冻硬后取出。
揭下烘焙纸并将面团切成2厘米×10厘米的长条状，切好后再放回冰箱冷藏30分钟，随后再用烤箱以150摄氏度或160摄氏度（调节器5/6挡）烤制约15分钟直至焦黄即可。

最后阶段，先把焦糖块同样切成2厘米×10厘米的长条并摆在杏仁饼底上。
用裱花袋在焦糖表面挤上甘纳许，并将其放置在烤架上。
对巧克力进行调温（详见第20页），并向其中倒榛仁油拌匀。
把巧克力用小酒壶盛装，并均匀地浇在甘纳许上将其完全覆盖，最后在巧克力棒表面撒上水晶杏仁，并将其放在烘焙纸或硅胶垫上结晶即可。

配料

杏仁沙布列饼底
145克黄油
1茶匙食盐
100克糖霜
20克杏仁粉
2个鸡蛋
300克面粉（分2次使用，分别使用70克和230克）

黑巧克力甘纳许
360克可可含量60%的黑巧克力
300克（约300毫升）全脂鲜奶油
60克蜂蜜
20克黄油

咸黄油焦糖
185克（约185毫升）全脂鲜奶油
20克葡萄糖浆
185克细砂糖
50克有盐黄油

水晶杏仁
90克细砂糖
90克（约90毫升）清水
250克杏仁
长胡椒少许

巧克力外壳
500克可可含量40%的牛奶巧克力
70克榛仁油

所需工具
20厘米 × 20厘米的无底方形蛋糕模
烤盘
厨房温度计
裱花工具
烘焙纸

技巧复习
巧克力调温 >>第20页
原味甘纳许 >>第33页
沙布列杏仁面团 >>第72页
烤制坚果 >>第134页

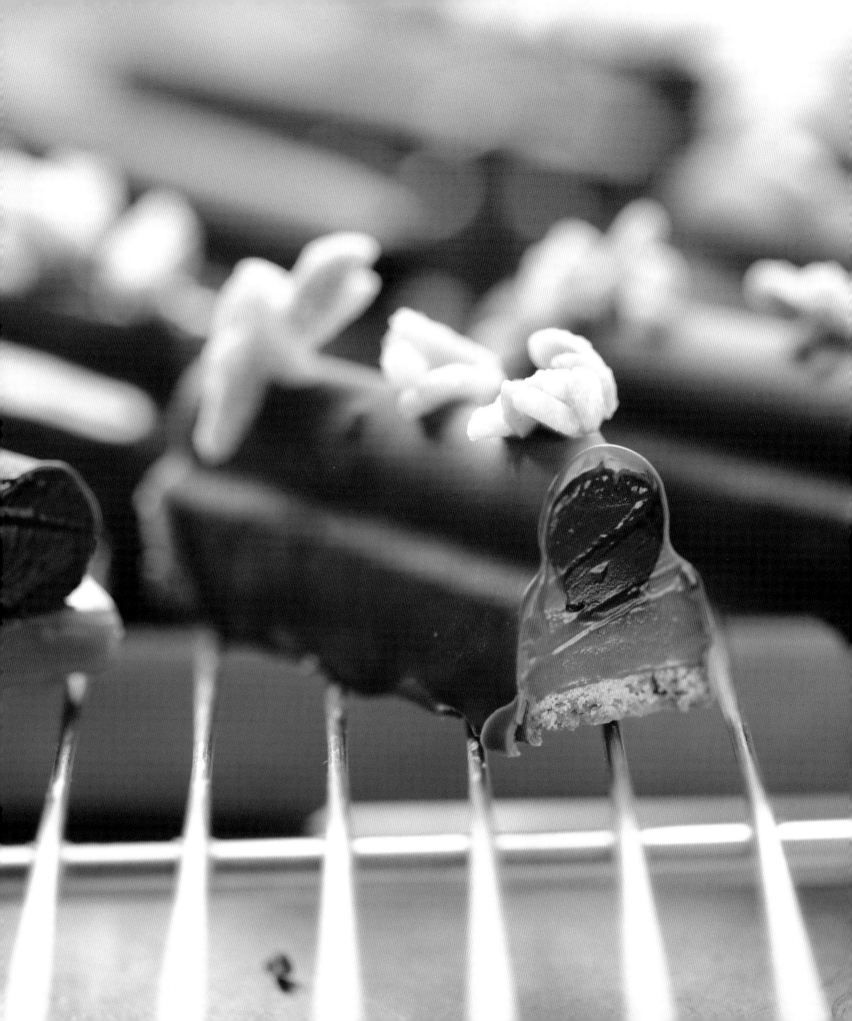

脆皮巧克力夹心糖 ★ ★ ★
Bonbons crousti-fondants

可制作15份巧克力甜品挞或60颗巧克力糖
准备时间：1小时
冷藏时间：7小时

制作香脆果仁
将巧克力切碎并用隔水加热法*或微波炉融化（注意在使用微波炉加热时须设定为解冻模式或最大不超过500瓦功率的加热模式，并不时搅拌）。加入果仁夹心并持续搅拌直到混合物温度降到26摄氏度，此时会观察到混合物慢慢变厚。
接着往巧克力中加入薄脆饼干碎，并将其倒入硅胶模具，轻轻敲击模具，使巧克力完全覆盖模具内壁，之后放入冰箱冷藏1小时。

制作黑巧克力甘纳许
将巧克力融化，并把奶油和蜂蜜一起煮开备用。
取出1/3的热奶油倒入融化的巧克力中，用力在混合物中心画圆圈搅拌，直至出现散发光泽的"弹性中心"，随后再重复以上操作2次直到将所有奶油都融入巧克力中即可。
当巧克力甘纳许温度降到35~40摄氏度时，加入黄油小块并用力拌匀。
用裱花工具将甘纳许填入模具中，并放入冰箱冷藏半天。

制作巧克力外衣所用的巧克力浆
先对巧克力进行调温（详见第20页），当巧克力温度达到31摄氏度时，将其倒入大碗中拌入葡萄籽油即可。

将冻好的甘纳许果仁糖脱模，并把每一块糖平均切成4份，随后在其表面裹上一层调温巧克力，并撒上少许薄脆饼干碎即可。

技巧复习
巧克力的融化 >> 第19页
巧克力调温 >> 第20页
手工浸渍巧克力糖 >> 第25页
原味甘纳许 >> 第33页
果仁夹心 >> 第38页

配料

香脆果仁夹心
26克可可含量40%的牛奶巧克力
90克果仁夹心（做法详见第38页，也可以从商店直接购买）
35克薄脆饼干碎

黑巧克力甘纳许
140克可可含量70%的黑巧克力
130克（约130毫升）全脂鲜奶油
25克洋槐蜂蜜
15克黄油

巧克力外衣
230克可可含量70%的黑巧克力
30克（约30毫升）葡萄籽油

所需工具
硅胶迷你甜品挞模具
厨房温度计
裱花袋

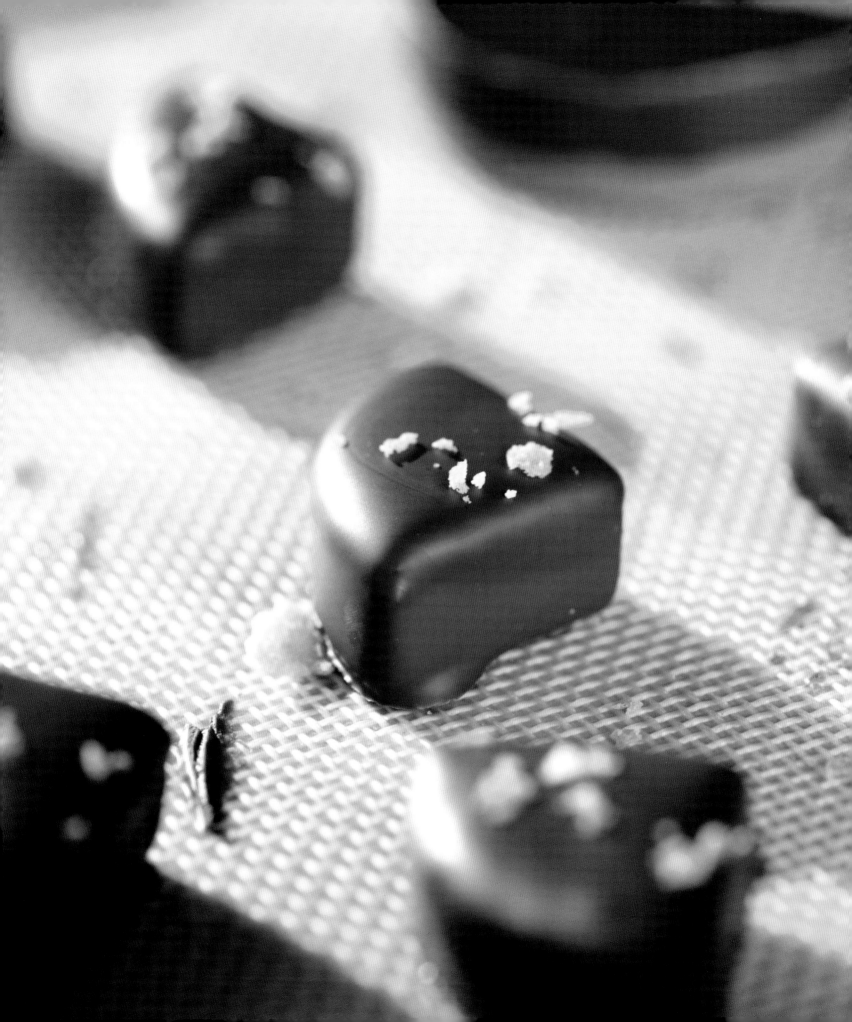

配料

150克可可含量70%的黑巧克力
250克（约250毫升）全脂鲜奶油
1茶匙盐
250克细砂糖
15克蜂蜜
15克黄油

所需工具

方形无底模具+烤盘
或硅胶糖果模
厨房温度计

巧克力太妃糖 ★ ★ ★
Bonbons de caramel au chocolat

可制作30~40颗糖果
部分原料需要提前1晚准备
准备时间：30分钟
结晶时间：1晚

将巧克力切碎并用隔水加热法*或微波炉融化（注意在使用微波炉加热时须设定为解冻模式或最大不超过500瓦功率的加热模式，并不时搅拌）。
往奶油中加入1茶匙盐并用微波炉加热后备用，同时用细砂糖和蜂蜜熬焦糖，随后小心地把热奶油拌入糖浆中。
继续加热奶油糖浆至115摄氏度后，将其倒进巧克力中，然后加入黄油小块并搅拌均匀。
将混合物倒入糖果模具并放置1晚，待其结晶*后切块即可。

● 主厨建议

配料表中的黑巧克力也可以用200克牛奶巧克力代替。
您还可以在巧克力太妃糖表面裹上花生碎，口味更佳。

技巧复习
巧克力的融化 >> 第19页

蜂蜜巧克力棉花糖 ★ ★
Guimauves chocomiel

可制作10颗棉花糖

部分原料需要提前1晚准备

准备时间：20分钟

静置时间：1晚

把吉利丁片用凉水泡软，沥干后用微波炉加热融化备用。

将砂糖、70克蜂蜜以及清水倒入锅中加热至110摄氏度并熬成糖浆，把剩下的100克蜂蜜倒进一个碗里，并将热的糖浆倒入其中拌匀，随后再加入融化的吉利丁，并不断搅拌至混合物呈慕斯状。

将巧克力切碎并用隔水加热法*或微波炉融化（注意在使用微波炉加热时须设定为解冻模式或最大不超过500瓦功率的加热模式，并不时搅拌）。

在烤盘里铺一层烘焙纸并刷上一层油，之后摆上一个20厘米×20厘米的方形模具，倒入放置温热后的棉花糖浆，并再盖上一层刷了油的烘焙纸。

将棉花糖静置1晚，待其结晶后用小刀切成长条状并在表面裹上可可粉及彩色砂糖即可。注意这款棉花糖需要在干燥的地方保存。

技巧复习

法式巧克力棉花糖 >> 第44页

巧克力的融化 >> 第19页

配料

棉花糖

17克吉利丁片

225克细砂糖

170克蜂蜜（分2次使用，分别使用70克和100克）

75克（约75毫升）清水

100克可可含量70%的黑巧克力

可可粉

彩色砂糖

所需工具

烤盘

20厘米 × 20厘米方形模具

配料

300克可可含量70%的黑巧克力
或可可含量35%的白巧克力
或可可含量40%的牛奶巧克力
自选干果（杏干、杏仁、核桃、开心果等）

所需工具

厨房温度计
烤盘
裱花工具

巧克力四色钵★★
Mendiants

制作30份四色钵
制作时间 : 45分钟

首先准备好工具：在烤盘上铺上一层烘焙纸，并把所需要用的干果分类摆好，以方便取用。

再对巧克力进行调温：
将巧克力切碎并用隔水加热法融化（见第19页），同时用冷水或冰块制作一个隔水冷却装置。
将巧克力达到55~58摄氏度后，将容器从热水中取出并进行隔水冷却，适时搅拌以防止巧克力在容器表面凝固，同时防止可可脂结晶形成油斑。
当巧克力降至约35摄氏度时，将容器取出，继续搅拌，使巧克力温度降至28~29摄氏度（牛奶巧克力须降至27~28摄氏度，白巧克力则要降至26~27摄氏度）。
最后再次将巧克力隔水加热至 31~32摄氏度（牛奶巧克力为29~30摄氏度，白巧克力为28~29摄氏度）即可。

把巧克力装入裱花袋，并一滴一滴地挤在烤盘中，轻轻敲击烤盘，使巧克力表面塌陷并变成圆盘状，随后迅速放上坚果并等待其结晶*。

●主厨建议

注意一次不要滴太多的巧克力，以防巧克力凝固得太快而没有时间摆好干果。

●烘焙须知

对巧克力进行调温时必须用温度计准确掌握温度。

技巧复习

巧克力的融化 >> 第19页
巧克力调温 >> 第20页

芳香橙条 ★ ★
Orangettes

制作6~8人份
部分原料需要提前1晚准备
准备时间：1小时30分钟
烤制时间：45分钟
静置时间：1晚

制作橙条

用凉水将橙子洗净，并在每个橙子的表面划四刀（注意不要划破果肉），取下果皮。

将橙皮倒入锅中加清水煮沸5分钟，把水沥干、放凉后，重复之前的过程再煮一次。

另取一口锅，倒入500毫升水和250克砂糖熬煮，之后再把橙皮放入沸腾的糖浆中煮5分钟。

关火并等到糖浆冷却后再重新加热煮5分钟，重复这一过程2次，注意每一次将糖浆重新煮沸前都必须等它彻底冷却，经过这两步之后，糖浆中的橙皮应当呈现半透明状。

待橙皮冷却后，将其切成宽约5毫米的细条，并放在烤架上晾干（此过程大约需要1晚，注意橙条不能相互堆在一起）。

对巧克力进行调温（方法详见第20页），把橙条表面浸上调温黑巧克力，待其结晶*后即可食用。

● 主厨建议

在一些高级的食品杂货店也可以买到用糖腌好的半成品橙片，您可以用它们直接浸渍巧克力即可。

● 烘焙须知

注意对巧克力进行调温时一定要用温度计控制好温度。

技巧复习
巧克力的融化 >> 第19页
巧克力调温 >> 第20页

配料

3个橙子
250克细砂糖
500毫升清水
450克可可含量70%的黑巧克力

所需工具

厨房温度计
浸蘸叉

玫瑰/树莓棒棒糖 ★ ★ ★
Sucettes rose/framboise

制作6~8人份
部分原料需要提前1晚准备
准备时间：1小时30分钟
冷藏时间：1晚
冷冻时间：2小时

制作树莓白巧克力甘纳许
将巧克力切碎并用隔水加热法*或微波炉融化（注意在使用微波炉加热时须设定为解冻模式或最大不超过500瓦功率的加热模式，并不时搅拌）。
把奶油加热煮开，取1/3的热奶油倒入融化的巧克力中，用力在混合物中心画圆圈搅拌，直至出现散发光泽的"弹性中心"，随后再重复以上操作2次，直到将所有奶油都融入巧克力中。
往巧克力奶糊中加入6克玫瑰水和160克树莓果酱并搅拌均匀，最后把甘纳许放入冰箱冷藏1晚使其结晶*。

在烤盘上铺上一层烘焙纸，将甘纳许挤在纸上并插上棒棒糖木棍，之后放入冰箱冷冻2小时左右。

最后阶段
将白巧克力融化后倒入大碗中，加少许葡萄籽油拌匀，再把糖衣杏仁压碎备用。
在砧板上平铺一张烘焙纸或巧克力转印纸，将冻好的棒棒糖浸入融化的白巧克力中，迅速抽出甩干，再把棒棒糖竖直地放在转印纸上，撒上杏仁碎，等待巧克力外衣冻硬后，将棒棒糖从转印纸上取下即可，注意这款棒棒糖在食用前需要放入冰箱冷藏保存。

●主厨建议
这款冷食棒棒糖需要放入冰箱冷藏保存。

●烘焙须知
巧克力转印纸可以在一些创意甜品用品商店购买到，其中的图案是用染色可可脂制作的。

配料
树莓白巧克力甘纳许
400克可可含量35%的白巧克力
180克（约180毫升）全脂鲜奶油
6克（约6毫升）玫瑰水
160克树莓果酱

白巧克力外衣
300克可可含量35%的白巧克力
20毫升葡萄籽油

装饰
少许糖衣白杏仁

所需工具
厨房温度计
烘焙纸或自选图案的巧克力转印纸
棒棒糖木棍
裱花袋及平口裱花嘴

技巧复习
巧克力的融化 >> 第19页
手工浸渍巧克力糖 >> 第25页
树莓甘纳许 >> 第34页

鲜果巧克力 ★ ★
Tablettes aux fruits frais

可制作2~3板巧克力

准备时间：30分钟

冷藏时间：1小时

对黑、白两种巧克力分别进行调温

称量100克巧克力并切碎，如有可直接调温的小块或薄皮的考维曲巧克力或巧克力豆更佳。

将巧克力碎放入小碗中，平底锅中加热水至锅身的一半，随后将装有巧克力的容器置于锅中，并确保其与锅底没有接触。

将巧克力容器连同平底锅一起文火加热，注意不可将水煮沸。如果使用微波炉加热，注意使用解冻模式或不超过500瓦的加热模式。

当巧克力开始融化时，使用刮刀规律性地搅拌使融化更为均匀，并注意使用温度计掌控温度。当巧克力温度达到55~58摄氏度时，将巧克力取出，随后将开始预留的100克巧克力切碎（或用机器磨碎），并"种"到巧克力浆中。适当搅拌巧克力，待温度降至28摄氏度或29摄氏度（牛奶巧克力是27摄氏度或28摄氏度）时，再次将其放入隔水加热装置稍稍加热，让温度升至31摄氏度或32摄氏度（牛奶巧克力是29摄氏度或30摄氏度）即可。

把调温巧克力倒入大碗中，加入水果并在室温下搅拌均匀，之后用甜品匙把鲜果巧克力舀到模具中，轻轻摇晃几下，让巧克力液面保持水平。

把巧克力放入冰箱冷藏1小时后脱模即可。

●烘焙须知

这款巧克力必须在24小时内食用，这是因为鲜果中含有的水分使得巧克力表面很容易生出油斑。

◗技巧复习
巧克力调温 >> 第20页

配料

板状黑巧克力

200克可可含量60%或70%的黑巧克力

70克树莓或60克蓝莓

板状白巧克力

200克可可含量40%的牛奶巧克力

60克新鲜杏子（切成小块）

所需工具

板状巧克力模具

厨房温度计

配料

200克可可含量35%的白巧克力

椰味白巧克力甘纳许

70克（约70毫升）椰奶
22克（约22毫升）马利宝椰子酒
16克细砂糖
145克可可含量35%的白巧克力
8克烤椰丝

所需工具

板状巧克力模具
厨房温度计
裱花工具

椰心巧克力 ★ ★
Tablettes congolaises

可制作4板巧克力
制作过程总共需要2天
准备时间：30分钟
静置时间：48小时（即巧克力结晶所需时间）

对巧克力进行调温（详见第20页）

并把调温巧克力灌入模具制作巧克力外壳，注意要把模具放在室温下结晶*。

制作椰子白巧克力甘纳许

把椰奶和椰子酒倒在一起加热，再将砂糖加热融化后熬成焦糖，小心地把椰奶和椰子酒的混合溶液倒入焦糖中拌匀。

将巧克力切碎并用隔水加热法*或微波炉融化（注意在使用微波炉加热时须设定为解冻模式或最大不超过500瓦功率的加热模式，并不时搅拌）。

取1/3的焦糖椰奶倒入融化的巧克力中，用力在混合物中心画圆圈搅拌，直至出现散发光泽的"弹性中心"，随后再重复以上操作2次，直到将所有混合液都融入巧克力中，最后加入烤椰丝（详见第134页）拌匀即可。

当甘纳许温度降到28摄氏度左右时，用裱花袋将其注入巧克力外壳中，注意在模具顶部留大约2毫米的空隙用于封顶，之后把甘纳许在低温环境下放置24小时。

待第二天甘纳许结晶*后，再用调温好的白巧克力填进模具中并抹平表面，继续静置24小时等到其完全冻硬即可

●主厨建议

注意在用甘纳许给模具注馅时，其温度不要超过28摄氏度，否则会影响到已经调好温的白巧克力的质感。

技巧复习

巧克力调温 >> 第20页
烤制坚果 >> 第134页

松露巧克力 ★ ★
Cœur de truffes

制作8人份
准备时间：1小时
冷藏时间：3小时

制作黑巧克力甘纳许

将巧克力切碎并用隔水加热法*或微波炉融化（注意在使用微波炉加热时须设定为解冻模式或最大不超过500瓦功率的加热模式，并不时搅拌）。

把香草荚切开，刮下香草籽，再将奶油、蜂蜜和香草荚倒在一起煮开并滤掉固体杂质。

取出1/3的热奶油倒入融化的巧克力中，用力在混合物中心画圆圈搅拌，直至出现散发光泽的"弹性中心"，随后再重复以上操作2次，直到将所有奶油都融入巧克力中即可。

当巧克力甘纳许温度降到35摄氏度或40摄氏度时，加入黄油小块，并用力拌匀，最后将甘纳许放入冰箱冷藏3小时等待其结晶。

用裱花袋挤出球状的甘纳许，等到其稍稍结晶后再用手把甘纳许滚圆。

对巧克力进行调温（做法详见第20页），并在甘纳许表面浸渍上巧克力外衣：先用浸蘸叉把糖馅推入调温巧克力中，轻轻按压，再抬起馅料反复浸渍3~4次，这样可以让巧克力均匀地"吸附"在糖馅表面，并且可以避免巧克力糖衣过厚。随后在容器边缘反复敲击浸蘸叉，这样可以把多余的巧克力抖掉，以制作出完美的薄面。

在巧克力外衣结晶之前，将其放入装有可可粉的深盘里滚一圈，使其表面沾满可可粉。

把松露巧克力放在可可粉中，直到其完全变硬，最后取出并抖落多余的可可粉即可。

●烘焙须知

注意在松露巧克力的制作过程中，不能让甘纳许温度降得太低，否则会有小颗粒析出。

●烘焙须知

在松露巧克力表面滚可可粉时需要佩戴手套。

🥄 技巧复习
巧克力的融化 >> 第19页
巧克力调温 >> 第20页
手工浸渍巧克力糖 >> 第25页
原味甘纳许 >> 第33页

配料

黑巧克力甘纳许
225克可可含量70%的黑巧克力
半根香草荚
200克（约200毫升）全脂鲜奶油
40克洋槐蜂蜜
50克黄油

巧克力外衣
300克可可含量70%的黑巧克力
纯可可粉

所需工具
厨房温度计
裱花袋和口径约2厘米的裱花嘴
烤盘
浸蘸叉

配料

柠檬砂糖
3个新鲜柠檬
200克细砂糖

彩色砂糖
柠檬黄色素
200克细砂糖

茉莉花茶巧克力甘纳许
20克茉莉花茶
350毫升（约350毫升）全脂鲜奶油
65克葡萄糖浆
335克可可含量70%的黑巧克力
70克黄油

巧克力外衣
300克可可含量70%的黑巧克力

所需工具
厨房温度计
裱花袋及口径12毫米的平口裱花嘴
浸蘸叉

技巧复习
巧克力调温 >> 第20页
手工浸渍巧克力糖 >> 第25页
原味甘纳许 >> 第33页

茉莉风味松露巧克力 ★ ★ ★
Truffettes jasmina

制作6~8人份
部分原料需要提前1晚准备
准备时间：1小时
静置时间：1晚（即巧克力甘纳许结晶所需要的时间）

首先准备好柠檬砂糖和彩色砂糖。

制作柠檬砂糖
剥下3个柠檬的果皮，将它们切成小块并磨碎，将柠檬碎和砂糖混在一起，随后平铺在烤盘上晾干。

制作彩色砂糖
先用60度的食用酒精将柠檬黄色素溶解，随后用混合溶液为细砂糖染色，最后在室温下晾干即可。

提前1晚开始准备茉莉花茶巧克力甘纳许
在奶油中加入茉莉花茶并静置24小时使其入味。
第二天先将茉莉花茶奶油加热至50摄氏度，并过滤掉固体杂质，之后加入葡萄糖浆并继续加热煮沸。
将巧克力切碎并用隔水加热法*或微波炉融化（注意在使用微波炉加热时须设定为解冻模式或最大不超过500瓦功率的加热模式，并不时搅拌）。
取1/3的茉莉花茶奶油加入巧克力中，用刮刀在容器中画圆圈搅拌，直至巧克力奶糊散发光泽并出现"弹性中心"，随后再重复以上操作2次，直到将所有热奶油拌入巧克力中。
待巧克力奶糊温度降到35~40摄氏度时，加入黄油小块，并持续搅拌，最后将甘纳许静置3小时待其结晶*。
在烤盘里铺上一层烘焙纸，接着用裱花袋把甘纳许挤成条状，在低温环境下放置1晚使其凝固。

在食用当天先对巧克力进行调温（详见第20页）
将柠檬糖和彩色砂糖混合后平铺在烘焙纸上，先将甘纳许浸入调温巧克力（做法详见第25页），再在其表面滚上糖粒，最后静置10分钟左右即可。

● 主厨建议
配料中的柠檬皮也可以用橙皮代替。

芝麻肉桂巧克力糖 ★ ★ ★
Chococannelle sésame

可制作40~50颗巧克力糖
准备时间：2小时
冷藏时间：至少3小时

制作肉桂甘纳许
将奶油稍稍加热并向其中加入肉桂，随后放置15~20分钟，使其入味。
过滤掉奶油中的固体杂质，倒入牛奶并重新加热煮沸。
将巧克力切碎并用隔水加热法*或微波炉融化（注意在使用微波炉加热时须设定为解冻模式或最大不超过500瓦功率的加热模式，并不时搅拌），遵循3*1/3法则，把热奶油完全溶解到巧克力中。
待巧克力奶糊温度降到35~40摄氏度时加入黄油块并拌匀。
把方形糖果模具摆在硅胶垫上，倒入约2厘米厚的甘纳许，并放入冰箱冷藏至少3小时，待其冻硬后切成尺寸约为3厘米×3厘米的小块。

制作芝麻糖脆片
用烤箱以160摄氏度（调节器5/6挡）将白芝麻烤8~10分钟。
熬煮蜂蜜并一点点地加入细砂糖，当温度达到160摄氏度时，加入烤好的白芝麻（温热）拌匀。
将芝麻糖浆在两张烘焙纸之间压平，压得越薄越好。最后取下表面的烘焙纸并将糖片切成2厘米×2厘米的小块备用。

在烤盘表面铺上*一层烘焙纸或塑料纸，对巧克力进行调温（详见第20页）并倒入大碗中备用。
在甘纳许糖馅的一面刷上一层巧克力光滑面（详见第24页），用浸蘸叉从这层平滑面托起糖馅，并浸渍在调温巧克力中。
用浸蘸叉将糖馅推入巧克力中，然后抬起馅料，这样反复浸渍3~4次，可以让巧克力均匀地"吸附"在糖馅表面，以避免巧克力糖衣过厚。
在容器边缘反复敲击浸蘸叉，这样可以把多余的巧克力抖掉，以制作出完美的薄面。
把浸渍巧克力糖摆在烤盘上，往其表面放上一块芝麻糖脆片，静置一会儿等待其结晶*即可。

● 主厨建议
如果芝麻糖脆片变得太硬以至于难以切割，您可以把它们重新回炉烤软，也可以直接掰成不规则的形状，摆在巧克力糖上。

配料

肉桂甘纳许
150克（约150毫升）全脂鲜奶油
2根肉桂
100克（约100毫升）牛奶
500克可可含量40%的牛奶巧克力
50克黄油

芝麻糖脆片
160克白芝麻
90克蜂蜜
150克细砂糖

巧克力外衣
500克可可含量40%的牛奶巧克力

所需工具
厨房温度计
硅胶垫
烤盘
糖果模具
浸蘸叉
3片塑料纸*或烘焙纸

技巧复习
巧克力调温 >> 第20页
"平滑面"的制作 >> 第24页
手工浸渍巧克力糖 >> 第25页
原味甘纳许 >> 第33页

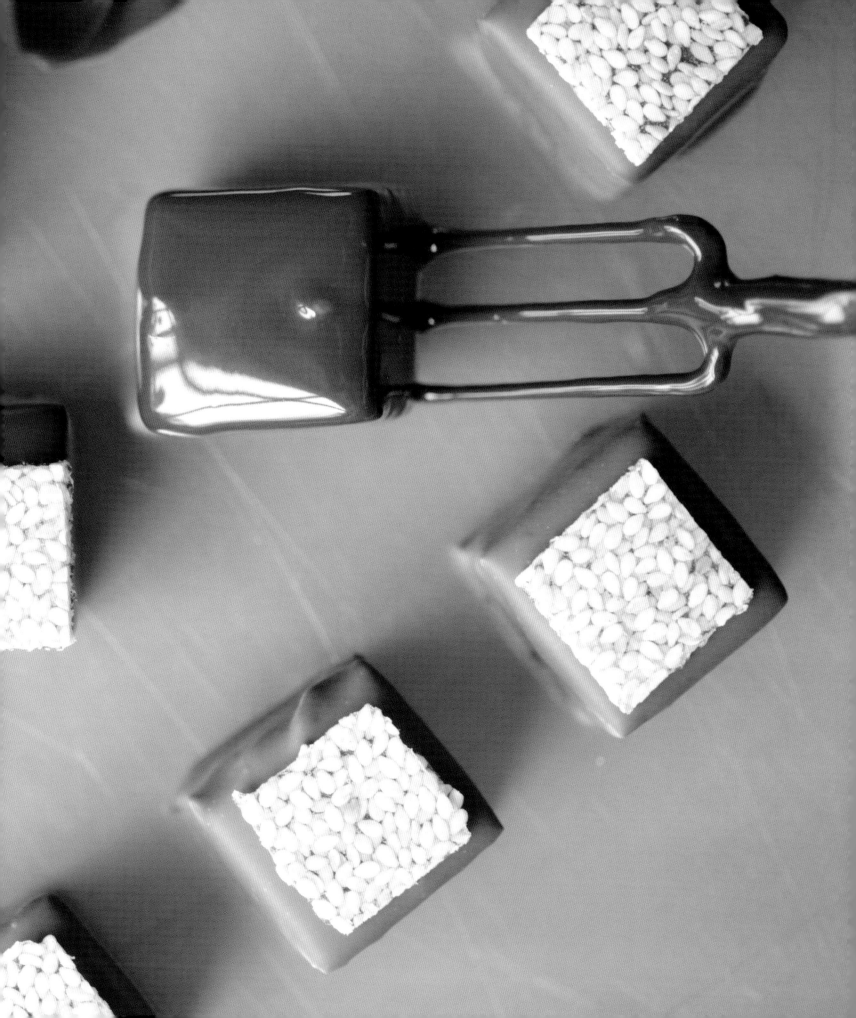

配料

塑形白巧克力
90克可可含量35%的白巧克力
60克葡萄糖浆

青柠檬果酱
170克杏桃果胶或苹果果胶
80克（约80毫升）青柠檬汁
半个青柠檬果皮

柠檬棉花糖
9克吉利丁片
100克细砂糖
115克蜂蜜（分2次使用，分别使用65克和50克）
80克柠檬汁（分2次使用，每次使用40克）
50克葡萄糖浆

200克可可含量35%的白巧克力

装饰
绿色或黄色喷砂

所需工具
厨房温度计
硅胶圆形棒棒糖模具（含小孔）
裱花工具
小木棍
花型模具

柠檬棒棒糖 ★ ★ ★
Lollipops

可制作50根棒棒糖
部分原料需要提前1晚准备
准备时间：1小时30分钟
静置时间：24小时

提前1晚制作塑形白巧克力
将巧克力切碎并用隔水加热法*或微波炉融化（注意在使用微波炉加热时须设定为解冻模式或最大不超过500瓦功率的加热模式，并不时搅拌）。
把葡萄糖浆加热至40摄氏度左右，随后将其倒入融化的巧克力中拌匀。
将巧克力在室温下放置1晚。

第二天开始准备青柠檬果酱
在搅拌机中加入果胶、青柠檬汁和柠檬皮，搅拌均匀后，将果酱倒入棒棒糖模具中约1/3处。

制作柠檬棉花糖
用凉水泡软吉利丁片，并把葡萄糖浆和50克蜂蜜倒在一起，搅拌均匀后备用。
在锅中加入细砂糖、65克蜂蜜和40克柠檬汁熬煮，随后把煮沸的糖浆倒入第一步中的混合物中，并加入沥干后的吉利丁片。
继续搅拌混合物，待其温度降至30摄氏度时停止搅拌，再加入40克柠檬汁，并把完成的棉花糖浆填进棒棒糖模具，静置12小时。

把调温后的白巧克力（做法详见第20页）用裱花袋灌进棒棒糖模具，在巧克力结晶*之前，把棒棒糖木棍沿垂直方向插入小孔。
等巧克力完全冻硬后，取下棒棒糖插在泡沫塑料块上，并用喷枪在其表面喷上喷砂。
不停按揉塑形巧克力直至其呈现出柔软、均匀并散发光泽的质感，将巧克力擀平，并用花朵模具切出巧克力花，粘在棒棒糖表面即可。

技巧复习
巧克力的融化 >> 第19页
巧克力调温 >> 第20页
塑形用巧克力 >> 第51页

糖渍菠萝/樱桃串 ★★
Nana chérie

可制作约80份水果甜点
需要提前1晚准备
准备时间：2小时
静置时间：24小时（即巧克力结晶所需要的时间）

将菠萝去皮后切成大小约3厘米×3厘米的小块（注意去掉菠萝芯），将香草荚切开并刮下香草籽备用。

将砂糖融化并熬煮焦糖，加入菠萝和香草籽翻炒2~3分钟，待菠萝表面裹上焦糖后用朗姆酒火烤一下，之后将菠萝块密封冷藏1晚（2~3晚更佳）。

第二天把菠萝块放置在烤架上沥干（需要1~2小时），并把菠萝汁收集起来，用吸水纸完全擦净其表面的水分，再给每一块焦糖菠萝都插上一根牙签。

在大碗中加入翻糖和2汤匙菠萝汁，以60~65摄氏度的温度隔水加热，并不时搅拌。之后将菠萝块浸入溶液中并放回烤架沥干。
对巧克力进行调温（详见第20页），并给菠萝块浸渍上巧克力外衣（详见第25页），最后静置12小时待其结晶。

制作樱桃

把酒渍樱桃放在烤架上沥1~2小时，并收集滴下来的果汁，用吸水纸完全擦净樱桃表面的水分。
把香草荚切开后刮下其中的香草籽，之后把香草籽和翻糖和樱桃汁一起用水浴法加热，注意要不停搅拌。
当混合溶液温度达到60摄氏度或65摄氏度时，抓住樱桃的柄，为其表面浸渍上翻糖，注意在果肉和樱桃柄的连接处留出一圈空隙。
当翻糖完全凝固后再对巧克力进行调温（详见第20页），然后再把樱桃连同柄一起浸入巧克力中（详见第25页）。
最后在樱桃表面滚上彩色砂糖，并静置12小时左右使其结晶*即可。

● 主厨建议

糖渍樱桃至少需要提前15天准备，这样才能让翻糖的口味和樱桃的果香完全融合，并让甜品具有入口即化的口感。

配料

糖渍菠萝

2个维多利亚菠萝
1根香草荚
100克细砂糖
150克褐色朗姆酒
300克翻糖
300克可可含量60%或70%的黑巧克力

糖渍樱桃

50颗带柄的酒渍樱桃
半根香草荚
300克翻糖
300克可可含量60%或70%的黑巧克力

彩色砂糖（装饰用）

所需工具

烤架
厨房温度计
牙签若干
浸蘸叉
烤盘

技巧复习

巧克力的融化 >> 第19页
巧克力调温 >> 第20页
手工浸渍巧克力糖 >> 第25页

巧克力妮妮小熊 ★ ★ ★
Nini l'ourson

可制作1份甜品
准备时间：2 小时
冷藏时间：35分钟

首先准备好工具和原料
用90度酒精清洁模具，并将靠尺摆在烘焙砧板上备用。

对巧克力进行调温（详见第20页）后备用。

制作巧克力小熊
将调温巧克力用长柄勺从容器中舀出，并将其浇在直径7厘米的半球形模具里，轻轻旋转模具，使巧克力均匀地覆盖所有侧面，随后把多余的巧克力倒回容器中。

把模具中剩余的巧克力滴尽，再将模具倒放在2把钢尺之上。

当巧克力开始结晶*后，把模具倒转过来，并用小刀将模具边缘多余的巧克力刮掉。

将巧克力连同模具放在冰箱中冷藏30分钟，随后取出等几分钟后脱模。

对不同的模块进行组合：将需要黏合的模块边缘用微热的加热板或平底锅稍稍融化，这一部分融化的巧克力会起到黏合剂的作用。

把两块巧克力黏合在一起，再把巧克力球的底部用加热板稍稍融化以做出底座。

用相同的方法再做出一颗直径4.5厘米的空心巧克力球和几个直径3.5厘米的半球，它们分别用来制作巧克力小熊的头、四肢和耳朵。

稍稍融化巧克力部件的边缘，并将它们粘在巧克力小熊的"躯干"上，把做好的巧克力熊放入冰箱冷藏15分钟，最后用巧克力喷砂和红色喷砂上色即可。

技巧复习
巧克力的融化 >> 第19页
巧克力调温 >> 第20页
经典模制巧克力 >> 第26页

配料
500克可可含量60%或70%的黑巧克力
1管巧克力喷砂
1管红喷砂

所需工具
2个直径7厘米的半球模具
2个直径4.5厘米的半球模具
8个直径3厘米的半球模具
2把铝质或不锈钢靠尺
裹有烘焙纸的烤盘
烘焙砧板

巧克力雪人 ★ ★ ★
Boniface le bonhomme des neiges

可制作10个巧克力雪人
准备时间：1小时
冷藏时间：45分钟

首先准备好工具
用90度酒精清洁模具，并将靠尺摆在烘焙砧板上备用。

然后对巧克力进行调温
取出400克巧克力切碎，如有可直接用调温的小块或薄片考维曲巧克力或巧克力豆更佳。

将巧克力碎放入小容器中，平底锅中加热水至锅身的一半，随后将装有巧克力的容器置于锅中并确保其与锅底没有接触。

将巧克力容器连同平底锅一起文火加热，注意不可将水煮沸。如果使用微波炉加热，注意使用解冻模式或不超过500瓦的功率加热。

当巧克力开始融化时，使用刮刀规律性地搅拌，使融化更为均匀，并注意使用温度计掌控温度。当巧克力达到45~50摄氏度时，将巧克力从隔水加热装置中取出。

将开始预留的100克巧克力切碎（或用机器研磨）并"种"到巧克力浆中，注意过程中需要不断搅拌。

待巧克力温度降到26~27摄氏度时，再次对其进行隔水加热，但这次不宜时间过长，只需让巧克力温度稍稍升高至28~29摄氏度，即可取出。

使用模具制作"雪人"
将调温巧克力用长柄勺从容器中舀出，并将其浇在半球形模具里，轻轻旋转模具使巧克力均匀地覆盖所有侧面，随后把多余的巧克力倒回容器中。

把模具中剩余的巧克力滴尽，再将模具倒放在两把钢尺之上。

巧克力开始结晶*后，把模具倒转过来并用小刀将模具边缘多余的巧克力刮掉。

将巧克力连同模具放在冰箱中冷藏30分钟，随后取出等几分钟后脱模。

将巧克力球的底部用加热板稍稍融化以做出底座，随后把做好的巧克力球放入冰箱冷藏15分钟，取出后喷上白色喷砂。

最后用食用色素将杏仁酱染色，用染色的杏仁酱捏出装饰部件——雪人的围巾、帽子、纽扣等，并蘸着融化的巧克力把它们粘在巧克力雪人身上即可。

配料
500克可可含量35%的白巧克力（分成两部分使用，分别为400克和100克）
白色喷砂
杏仁酱（做法详见第41页）
食用色素

所需工具
厨房温度计
2把铝质或不锈钢靠尺
直径4厘米的半球巧克力模具
烘焙砧板

技巧复习
巧克力的融化 >> 第19页
巧克力调温 >> 第20页
经典模制巧克力 >> 第26页
杏仁酱 >> 第41页

玛格丽特复活节巧克力蛋 ★ ★ ★
Moulage de Pâques marguerite

制作6至8人份
准备时间：30分钟
冷藏时间：1小时
冷冻时间：15分钟

首先准备好工具和原料

用90度酒精清洁模具，并将靠尺摆在烘焙砧板上备用。

对巧克力进行调温（详见第20页）并把调温巧克力倒进大碗里备用。

将调温巧克力用长柄勺舀进巧克力蛋模具里，轻轻旋转模具，使巧克力均匀地覆盖所有侧面，随后把多余的巧克力倒回容器中。

把模具中剩余的巧克力滴尽，再将模具倒放在两把钢尺之上。

当巧克力开始结晶*后，把模具倒转过来，并用小刀将模具边缘多余的巧克力刮掉。

将巧克力连同模具放在冰箱中冷藏1小时左右，随后取出等几分钟后脱模。

把巧克力边缘稍稍融化，并将两块巧克力紧密地黏合在一起，做成复活节巧克力蛋。

装饰巧克力蛋

先把巧克力蛋放入冰箱冷藏15分钟，随后取出并喷上绿色和黄色喷砂。

把杏仁酱擀平并用模具切出花朵形状，蘸着融化的巧克力将它们粘在复活节彩蛋上即可。

●主厨建议

为了防止巧克力上出现油斑，注意在每次使用后都需要用酒精清洗模具，同时要注意灌模时，模具的温度不能太低。

●烘焙须知

杏仁酱和塑形巧克力都可以用来制作复活节彩蛋的装饰，您可以在不同食材中自由挑选。

技巧复习

巧克力的融化 >> 第19页
巧克力调温 >> 第20页
经典模制巧克力 >> 第26页
塑形用巧克力 >> 第51页

配料

500克可可含量35%的白巧克力（分成两部分使用，分别为400克和100克）
1管绿色巧克力喷砂
1管黄色巧克力喷砂
染过色的杏仁酱或塑形白巧克力（做法详见第51页）

所需工具

厨房温度计
2把铝质或不锈钢靠尺
烤盘
烘焙砧板
巧克力蛋模具
花朵型模具

岩石巧克力 ★ ★
Rochers

可制作约500克岩石巧克力

准备时间：50分钟

静置时间：3小时 （即巧克力结晶所需要的时间）

将巧克力切碎并用隔水加热法*或微波炉融化（注意在使用微波炉加热时须设定为解冻模式或最大不超过500瓦功率的加热模式，并不时搅拌）。随即将果仁夹心拌入融化的巧克力中，再将盛巧克力的容器放入冰水中隔水冷却，待其温度降至24摄氏度后取出。

在烤盘里铺好烘焙纸，往巧克力中拌入薄脆饼干碎然后倒在烤盘中，静置几小时，待其结晶*，再把冻硬的整块巧克力敲碎。

一边把巧克力碎倒进碗中，一边用电动打蛋器将其搅拌成泥，之后把巧克力泥填入裱花袋，并在烤盘里挤成小球状。

对巧克力进行调温 （详见第20页）

然后对巧克力进行调温（详见第20页），待烤盘里的巧克力球结晶后先在其表面浸上第一层外衣，再在表面滚上杏仁碎，之后浸渍第二层调温巧克力，最后等待岩石巧克力完全结晶即可。

焙烤杏仁碎 （详见第134页） 并放凉备用

待巧克力球冻硬后先在其表面浸上第一层巧克力外衣，然后在巧克力球表面滚上杏仁碎，并再次浸渍调温巧克力，最后等待岩石巧克力完全结晶即可。

●主厨建议

为防止调温巧克力凝固，您可以在第一次浸渍完巧克力球后，将其稍稍加热至33摄氏度左右。

技巧复习

巧克力的融化 >> 第19页

巧克力调温 >> 第20页

手工浸渍巧克力糖 >> 第25页

果仁夹心 >> 第38页

烤制坚果 >> 第134页

配料

100克可可含量40%的牛奶巧克力

250克果仁夹心

（做法详见38页，您也可以直接在商店购买）

10克薄脆饼干碎

巧克力外衣

500克可可含量60%的黑巧克力

或可可含量40%的牛奶巧克力

100克杏仁碎

所需工具

厨房温度计

烤盘

裱花工具

浸蘸叉

配料

300克可可含量60%或70%的黑巧克力

浓缩肉桂水

100克（约100毫升）清水
5根肉桂棒（碾碎）

肉桂棉花糖

50克（约50毫升）清水
50克浓缩肉桂水（分2部分使用，每次各用25克）
225克细砂糖
135克蜂蜜（分2部分使用，每次分别用10克和125克）
20克吉利丁片
225克可可含量35%的白巧克力

蘸料

肉桂粉
玉米淀粉
糖霜

所需工具

厨房温度计
6～8个长约15厘米或20厘米、直径2厘米的塑料
圆管
裱花工具

技巧复习

巧克力调温 >> 第20页
法式巧克力棉花糖 >> 第44页

肉桂棉花糖巧克力棒 ★ ★ ★
Chamallow de cannelle tube craquant

制作6~8人份
部分原料需要提前1晚准备
准备时间：2小时
冷藏时间：1小时30分钟
静置时间：1晚（即巧克力及棉花糖结晶所需要的时间）

提前1晚做好空心巧克力棒

先将塑料圆管内壁裹上一层烘焙纸，并用保鲜膜封住一边。
对巧克力进行调温（详见第20页）并用裱花工具把巧克力挤到圆管中，左右旋转圆管，让巧克力完全覆盖筒壁，倒出多余的巧克力并把圆管放入冰箱冷藏。

制作浓缩肉桂水

把肉桂碎和清水一起煮开，待溶液浓缩至原来的1/3后关火，并用漏勺滤掉固体杂质。

制作肉桂棉花糖

在锅中先后加入50克清水、25克肉桂水、225克砂糖和10克蜂蜜并加热至110摄氏度。
用凉水泡软吉利丁片，沥干后用微波炉烤化。
取一个大碗，并向其中加入125克蜂蜜和融化的吉利丁，拌匀，之后再倒入熬好的糖浆。
将电动打蛋器调至高速搅拌混合物，随后慢慢减速至一半，并在过程中加入剩下的25克肉桂水，将棉花糖浆搅拌均匀后静置放凉。

可以利用等待肉桂棉花糖浆冷却的时间将白巧克力融化（注意在使用微波炉加热时须设定为解冻模式或最大不超过500瓦功率的加热模式，并不时搅拌）。
棉花糖浆冷却后再往其中加入融化的巧克力拌匀，之后再用裱花袋将混合物填进空心巧克力棒中，并在低温环境下放置1晚。

第二天将巧克力棒从塑料圆管中取出，用烤热的刀将其切成小段。
在盘子里撒上等量的肉桂粉、玉米淀粉和糖霜拌匀，这就是食用这款肉桂棉花糖巧克力棒所需要的蘸料。

●主厨建议

这款甜品还有一种更加快速便捷的制作方法：您可以把棉花糖浆倒进模具，待其凝固后切成相应的形状，并在表面浸上调温巧克力即可。

夹心巧克力饼 ★ ★
Palets or

可制作约50个夹心巧克力饼
部分原料需要提前1晚准备
准备时间：40分钟
静置时间：5小时（让甘纳许结晶）+1晚（使甘纳许圆饼完全冻硬）

制作黑巧克力甘纳许

将巧克力切碎并用隔水加热法*或微波炉融化（注意在使用微波炉加热时须设定为解冻模式或最大不超过500瓦功率的加热模式，并不时搅拌）。

在奶油中加入蜂蜜和香草籽煮开，取1/3的热奶油加入巧克力中，用刮刀在容器中画圆圈搅拌，直至巧克力奶糊散发光泽并出现"弹性中心"，随后再重复以上操作2次，直到将所有奶油拌入巧克力中。

待巧克力奶糊温度降到35~40摄氏度时，加入黄油小块并持续搅拌，最后将甘纳许放置3小时待其结晶*。

在烤盘里铺好烘焙纸，并在烤盘里挤出球状甘纳许。

在甘纳许表面铺上第二层烘焙纸并压上另一个烤盘，轻轻按压烤盘，把甘纳许球压成圆饼状，随后取下烤盘并放置1晚。

给甘纳许夹心浸渍巧克力外衣

对黑巧克力进行调温（详见第20页），将调温巧克力倒入大碗中备用。

小心取下甘纳许夹心下垫的烘焙纸，并为其刷上一层平滑面（详见第24页）。

用浸蘸叉从这层平滑面托起甘纳许馅并浸渍在调温巧克力中，把甘纳许推入巧克力中，然后抬起馅料，反复浸渍3~4次。这样可以让巧克力均匀地"吸附"在糖馅表面，避免巧克力糖衣过厚。

在容器边缘反复敲击浸蘸叉，把多余的巧克力抖掉，以制作出完美的薄面。

把浸渍好的甘纳许放在铺有烘焙纸的烤盘上，并在表面摆上金箔作装饰。

● 主厨建议

蜂蜜可以提升甘纳许的口感，并延长巧克力糖的保存时间。

配料

黑巧克力甘纳许
225克可可含量70%的黑巧克力
200克（约200毫升）全脂鲜奶油
40克洋槐蜂蜜
半根香草荚
50克黄油

巧克力外衣及装饰
500克可可含量70%的黑巧克力
金箔片

所需工具
厨房温度计
裱花工具
硅胶垫或铺*上烘焙纸的烤盘
浸蘸叉

技巧复习
巧克力调温 >> 第20页
"平滑面"的制作 >> 第24页
手工浸渍巧克力糖 >> 第25页

新派菜肴

克里斯托弗·亚当
Christophe Adam

推荐食谱

对初学者来说，想要游刃有余地运用巧克力制作美食并不是一件易事。而自由创作更需要过硬的专业知识和熟练的厨艺技巧作为支撑。

在法芙娜二十年的工作经历教会了我对巧克力的品性进行更加详细地甄别：包括巧克力中的可可含量、产地、分级等。在学会品鉴巧克力的同时，我也开始发掘巧克力的各种味觉潜能：苦味、果味、鲜香味、烟熏味等。正是这种味觉体验的多样性使我的创作成为可能。

惊奇巧克力蛋糕
Carrément choc

黑巧克力饼底
用35克砂糖把蛋白打发，再把剩下的砂糖加入蛋黄中用力打散。

将可可粉过筛后倒入蛋黄中，随后再把蛋液加入打发好的蛋白中拌匀。

将圆形蛋糕模具放在抹好油的烘焙纸上，倒入面糊，并用烤箱以210摄氏度（调节器7挡）烤制10分钟，之后放凉备用。

榛仁牛奶巧克力饼底
将橙皮碎和砂糖拌在一起，再加入软化黄油、榛仁粉、可可粉、面粉和盐之花，将它们揉成面团，把面团放入冰箱冷藏1小时。

将面团擀平，并用烤箱以160摄氏度（调节器5/6挡）烤制12分钟，待面饼冷却后再将其揉碎，接着和榛仁牛奶巧克力一起放入搅拌机，注意巧克力不要一次性放入而应当一点一点地放。

把搅好的饼底碎压入蛋糕模具中，铺成饼底，再把模具放入冰箱冷藏30分钟左右。

巧克力金片
将可可含量70%的黑巧克力融化后滴在烘焙纸上抹平，待其冻硬后用刷子在巧克力片表面刷上食用金粉，最后再切成想要的形状即可。

黑巧克力克林姆酱
把吉利丁片用凉水泡20分钟备用。

将蛋黄和砂糖混在一起拌匀，加入煮沸的奶油和牛奶并做成英式蛋奶酱（详见98页）。

将蛋奶酱中的固体杂质滤掉，加入沥干后的吉利丁，最后把混合液浇在可可膏和黑巧克力碎里，搅拌均匀即可。

可可糖浆
用8克清水将吉利丁粉溶化，再用45克清水和糖浆倒在一起熬煮，最后加入可可粉和吉利丁液拌匀即可。

巧克力慕斯
把吉利丁片用凉水泡20分钟备用。

将牛奶煮开并加入吉利丁，随后把热牛奶分几次倒入巧克力碎中。

打发奶油并把奶油霜拌入巧克力奶糊里。

制作8人份

配料

黑巧克力饼底
65克蛋清
70克细砂糖，45克蛋黄，20可可粉

榛仁牛奶巧克力饼底
1个新鲜橙子的橙皮，45克细砂糖，30克黄油
45克榛仁粉，15克可可粉，30克T55面粉
1.5克盐之花，60克榛仁牛奶巧克力

巧克力金片
200克可可含量70%的黑巧克力，10克食用金粉

黑巧克力克林姆酱
1.5克吉利丁片，20克蛋黄，6克细砂糖
115克（约115毫升）牛奶
75克鲜奶油，5克可可膏
52克可可含量70%的黑巧克力

可可糖浆
53克清水（分2次使用，分别用8克和45克）
1克吉利丁粉
90克30° B糖浆 15克可可粉

巧克力慕斯
2克吉利丁片 140克（约140毫升）牛奶
255克鲜奶油
200克可可含量70%的黑巧克力

组装蛋糕

从模具中取出做好的黑巧克力蛋糕饼底和榛仁牛奶巧克力饼底，并把它们放在一旁备用。

将其中一个模具洗净，在底部垫上一层烘焙纸，并把烘焙纸条紧贴在内壁上。

沿着模具边缘在底部挤一圈巧克力慕斯，并把榛仁牛奶巧克力饼底嵌入其中。

继续挤第二圈巧克力慕斯，并用克林姆酱把中间填满，接着挤第三圈巧克力慕斯，并嵌入浸过可可糖浆的黑巧克力饼底。

再用一层巧克力慕斯给蛋糕封顶，并用刮刀把表面抹平，将蛋糕放入冰箱冷冻4小时。

制作巧克力淋面

把砂糖加到清水中，熬煮糖浆，接着再加入可可粉。

把吉利丁片泡软并加入煮开的鲜奶油，最后把奶油和糖浆倒在一起拌匀，注意淋面酱在使用时温度应当在20~25摄氏度之间。

最后将蛋糕脱模，浇上淋面，等到蛋糕降至室温后，再插上巧克力金片装饰即可。

巧克力淋面

40克（约40毫升）清水
120克细砂糖
40克纯可可粉
80克鲜奶油
4克吉利丁片

所需工具

裱花工具
2个高4厘米、直径16厘米的圆形蛋糕模
1条宽4厘米的烘焙纸带
厨房温度计

牛奶栗子布丁配豆奶奶泡 ★ ★
Gelée lactée, marron et écume de soja

制作6~8人份
部分原料需要提前1晚准备
准备时间: 45分钟
烤制时间: 10分钟
冷藏时间: 1晚

提前1晚准备豆奶奶泡
先用凉水把吉利丁片泡软备用。

将牛奶、砂糖、豆奶和奶油倒在一起煮开，关火后加入沥干的吉利丁拌匀。

待混合液冷却后将其倒入虹吸瓶，并放入冰箱冷藏1晚。

第二天制作牛奶巧克力布丁
将吉利丁片泡软备用，把巧克力切碎并用隔水加热法*或微波炉融化（注意在使用微波炉加热时须设定为解冻模式或最大不超过500瓦功率的加热模式，并不时搅拌）。

在牛奶里加入砂糖一起熬煮，随后加入沥干后的吉利丁拌匀。

取1/3的热牛奶加入巧克力中，用刮刀在容器中画圆圈搅拌，直至巧克力奶糊散发光泽并出现"弹性中心"，随后再重复以上操作2次，直到将所有牛奶拌入巧克力中。

继续搅拌一会儿，然后将奶糊倒入甜品杯中并放入冰箱冷藏。

制作杏仁酥粒
在大碗中加入黑砂糖、杏仁粉、面粉并搅拌均匀。

将黄油切成小方块，并用手揉进上一步骤中的混合粉末中，直到混合物结成小粒。

把面团颗粒在烤盘上并用烤箱以150摄氏度或160摄氏度（调节器5挡）烤制大约10分钟，直至表面焦黄即可。

最后制作栗蓉细条并进行装盘
在布丁中插入一片巧克力，撒上少许杏仁酥粒，把栗蓉细条（将栗子奶油、软化黄油*及朗姆酒一起拌匀）挤在表面，最后在虹吸瓶中加入气弹，打出豆奶慕斯即可（约需要2颗气弹）。

●主厨建议
黑砂糖产自日本，您在一些日本餐厅或进口商店里可以购买到这种糖。

配料

豆奶奶泡
4克吉利丁片
75克（约75毫升）牛奶
40克细砂糖
180克（约180毫升）豆奶
30克（约30毫升）全脂鲜奶油

牛奶巧克力布丁
2克吉利丁片
75克可可含量40%的牛奶巧克力
175克（约175毫升）牛奶
10克细砂糖

杏仁酥粒
50克黑砂糖（产自日本）
50克杏仁粉
50克面粉
50克黄油

栗蓉细条
120克栗子奶油
80克黄油
朗姆酒（可选）

8块可可含量40%的牛奶巧克力圆片
（做法详见第48页）

所需工具
虹吸瓶
6～8个甜品杯
裱花袋和口径3毫米的小口裱花嘴

技巧复习
巧克力的融化 >> 第19页
巧克力圆片 >> 第48页
杏仁/巧克力酥粒 >> 第88页

配料

杏仁酥粒
25克黄油
25克红糖
25克面粉
25克杏仁粉

杏仁达克瓦兹饼底
3个鸡蛋蛋清
50克细砂糖
85克杏仁粉
30克面粉
100克糖霜

橘子半糖渍果酱
4个橘子
25克百花蜂蜜

烤奶油冻
150克（约150毫升）半脱脂牛奶
100克（约100毫升）全脂鲜奶油
¾根香草荚
25克细砂糖
1克食用琼脂
2个蛋黄

黑巧克力奶冻
75克可可含量70%的黑巧克力
250克（约250毫升）全脂牛奶
125克全脂鲜奶油（分两次使用，分别使用25克和100克）
20克细砂糖
1克食用琼脂

所需工具
12厘米×12厘米方形蛋糕模
15厘米×15厘米方形蛋糕模
烤盘
厨房温度计

技巧复习
巧克力的融化 >> 第19页
杏仁（或榛仁）达克瓦兹饼干 >> 第86页
杏仁/巧克力酥粒 >> 第88页

橘子夹心巧克力软饼 ★ ★ ★
Biscuit léger au confit de mandarine et suprême de chocolat noir

制作6~8人份
准备时间：1小时30分钟
烤制时间：25分钟
冷藏时间：3小时
冷冻时间：1小时

用配料表所示的配料制作杏仁酥粒（做法详见第88页）
把酥粒撒在烤盘里，用烤箱以150摄氏度（调节器5挡）烤制10分钟。

制作达克瓦兹饼底面糊（详见第86页）
将面糊倒入12厘米×12厘米方形模具中（注意在模具底部铺上一层烘焙纸），用烤箱以190摄氏度（调节器6/7挡）烤制15分钟左右。

制作橘子半糖渍果酱
把整个橘子放入锅中，加水将其完全淹没，加热煮开后把水倒掉。
重新加满水再煮一次，这样是为了去掉水果中的苦味。
把煮好的橘子切块、去籽后放在平底锅里，和蜂蜜一起熬煮，尽量把水分蒸干，最后把半糖渍果酱抹在达克瓦兹饼底上，并放入冰箱冷冻1小时。

制作烤奶油冻
在锅中倒入牛奶、鲜奶油和去籽的香草荚，放置10分钟，使其入味。
捞出香草荚，加入砂糖和琼脂并加热混合溶液。
在碗里打入蛋黄，倒入熬好的溶液，搅拌均匀后再把混合液倒回锅中。
将混合液重新加热至84摄氏度，最后把它浇在橘子半糖渍果酱上，并放入冰箱冷藏2小时。

最后制作黑巧克力奶冻，并进行甜品的组装
在烤盘里铺一层烘焙纸，放上15厘米×15厘米的蛋糕模，并在中央镶嵌达克瓦兹饼底，之后在饼底表面涂抹一层橘子半糖渍果酱和奶油冻，并放入冰箱冷藏。
将黑巧克力切碎并用隔水加热法*或微波炉融化（详见第19页），另取一个锅，倒入牛奶、25克奶油、细砂糖和琼脂一起煮沸几分钟。随后遵循3*1/3法则，把热奶油融入巧克力中（详见第95页）。
打发100克鲜奶油至慕斯状，待巧克力温度降到35摄氏度时，把奶油霜拌入，接着把奶糊倒进模具里，将其中的软饼干淹没，并撒上少许杏仁酥粒。
将巧克力软饼放入冰箱冷藏，食用前取出即可。

草莓泡芙甜品杯 ★ ★
Transparence chouchou fraise acidulée

制作6~8人份
部分原料需要提前1晚准备
准备时间：50分钟
冷藏时间：6小时
冷冻时间：1小时

制作草莓酱
去掉草莓的枝叶并将其洗净，之后加入砂糖和柠檬汁一起搅拌，如果品尝后觉得甜度不合适，还可以多加一些糖。
将打好的草莓果浆用漏勺过滤，随后称量300克用于制作草莓慕斯。

草莓慕斯的做法
用凉水把吉利丁片泡软，加热草莓酱并倒入沥干后的吉利丁，待其完全溶解后，再放入冰箱冷藏2小时。

制作柠檬白巧克力慕斯
把吉利丁片泡软备用，再将巧克力切碎并用隔水加热法*或微波炉融化（注意在使用微波炉加热时须设定为解冻模式或最大不超过500瓦功率的加热模式，并不时搅拌）。

把豆奶加热煮开并加入柠檬皮碎浸泡5分钟，加入吉利丁拌匀后取其中1/3倒入融化的巧克力中，用力在混合物中心画圆圈搅拌，直至出现散发光泽的"弹性中心"，在最后再重复以上操作2次直到将所有豆奶都融入巧克力中。

打发豆奶奶油至慕斯状，等到巧克力奶糊温度降到35~45摄氏度时，把奶油霜拌入巧克力中即可。

最后进行装盘
取一部分草莓切丁并与砂糖拌匀备用。
先在甜品杯中倒入一些草莓酱并放入冰箱冷冻1小时，之后再倒入一层柠檬白巧克力慕斯，并再次放回冰箱冷藏4小时。
把草莓慕斯倒入虹吸瓶，安装气弹并打出奶泡，最后将糖渍的草莓放在奶泡表面即可。

🥄 技巧复习
巧克力的融化 >> 第19页
无蛋巧克力慕斯 >> 第111页

配料

自制草莓酱
600克鲜草莓
60克细砂糖
半个柠檬

草莓慕斯
3克吉利丁片
300克自制草莓酱

柠檬白巧克力慕斯
2克吉利丁片
150克可可含量35%的白巧克力
80克（约80毫升）豆奶
柠檬果皮
160克（约160毫升）豆奶奶油

装饰
140克草莓

所需工具
厨房温度计
虹吸瓶
8个甜品杯

松露白巧克力马卡龙 ★★★
Macarons ivoire truffe

可制作约40个马卡龙
部分原料需要提前1晚准备
准备时间：1小时
冷藏时间：3小时 + 1晚
烤制时间：每烤1炉约需要12分钟

制作松露白巧克力甘纳许酱

将巧克力切碎并用隔水加热法*或微波炉融化（注意在使用微波炉加热时须设定为解冻模式或最大不超过500瓦功率的加热模式，并不时搅拌）。

在锅中倒入80克奶油煮开，取其中1/3倒入融化的巧克力中，用力在混合物中心画圆圈搅拌，直至出现散发光泽的"弹性中心"，在最后再重复以上操作2次，直到将所有热奶油都融入巧克力中。

向巧克力奶糊中继续加入榛仁油和黑松露碎，搅拌一会儿后再倒入190克冰奶油，最后放入冰箱冷藏3小时。

制作马卡龙外壳

制作马卡龙面糊（详见第82页），并用裱花工具将其挤在垫板上（注意先要铺上一层烘焙纸）。用烤箱以140摄氏度（调节器 4/5挡）烤制12分钟左右（这个时间也可以依据您所制作的马卡龙的大小调整），最后将马卡龙外壳在室温下放凉。

把甘纳许酱从冰箱中取出并用打蛋器搅拌，使其变得更厚。

在一片马卡龙外壳上挤上甘纳许酱，放上一片调温巧克力，再用另一片外壳压上去并轻轻压实，之后将马卡龙立起来并在夹馅中插入一片松露，最后放入冰箱冷藏1夜即可。

●主厨建议

在这份食谱中对各类配料，尤其是鸡蛋的用量进行准确称量是必须的，每种配料之间的比例直接关系到马卡龙的制作是否能够成功。

配料中的黑松露最好选用产自南法德龙省山区的黑松露。

●烘焙须知

这款马卡龙需要放置1晚到第2天方可食用。只有经过1晚的耐心等待，马卡龙的外壳才会变得更加酥脆，它的夹馅也能变得入口即化，黑松露的甜香也会完全入味！

配料

马卡龙外壳

125克杏仁粉
25克纯可可粉
150克糖霜
100克蛋清（分2次使用，各用50克）
150克细砂糖
50克（约50毫升）清水

松露白巧克力甘纳许酱

110克可可含量35%的白巧克力
270克全脂鲜奶油（分2次使用，分别使用80克和190克）
2汤匙榛仁油
20克黑松露（需要研磨）

装饰

调温巧克力片
黑松露切片

所需工具

10毫米口径裱花嘴及裱花袋
硅胶垫或烘焙砧板
厨房温度计

技巧复习

巧克力的融化 >> 第19页
巧克力调温 >> 第20页
巧克力马卡龙面糊 >> 第82页
打发甘纳许酱 >> 第97页
为裱花袋填装馅料 >> 第132页

豆奶生巧 ★ ★
Comme un namachoco

制作6~8人份
准备时间：15分钟
冷藏时间：3 小时

制作黑巧克力甘纳许
将巧克力切碎并用隔水加热法*或微波炉融化（注意在使用微波炉加热时须设定为解冻模式或最大不超过500瓦功率的加热模式，并不时搅拌）。
把豆奶和蜂蜜、葡萄糖浆一起煮开。取其中1/3倒入融化的巧克力中，用力在混合物中心画圆圈搅拌，直至出现散发光泽的"弹性中心"，在最后再重复以上操作2次，直到将所有豆奶都融入巧克力中。
将巧克力糊倒入模具中冷藏3小时，然后撒上红糖或彩色砂糖，再切成小块即可。

技巧复习
巧克力的融化 >> 第19页

配料
黑巧克力甘纳许
350克可可含量70%的黑巧克力
250克（约250毫升）豆奶
10克蜂蜜
10克葡萄糖浆

装饰
180克红糖或彩色砂糖

所需工具
框架模具
烘焙砧板

配料

6块带皮鳕鱼排

鱼骨浇汁

600克鱼骨
50克小洋葱头
50克洋葱
50克葱白
50克胡萝卜
混合香料（百里香、月桂、香芹）
1升清水
150毫升白葡萄酒
现磨胡椒

抹茶白巧克力油

120克可可含量35%的白巧克力
8汤匙橄榄油
4汤匙葡萄籽油
10克抹茶粉

牛奶巧克力鱼汁甘纳许

100克可可含量40%的牛奶巧克力
100克（约100毫升）鱼骨浇汁
3克正山小种红茶

白巧克力抹茶伯乃斯酱

洋葱头（切成小段）
1头蒜的蒜末
10克黄油
1杯干白葡萄酒
150克（约150毫升）鱼骨浇汁
1个蛋黄

抹茶白巧克力油

打发奶油
100克（约100毫升）全脂鲜奶油
30克（约30毫升）鱼骨浇汁

●主厨建议

为防止巧克力甘纳许融化，用来盛装这款菜肴的盘子必须是冰的。

技巧复习

巧克力的融化 >> 第19页

抹茶巧克力伯乃斯鳕鱼排 ★ ★
Filet de cabillaud, béarnaise au thé vert, sauce chocolat au lait fumée

制作6~8人份
准备时间：1小时
烤制时间：35分钟
冷藏时间：2 小时

制作鱼肉浇汁

把鱼骨洗净后碾碎，蔬菜切成小块备用。

把鱼骨、小洋葱头、洋葱、葱白、胡萝卜和混合香料一起放入锅中，加清水、白葡萄酒和少许胡椒熬煮。

刮去汤汁表面的泡沫，并继续煮沸25~30分钟，最后滤掉汤汁中的固体杂质即可（这款浇汁可以保存3天）。

制作抹茶巧克力油

将巧克力切碎后用隔水加热法*或微波炉融化（注意在使用微波炉加热时须设定为解冻模式或最大不超过500瓦功率的加热模式，并不时搅拌），接着拌入橄榄油、葡萄籽油和抹茶粉，并在室温下放置一会儿。

制作牛奶巧克力鱼汁甘纳许

把巧克力切碎，将其融化后放在一旁备用。在鱼骨浇汁里放入红茶一起熬煮2分钟，并把汤汁中的固体杂质滤掉。

遵循3*1/3法则，将红茶鱼骨汁拌入巧克力中（详见第94页），之后再把甘纳许放入冰箱冷藏2小时使其结晶*。

制作白巧克力抹茶伯乃斯酱

用黄油煸香洋葱头和蒜末，当它们变成半透明状时倒入干白葡萄酒，蒸干少许葡萄酒后，再加入鱼骨浇汁一起熬煮。

待酱汁蒸发一半后关火，并用漏勺过滤掉固体杂质，之后加入蛋黄和抹茶白巧克力油拌匀。

用平底锅煎鳕鱼排

先将带皮的一面朝下并用锅铲轻轻按压，待鱼皮稍稍变脆后翻面，调成小火，直到把鱼排煎熟。

最后进行摆盘

先在盘子中舀上一匙白巧克力鱼汁甘纳许，再用抹茶伯乃斯酱淋一个圆圈。把鳕鱼排小心地摆放在甘纳许上，在周围再摆上一圈煎土豆，最后浇上奶油和鱼骨浇汁即可。

亚洲风味猪里脊 ★ ★
Filet mignon asian choc

制作6~8人份
部分原料需要提前1晚准备
腌制时间: 24 小时
准备时间: 40分钟
烤制时间: 1小时45分钟

提前1晚腌制里脊肉

切掉里脊肉上多余的肥肉，并将香茅切片、生姜刨丝备用。

在锅中相继加入白葡萄酒、酱油、姜丝和柠檬汁并一起熬煮。

将巧克力切碎并用隔水加热法*或微波炉融化（注意在使用微波炉加热时须设定为解冻模式或最大不超过500瓦功率的加热模式，并不时搅拌），并遵循3*1/3法则，将上一步中的混合物拌入巧克力中（详见第95页）。

接着往巧克力中加入香茅和芫荽叶拌匀，最后把里脊肉浸泡在腌肉汁里，并放入冰箱冷藏24小时。

第二天将里脊肉捞出并沥干，不要把腌肉汁倒掉，把它们放在一边备用。

用黄油把里脊稍稍煎一下（使其两面变色即可），之后再用烤箱以190摄氏度（调节器6/7挡）烤制15分钟（烤后里脊肉内部温度大约是63摄氏度），把烤好的里脊肉盛放在盘中，并用保鲜膜封好。

制作香茅饭

在清水中加少许盐和香茅碎，并将其煮开。

用食用油混合香米直到其呈现半透明状，随后倒入香茅汁，盖上锅盖并用小火熬煮直到把水全部煮干（煮饭过程需要10~12分钟）。

制作浇汁

把雪莉醋和白葡萄酒倒在一起加热，待其蒸发一部分后再加入腌肉用过的酱汁，并把混合液煮开。

滤掉酱汁中的固体杂质并其中加入黑巧克力碎，最后再用盐、胡椒和柠檬汁调味即可。

制作芫荽芝麻菜沙拉及摆盘

用醋（或酱油）、食用油、盐和黑胡椒粉制作油醋汁并拌好芫荽芝麻菜沙拉。

摆盘时先把猪里脊切成薄片并在周围盛上香茅米饭，浇汁后再搭配一些芝麻菜沙拉即可。

配料

750克猪里脊
25克黄油

腌肉酱汁

2根香茅
45克生姜
350毫升诺利帕特味美思白葡萄酒
7汤匙酱油
半个柠檬
80克可可含量60%的黑巧克力
8克芫荽叶

香茅饭

750毫升清水
2茶匙盐
1根香茅
500克印度香米
4汤匙食用油

浇汁

4汤匙雪莉醋
100毫升诺利帕特味美思白葡萄酒
25克可可含量60%的黑巧克力
1小撮盐
1小撮黑胡椒
几滴柠檬汁

芫荽芝麻菜沙拉

300克芝麻菜
1把香菜
醋或酱油
食用油
盐及黑胡椒粉

●主厨建议

注意把里脊肉从酱汁中取出后一定要沥干并用厨房纸擦净，否则在之后的烹饪过程中残留的酱汁可能会把里脊肉烤煳。

技巧复习

巧克力的融化 >> 第19页

配料

熬煮龙虾

3只龙虾（每只约400克）
3升清水
5颗八角
1茶匙黑胡椒粒
1茶匙埃斯普莱特辣椒粉
10克盐

龙虾番茄浓汤

1棵茴香
1根葱白
3根胡萝卜
1头大蒜
1个洋葱
200克芹菜
1根百里香
100克黄油
100克浓缩番茄酱
2个番茄
食盐

黑巧克力轻慕斯

100克可可含量70%的黑巧克力
300克（约300毫升）全脂鲜奶油

装饰

埃斯普莱特辣椒粉

技巧复习

巧克力的融化 >> 第19页

巧克力慕斯龙虾浓汤 ★ ★
Jus de homard sous un nuage léger de chocolat noir

制作6~8人份
准备时间：40分钟
烤制时间：10分钟
冷冻时间：20分钟

准备龙虾
将龙虾放入冰箱冷冻20分钟，在这段时间内把各种调料（详见配料表）加到清水里煮开。
把冻好的龙虾放入汤料中煮10分钟，随后捞出并静置15分钟左右，使其稍稍冷却。
剥出龙虾肉备用，并留下龙虾壳熬煮浓汤。

制作龙虾番茄浓汤
在平底锅中加入黄油熔化，再倒入龙虾壳和香料（茴香、葱白、蒜末、洋葱和百里香）翻炒，炒至微焦后倒入浓缩番茄酱煨几分钟。
把番茄切成小块加到锅中，接着倒入清水漫过食材，并加入胡萝卜和芹菜一起熬煮。

待汤汁浓缩一半后对其进行过滤，注意在取出龙虾壳之前，需要用力挤出其中的汤汁。继续加热滤出的汤汁，使其再浓缩约至之前的1/3，最后依据自己的喜好完成调味，并把浓汤和黄油一起倒入搅拌机中搅拌。

制作黑巧克力轻慕斯
将巧克力切碎并用隔水加热法*或微波炉融化（注意在使用微波炉加热时须设定为解冻模式或最大不超过500瓦功率的加热模式，并不时搅拌）。
将奶油打发成慕斯状并把奶油霜拌入巧克力当中，之后放入冰箱冷藏。

将龙虾肉切段分别装入小碗中。
在碗里倒入热的龙虾番茄浓汤和凉的黑巧克力轻慕斯，最后撒上辣椒粉即可。

●主厨建议

用来熬煮龙虾的汤料一定要浓，这样才能让香味渗透进虾肉中。
注意翻炒龙虾壳时需要将其炒至微焦，但不能烧糊，否则浓汤中会有苦味。另外，在熬龙虾汤时一定要使其足够浓缩，因为这款菜肴的最大特色就在于热的龙虾浓汤与冷的巧克力慕斯之间的味觉碰撞！

迷迭香巧克力浇汁小牛胸腺 ★ ★
Noix de ris de veau rôties, sauce chocolat au romarin

制作6~8人份
准备时间：30分钟
烤制时间：15分钟

将小牛胸腺放入锅中，加水漫过其表面，倒入白醋、盐和胡椒煮沸1分钟。
把煮过牛胸腺取出浸在冰水里，随后撕下表面的薄膜。

把胡萝卜洗净、削皮并切成24段，用鸡汤熬煮后沥干备用。
制作迷迭香浇汁：熬煮小牛胸腺高汤，加入迷迭香叶并静置几分钟，待其入味（把迷迭香茎秆留下来用于煎牛胸腺）。

烹制牛胸腺
先用迷迭香茎秆刺穿牛胸腺，再用黄油和迷迭香浇汁将牛胸腺煎至微焦。
在牛胸腺煎至半熟时，加入切好的胡萝卜，并在表面再次裹上浇汁。

制作迷迭香巧克力浇汁
把巧克力切碎并用隔水加热法*或微波炉融化（注意在使用微波炉加热时须设定为解冻模式或最大不超过500瓦功率的加热模式，并不时搅拌），并将小牛高汤煮开备用。
取1/3的高汤倒入融化的巧克力中，用力在混合物中心画圆圈搅拌，直至出现散发光泽的"弹性中心"，最后再重复以上操作2次，直到将所有高汤都融入巧克力中，并依据自己的喜好对口味进行微调。

装盘阶段
先用吸水纸把煎好的小牛胸腺擦净摆好，再放上4小段胡萝卜。
将之前插在牛胸腺上的迷迭香取下并切碎，再把它们撒在胡萝卜上，最后浇上巧克力浇汁，并用新鲜迷迭香稍稍装饰即可。

技巧复习
巧克力的融化 >> 第19页

巧克力的融化 >> 第19页

配料

烤牛胸腺
小牛胸腺6块（每块约120克）
白醋
食盐
胡椒
黄油

配菜
6根胡萝卜
鸡汤（可以事先熬好也可以使用浓汤宝）

迷迭香浇汁
300克（约300毫升）小牛高汤（可以事先熬好也可以使用浓汤宝）
12根新鲜迷迭香

迷迭香巧克力浇汁
100克可可含量70%的黑巧克力
200毫升小牛高汤

摆盘装饰
新鲜迷迭香

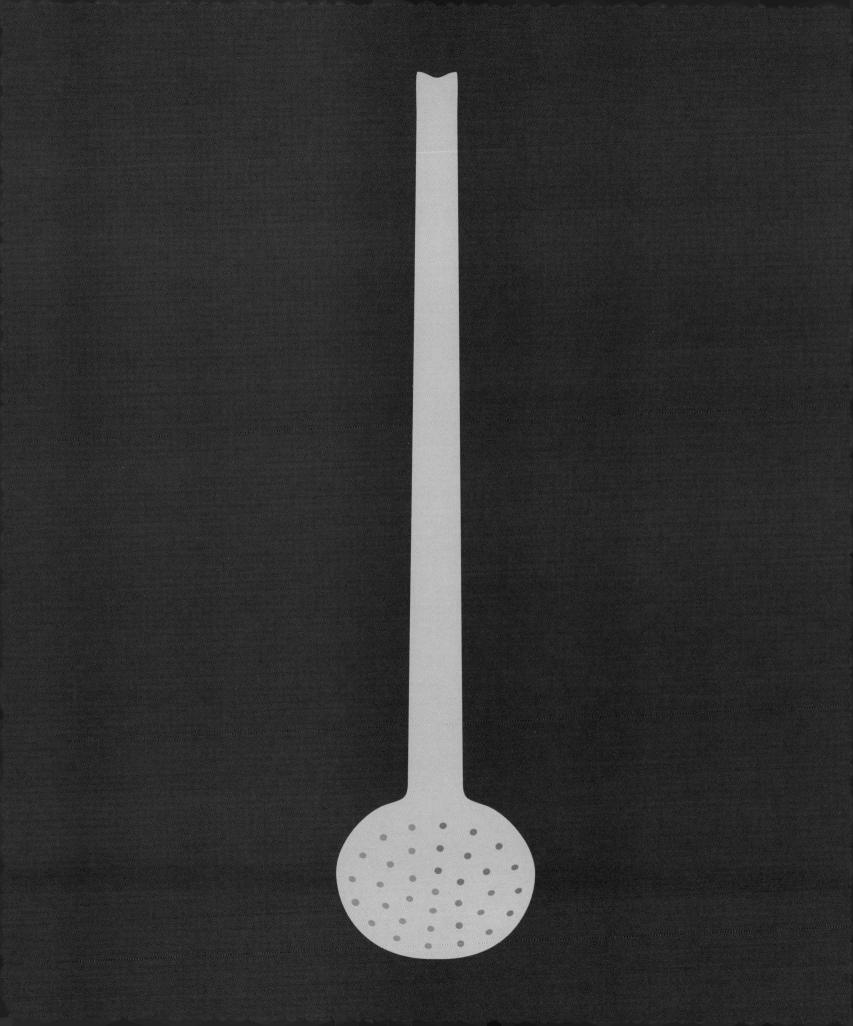

附录

甜品工具一览表
Matériel

搅拌机 Robot mélangeur (1)

添置一台专业的搅拌机需要不少的投入，但是它对我们的帮助
也是无可比拟的：搅拌机可用来打发食材，和面并能使不同的
原料均匀地混合。

电动打蛋器 Batteur électrique (2)

用于打发蛋白或奶油，以制作慕斯。

电子秤 Balance électronique (3)

必不可少的工具，它可以帮助我们精确掌握各类配料的用量。

厨房温度计(探针式) Thermomètre de cuisine ou sonde (4)

探针式厨房温度计可以准确地测量出甜品食材在每个步骤里的
温度，它是甜品厨师们的"亲密战友"。

手持式电动搅拌器 Mixeur plongeant (5)

有的时候，我们需要使用手持式电动搅拌器使原材料的乳化更
彻底，混合更均匀。

蛋糕模具 Moules et cercles (6)

不同种类的蛋糕模具（固底模具、活底模具及各种形状的模具
等）可以用来制作各式各样的蛋糕体、饼底、奶油慕斯……
如果想要更加便捷，那么硅胶制的蛋糕模具是最好的选择。

硅胶垫 Tapis silicone/Silpat (7)

这种食品垫不粘且易于清洗，同时可以同甜品一起放入烤箱烤
制或放入冰箱冷藏。

烘焙纸 Feuille de plastique ou plastique guitare (8)

烘焙纸非常实用，也是甜品制作中不可或缺的工具之一。它表
面光滑并且不沾面粉，可以用来制作巧克力装饰，也可以用来
把面团压平。

打蛋器 Fouet (9)

打蛋器是将奶油、蛋清打发成奶油霜和蛋白的工具，也可以把
某些特殊的食材打出气泡。

三角刮板 Triangle (10)

三角刮板可以用来刮切，调温巧克力和用来制作刨花等巧克力
装饰。

甜品刮刀 Maryse (11)

可用来搅拌不同食材，同时可以用来刮净容器边缘的面糊。

甜品刷 Pinceau (12)

甜品刷可以用来给模具涂抹黄油，给面团刷蛋液和为饼干表面
浸润糖液。

浸蘸叉 Fourchettes à tremper (13)

用来为糖馅浸渍调温巧克力外衣。

擀面杖 Rouleau à pâtisserie (14)

擀面杖可以用来擀薄面团，同时也可以用来制作一些曲面（巧
克力片或面片）。

裱花嘴 Douilles (15)

拥有不同的尺寸和形状：平口花嘴、螺纹花嘴、圣安娜花嘴等，适用于不同的场景。

裱花袋 Poche à douille

可配合不同种类的裱花嘴一起制作马卡龙、烤蛋白、闪电泡芙等甜品，市面上既有一次性的塑料裱花袋，也有可反复使用的强化合成材料的裱花袋。

面粉筛/网筛勺 Tamis/chinois (16)

面粉筛可以帮助我们筛分面粉、糖霜、可可粉等粉状物质，以去除其中的大颗粒。漏勺可以滤掉液体中的固体杂质。

喷枪 Chalumeau

喷枪是制作焦糖布丁的必备工具，它可以在不对甜品重新加热的前提下做出脆糖壳。

小饼干模具 Emporte-pièces (17)

拥有多种形状（图中是花朵型），您可以使用不同的模具完成大胆的创作。

甜品抹刀 Spatules/spatules coudées (18)

甜品抹刀可以用来抹平巧克力、果馅、淋面酱，也可以用它托住并转移甜品。

刨刀 Zesteur (19)

刨刀可以用来给果皮（主要是柑橘类水果）刨丝，它刨出的丝比一般的削皮刀更细。

冰激凌机 Sorbetière/turbine (20)

使用专业的冰激凌机可以做出美味的冰点，其特点是既可以降低食材的温度，又不会产生冰碴。

虹吸瓶 Siphon (21)

虹吸瓶装上气弹以后，可以把或冷或热的液体打成泡沫状。

专业术语汇编
GLOSSAIRE

A

熬焦糖 Caraméliser
通过熬煮使砂糖变成褐色的焦糖（此时温度大约是180摄氏度）。

B

刨皮 Zester
用刨刀将柑橘类水果的果皮削下来。

C

掺水稀释 Décuire
在关火后往焦糖里加入黄油或其他液态食材将其稀释。

绸缎状 Ruban
一种半液态的质感，呈绸缎状的面糊或奶油，可以自由流动并且可以一层一层叠起来。

D

蛋糕饼底 Biscuit
用面粉、鸡蛋和砂糖等简单原料做成的蛋糕底座。

蛋黄打发 Blanchir
在蛋黄里加砂糖并搅拌，蛋黄会逐渐发白，并接近奶油的颜色。

打发（除蛋黄外的）食材 Foisonner
用打蛋器搅拌食材并向其中灌入空气的过程。

G

隔水加热/冷却 Bain-marie
在锅中倒入热水，并用它来加热另一个容器里的东西（也可以在锅中加入冰水用于冷却）。以水作为加热物体的中间介质，使物体的温度逐步上升。

甘纳许 Ganache
一种巧克力奶糊。

过筛 Tamiser
通过网筛分筛粉状食材（面粉、可可粉、糖霜等），以去除其中较大的颗粒。

刮板 Corne
质地较软的塑料刮板，用来刮切各种甜品原料以及抹平奶油/巧克力表面。

H

和面 Pétrir
不停按揉面团使其变得更加厚实、筋道。

烘焙纸 Feuille de plastique
参见甜品工具一览表。

J

浸糖 Imbiber
把蛋糕饼底表面浸润上糖浆。

浸泡入味 Infuser
把调料泡在煮开的液体中，从而使调料的味道和香气完全融入液体里。

结晶 Cristallisation/Cristalliser
食材从液态慢慢变成半凝固态，进而再变成固态的过程。

净橘瓣 Suprêmes
去掉表面薄膜的柑橘果肉。

浸渍巧克力 Enrobage
通过一系列操作，给馅料包裹上一层薄薄的巧克力糖衣。

静置备用 Réserver
将正在制作的甜品放在室温下或冰柜里保存，直到之后再次使用。

搅拌 Travailler
用刮刀或打蛋器搅拌，使混合物更加均匀。

K

可可脂 Beurre de cacao
可可豆中的油脂成分。我们在制作考维曲巧克力的时候，往往会加入这种成分。同时可可脂还会在甜品制作中起到硬化剂的作用。

可可碎 Grué de cacao
经过烘烤的可可豆碎。

L

淋面 Glacer

在蛋糕表面浇上淋面酱、奶油、甜品酱及糖霜等。

漏勺 Chinois

参见甜品厨具一览表。

M

模切 Détailler

用模具将面饼等切成想要的形状。

N

浓稠状态 Nappe (cuire à la …)

通常我们要通过文火加热，使奶油慢慢变厚并最终达到这种浓稠的状态，当我们能够在奶油里用手指划出痕迹时，停止加热。

P

膨发 Fouetter

指的是往食材中拌入空气，使其体积增大的过程。

Q

巧克力糖 Bonbons de chocolat

就是我们通常所说的夹心巧克力糖（有多种口味：甘纳许、果仁等）。

去皮 Monder

指的去除番茄、榛仁、杏仁等食材的表皮。可以先把它们煮一下或者烤一下，这样可以使去皮过程更加容易。

R

软化 Détendre

通过加入液体、按揉或稍稍加热的方式使配料变软。

软化黄油 Beurre en pommade

用刮刀搅拌后变成软膏状的黄油。

融化 Fondre

加热配料，使其从固态变为液态。

乳化 Émulsionner

通过某种手段将两种通常情况下不互溶的液体溶在一起（例如水和油）。

入模 Foncer

把面团嵌入挞模，做成挞皮的过程。

S

沙化 Sabler

把饼干或沙布列面团磨成粉状。

生面饼 Pâton

用生面团擀成的长方形面饼，用来制作酥皮、可颂、各类面包等。

使干燥 Dessécher

使食物中的水分蒸发。

酥皮面团 Détrempe

这类面团由面粉、清水和盐组成，其中还包裹了黄油，经过烤制后会变成酥皮的质感。

T

甜品刮刀 Maryse

参见甜品工具一览表。

填装 Pocher

通常指往裱花袋里填装食材的过程。

X

镶嵌 Insert

指的是用冻硬的蛋糕饼或慕斯等组装完整甜品的过程。

醒发 Pousser

指的是面团发酵后体积增大的过程。

Y

研磨 Concasser

将食材（巧克力、榛仁、杏仁等）用磨子磨碎。

Z

注馅 Fourrer

将馅料加到挞皮、巧克力模具等甜品材料中的过程。

折叠 Tourer

将酥皮面饼折叠成四层以便烤制。

技巧索引
Index des techniques

食谱索引
Index des recettes

关于本书

关于法芙娜

　　法芙娜的品牌代表着巧克力行业的最高水平。1922年，法芙娜由一名来自法国罗纳河谷的甜品厨师创立。随着时间的推移，法芙娜不断发展壮大，现已成为各大知名巧克力厂商、星级餐厅及食品零售品牌的供应商。法芙娜巧克力的成功来源其所使用的原料品质和制作工艺，法芙娜用占全世界 1% 的巧克力产量赢得了 98% 的高端客户。尽管现在法芙娜还是一个相对小众的高端品牌，但是其产品已经远销全球 66 个国家，并且法芙娜将一半的生产项目放在了法国之外。法芙娜官网：www.valrhona.com。

法芙娜巧克力甜品学院

　　巧克力一直是甜品制作中极难驾驭的原料之一。直到 1989 年，世界上还未曾出现过一家专门教授巧克力甜品的学校。法芙娜巧克力甜品学院的建立填补了这一空白，并且在巧克力甜品培训领域内树立了标杆。

　　今天，法芙娜巧克力甜品学院已经成为专业人士公认的知名品牌。法芙娜学院的声誉不仅来自其新颖而富有创意的教学内容，更来自其高质量的师资队伍。学院汇聚了最为权威的厨师团队，并在全世界范围内拥有三所甜品实验室，它们分别位于法国的坦莱尔米塔日、凡尔赛和日本东京。

　　法芙娜巧克力甜品学院已经拥有超过 15 年的专业教学经验，针对大众的甜品课程也已开设 7 年，并且其专业化程度还在不断提升。法芙娜的教学内容不是局限于基础技巧，而是紧跟潮流，甚至是敢于打破潮流。

　　除此之外，法芙娜巧克力甜品学院还拥有一支 20 人左右的甜品研发团队，他们既负责新甜品食谱的开发，也为法国乃至全世界的食客们提供咨询和展示服务。

弗雷德里克·鲍和他的精英团队

　　弗雷德里克·鲍是当今世界上公认的非常优秀的巧克力甜品厨师之一。在先后斩获普罗旺斯大区最佳甜品学徒和全法最佳甜品学徒大奖后，他在 1986 年进入馥颂（Fauchon）餐饮集团工作，并很快调任皮埃尔·艾尔梅品牌，担任甜品装饰部门的负责人。

　　1988 年，弗雷德里克·鲍来到法芙娜并创立了法芙娜巧克力甜品学院。他亲自担任创意总监并兼任行政主厨，主持编写了一部分基础食谱（饼干、甘纳许、慕斯等），这些食谱早已被专业厨师奉为甜品界的"圣经"。除此之外，弗雷德里克对于巧克力情有独钟，他将巧克力运用在各类菜肴——甚至是咸味菜肴中。2009 年，弗雷德里克和他的妻子在法国著名的巧克力小镇坦莱尔米塔日开了一家名为 Umia 的餐厅。

上图从左到右依次是：大卫·卡皮（David Capy），蒂埃里·布里德隆（Thierry Bridron），菲利普·吉夫尔（Philippe Givre），樊尚·布尔丹（Vincent Bourdin），朱莉·欧布尔丹（Julie Haubourdin），弗雷德里克·鲍（Frédéric Bau），杰瑞米·吕内尔（Jérémie Runel），法布里斯·大卫（Fabrice David）。

致谢

来自弗雷德里克·鲍的致谢

在我开始念这份长长的名单之前，我首先要对来自全世界的巧克力匠人、甜品厨师、面包师以及所有为美食事业贡献创意和热情的人们致以我崇高的敬意！

首先我要着重感谢应邀为本书贡献绝妙才智和创意食谱的几位甜品大师：克里斯托弗·亚当（Christophe Adam，来自馥颂）、弗雷德里克·卡塞尔（Frédéric Cassel）、让-保罗·埃万（Jean-Paul Hévin）、克里斯托弗·费尔德（Christophe Felder）、埃里克·莱奥泰（Éric Léautey）、西里尔·利尼亚克（Cyril Lignac）、吉勒·马夏尔（Gilles Marchal，来自 Maison du chocolat）和克里斯托弗·迈克拉克（Christophe Michalak，来自 Plaza Athénée）。

其次，我需要感谢法芙娜巧克力甜品学院（L'École du Grand Chocolat de Valrhona）的同事们：法布里斯·大卫（Fabrice David）、菲利普·吉夫尔（Philippe Givre）、杰瑞米·吕内尔（Jérémie Runel）、大卫·卡皮（David Capy）、蒂埃里·布里德隆（Thierry Bridron）和樊尚·布尔丹（Vincent Bourdin），正是你们施展的"魔法"使得法芙娜学院的品牌屹立了 20 年。

我要特别向朱莉·欧布尔丹致谢，作为本书厨师团队里唯一的女性，你从独特的视角诠释了一些甜品制作的窍门，而这一点正是我们希望向读者们传达的。

甜品不仅仅是用嘴吃的，更是用眼睛来欣赏、用文字来品味的。在这里我还要感谢摄影师克莱·麦克拉克伦先生和文字编辑艾娃-玛丽（Ève-Marie）女士，你们用善于发现美食的眼睛和"美味可口"的文字完美地诠释法芙娜的创作理念。

最后我还要代表所有人感谢尊敬的皮埃尔·艾尔梅先生为本书作序，您的独到见解和信任对于我们来说尤为珍贵。

致谢

来自本书写作团队的致谢

首先我们要感谢所有选择本书的读者，并且希望你们能在大饱眼福之后，通过书中的介绍做出让你们感到幸福的甜品。

其次，我们感谢 Flammarion 出版集团，尤其是丽莎·佩尔松（Liza Person）和瓦莱莉·萨布（Valérie de Sahb）女士给予我们的耐心和支持。

我们还要感谢艾娃 - 玛丽为本书贡献她的文采，同时我们感谢克莱·麦克拉克伦用独特的光影技巧展现出我们作品的最好的一面。

在很短的时间内编写出一本巧克力甜品的百科大全并非易事，在此我们还要感谢东京和坦莱尔米塔日巧克力学院（L'École du Grand Chocolat）同事们，你们的帮助对我们意义重大。

最后，我们还要感谢所有在幕后为巧克力这份甜蜜的事业默默付出的人们：可可农、种植园主、巧克力工人、研究者、品鉴师等，是你们让一颗普通的植物果实变成了散发芳香的甜品食材，也是你们赋予了巧克力甜品无限的可能！

来自 Flammarion 的致谢

作为本书的出版方，我们首先要感谢法芙娜团队的倾情付出；其次我们也要感谢艾娃 - 玛丽女士的文字介绍和克莱·麦克拉克伦先生的精美图片，最后我们还需要感谢艾丽丝·勒鲁瓦（Alice Leroy）女士为本书设计排版。